双碳发展 研究丛书

上海社会科学院信息研究所
安徽长三角双碳发展研究院

丛书总主编＝王振
丛书总副主编＝彭峰 陈潇 陈韦

U0395620

全球碳管理体系研究

王振 彭峰 等著

CARBON PEAKING
CARBON NEUTRALITY

RESEARCH ON GLOBAL CARBON
MANAGEMENT SYSTEM

上海社会科学院出版社
SHANGHAI ACADEMY OF SOCIAL SCIENCES PRESS

碳达峰与碳中和会给中国经济社会发展带来广泛而深远的影响。"双碳"既是中国高质量发展转型的内在要求，也是建设人与自然和谐共生的现代化的必要条件。在实现"双碳"目标进程中，不仅会重塑中国能源结构，而且会给生态文明建设、经济社会发展转型等注入新的活力，可以大幅拓展发展空间，激发创新活力，加速中国经济社会各领域的低碳绿色转型。

——安徽长三角双碳发展研究院首席专家 胡保林

"双碳"发展不仅是技术与产业的创新发展，而且是社会经济系统的转型发展，所以必须以社会科学的视角更加深入地观察和研究其发展的历史轨迹、国际经验和生动实践。

——阳光电源股份有限公司中央研究院院长 赵为

丛 书 序 一

　　全球气候变化对地球生态系统和人类生产生活带来的严重威胁,是当今世界关切的重大议题。在工业化进程中,人类大量消耗化石能源并把其中的二氧化碳释放到环境中,向大气中排放了上万亿吨的温室气体。由于自然界无法吸收、固定,人类也无法利用这么多的温室气体,大气圈中温室气体浓度不断增加,地球表面平均温度比工业化之前提高了 1.1 摄氏度。

　　为解决地球表面温度升高而造成的环境灾难,联合国通过了《联合国气候变化框架公约》(1992 年)、《京都议定书》(1997 年)、《巴黎协定》(2015 年)等。1992 年,在里约召开的联合国环境与发展大会达成了《联合国气候变化框架公约》(UNFCCC),要求各缔约方努力控制温室气体排放,到 2050 年全球温室气体排放总量要比 1990 年减少 50%,地球大气层中温室气体浓度不超过 450 ppm,其中二氧化碳的浓度不超过 400 ppm,以确保到 21 世纪末,地球的表面温度变化不超过 2 摄氏度。2015 年,新达成的《巴黎协定》要求为升温控制在 1.5 摄氏度以内而努力,并提出在 21 世纪下半叶全球实现碳中和的目标。因此,持续减少温室气体排放是全球应对气候变化的重要任务。我国也是国际气候公约的缔约国之一。

　　在 2022 年 4 月,联合国政府间气候变化专门委员会(IPCC)发布的第六次评估报告显示:当今全球温室气体年均排放量已达到人类历史上的最高水平,如不立即开展深入减排,将全球变暖限制在 1.5 摄氏度以内的目标将遥不可及。联合国秘书长古特雷斯也再次呼吁全球必须采取行动应对气候变化,气候变化已经将人类推向生死存亡的紧要关头。在全球气候危机下,越来越多的国家和地区意识到控制全球变暖刻不容缓,尽快实现碳达峰、碳中和已箭在弦上。

　　截至 2021 年底,全球已有 136 个国家提出碳中和目标,欧盟、美国、日本等主要国家和地区均提出到 2050 年实现碳中和。截至 2022 年 4 月,已有 45

个国家出台碳中和相关立法或政策文件,上百个国家和地区将碳中和行动上升为国家或地区战略。近年来,欧盟发布了《欧洲绿色协议》和《欧洲气候法》,英国、德国等也通过了相关气候变化法案,以法律形式明确了中长期温室气体减排目标,美国发布《迈向2050年净零排放的长期战略》,日本发布《绿色增长战略》。同时,世界上很多地区、城市、企业也纷纷自发地提出碳中和战略目标。传统的石油巨头如BP、壳牌、美孚、道达尔等已开启低碳转型之路。苹果公司提出了全产业链碳中和行动计划,要求其每一个零部件供应商、系统集成商都要实现碳中和;欧洲汽车企业响应政府号召,纷纷制订碳中和行动计划和路线图,其中一项就是要求与自己合作的企业制订"可测量、可核查、可报告"的行动计划和路线图,这涉及了很多来自中国的企业。

在2020年9月召开的联合国气候大会上,我国作出力争2030年前实现碳达峰、2060年前实现碳中和的目标承诺。随后,我国将碳达峰、碳中和目标写入国民经济"十四五"规划及相关专项规划。我国已将"双碳"作为国家战略加以实施,中央已经对碳达峰、碳中和工作作出部署,提出了明确要求。中共中央、国务院发布了《关于完整准确全面贯彻新发展理念做好碳达峰碳中和工作的意见》(2021年9月22日),围绕"十四五"时期以及2030年前、2060年前两个重要时间节点,对碳达峰、碳中和工作作出系统谋划,提出了总体要求、主要目标和重大举措,明确了我国实现碳达峰碳中和的时间表、路线图,是指导做好碳达峰碳中和工作的纲领性文件。随后,国务院印发了《2030年前碳达峰行动方案》(2021年10月24日)。当前,各行各业、各个部门、各个地方都在落实中央部署,为实现碳达峰碳中和积极谋划制定蓝图和实施路径。我国距离实现碳达峰目标已不足10年,从碳达峰到实现碳中和也仅剩30年,我们面临时间紧、幅度大、任务重、困难多的超级压力,但是我国必须要坚定不移地实现"双碳目标",这是我国主动要做的战略决策。

碳达峰、碳中和给我国发展带来了巨大挑战,同时也带来了转型升级的历史性机遇。我们要看到面临的问题和一些躲不开的挑战,比如:硬任务与硬约束的挑战。我国计划在2035年基本实现社会主义现代化,到本世纪中叶建成社会主义现代化强国,仍需要大力发展,这是硬任务,随之带来能源需求的强劲增长;而我国目前是全球最大的能源消费国和碳排放国,要在2060年前实现碳中和,必须大幅度减少碳排放,这是硬约束。这一升一降对我国实现强国目标和零碳目标带来极大挑战。又如:结构转型与技术发展水平的挑战。当前我国经济社会正处于转型的关键期,结构转型已进入深水区,升级难度大大增加。高质量发展和碳中和的目标要求能源、运输、工业、农业、建筑、消费等各个领域加快转型,构建起绿色低碳循环的新经济体系,转型任务很重。经研究测算,依我国现在的能源结构沿用旧的传统办法实现不了"双碳目标"和美丽中国愿景,依靠科技创新将对最终解决生态环境问题、实现碳达峰、碳中和带来希望和保证。绿色发展转型需要创新驱动,需要掌握更多的绿色核心技术、大幅度减碳降碳技术等,而目前我国很多领域受制于核心关键技术的制约。再如:能源替代转换的挑战。以新能源替代化石能源是实现碳中和的根本路径,而我国降碳的能源结构先天不足,"富煤、贫油、少气"是我国的能源禀赋,现实能源结构中的化石能源占比高达 84.7%,而且大部分是煤炭,洁净化程度不高,是高碳能源结构;新能源(非化石能源包括可再生能源和核能)占一次能源消费的比重偏低,为 15.3%。陆地太阳能、风能及水能资源分布存在明显的地区性与季节性时空差异,不稳定性与相对成本较高给大规模均衡发展新能源带来一定制约;我国的能源利用效率总体上偏低,GDP 能源强度和 GDP 碳排放强度仍处在高位。这些情况对我国建立现代能源体系以解决高碳结构问题带来了极大挑战。

挑战也是机遇,机遇与挑战并存。在全球及全国碳中和的大趋势下,我们的减碳已经不是讨论做不做的问题了,而是面临如何来做的问题,实质上是一场转变发展机制、促进发展转型的演进。碳达峰和碳中和会给我国经济社会发展带来广泛而深远的影响。"双碳"既是我国高质量发展转型的内在要求,也是建设人与自然和谐共生的现代化的必要条件。在实现"双碳"目标进程中,不仅会重塑我国能源结构,而且会给生态文明建设、经济社会发展转型等注入新的活力,可以大幅拓展我国发展空间,激发创新活力,加速我国经济社会各领域低碳绿色转型,给低碳零碳的新兴行业产业带来迅猛发展的难得机遇和新的经济增长点,将带动新动能、新市场、新经济、新产业、新业态、新技术、新材料、新消费的崛起,加速形成绿色新经济体系。

推进绿色低碳转型、走碳中和绿色发展之路是复杂的系统工程,不可能一蹴而就,需要把握好节奏,统筹处理好国际要求与国内实际、短期措施与长期规划、快速减碳与能源粮食及供应链安全、任务繁重与储备不足等关系,特别是要提高我国治理体系与治理能力现代化水平。要采取综合措施:以生态文明引领建设人与自然和谐的现代化国家;加快调整经济结构和改善环境质量,构建绿色经济体系;告别资源依赖,走科技创新之路;推动能源、交通、工业、农业、建筑、消费等各领域的低碳零碳革命;推进减污降碳协同增效;提高碳汇能力;用好绿色投资。我们应当继续全面协调发展、能源、环境与气候变化之间的关系,把"双碳"要求渗透到整个发展进程的各个环节,综合运用好全部政策工具和治理手段推进"去碳化"进程,积极探索低碳零碳发展模式,并根据我国地区差异性大的实际,分梯次、分阶段因地制宜制定及有序实施本地区的碳达峰碳中和施工图。

国外发达国家在绿色低碳技术创新、新能源与清洁能源、绿色低碳产业等战略研究与战略实施上进行了大量探索,为我国以及其他发展中国家加快实现碳中和提供了重要借鉴。随着我国双碳战略的深入推进,我国对全球双碳发展战略研究与双碳发展理论创新有着前所未有的需求。在这特殊时代背景下,上海社会科学院信息研究所与安徽长三角双碳发展研究院共同谋划,组织研究并撰写了双碳发展研究丛书。丛书突出全球视野、中国实践的特色,既观察和研究全球主要国家的双碳之路,包括了国家战略、政策法规、城市实践、企业案例等内容,也跟踪和探讨我国推进双碳驱动绿色发展的宏观战略部署、政策法规建设、地方和企业实践、双碳理论等内容。通过持续的努力,不断发展和丰富关于双碳发展的比较研究、案例研究、政策研究和理论研究,形成不断深化拓展的系列研究成果。这套丛书既有全球战略高度,又紧扣时代特征,具有十分重要的理论和现实价值,将为全国及各地深入推进实施双碳战略提供重要参考和支撑,可谓恰逢其时、正当其用。

减碳降碳是我国的长期任务,需要更多的科研工作者和实践者围绕双碳发展诸多问题开展进一步的深入研究和探索。我也希望更多的社会力量投身于双碳发展研究中来,为我国顺利实现双碳目标做出自己的贡献。

安徽长三角双碳发展研究院首席专家

胡保林

2022 年 8 月 30 日

丛 书 序 二

　　2021 年被称为"双碳"元年,为落实《巴黎协定》的庄严承诺,我国提出了 2030 年碳达峰、2060 年碳中和的目标,并正全面启动"1＋N"政策体系建设,科学提出实现双碳目标的时间表、路线图,力争用 40 年,实现国家能源战略转型。这一重大国家战略的提出和实施,不仅为新能源产业发展提供了重大机遇,也为我国经济长期可持续发展提供了巨大新动能。早在本世纪初,作为工业化发展大国,我国对新能源产业就予以了积极关注,各地通过国际合作和技术创新,纷纷把新能源产业列为加强培育的未来产业。历经二十余年发展,新能源产业已经成为我国经济发展的重要支柱产业,而且在全球新能源发展格局中也已占据举足轻重的地位。我们看到,国家正举全国之力实施双碳战略,为此已陆续出台多项政策,进一步加大倾斜力度,推进新能源技术创新和能源结构变革,为加快实现双碳目标创造更加积极有利的条件。预计到 2030 年,我国非化石能源消费比例将达到 25％以上,在 2020—2030 年的时间段内,每年预计可再生能源新增装机 1 亿千瓦,将逐步建成以可再生能源为主体的新型电力系统。

　　我国宣布将从政策制定、能源转型、森林碳汇三方面采取行动,稳步有序推进能源绿色低碳转型。围绕"双碳"所实施的战略行动,必将带来能源体系的重大创新变革,必将带来各行各业"能源变革＋"的影响和变革。双碳之路全面启航,能源领域的创新正在成为行业发展新的驱动力,新能源应用场景正在加速多样化,"无处不在"的新能源电力,已不再是遥远的梦想。

　　阳光电源是一家专注于太阳能、风能、储能、氢能、电动汽车等新能源电源设备的研发、生产、销售和服务的国家重点高新技术企业。主要产品有光伏逆变器、风电变流器、储能系统、水面光伏系统、新能源汽车驱动系统、充电设备、可再生能源制氢系统、智慧能源运维服务等,致力于提供全球一流的清洁能源全生命周期解决方案。公司二十多年的发展得益于国家对新能源行业的积极扶持和大力推动,公司的每一步印记都与时代的大潮交相呼应。公司从核心技术与市场开拓两端发力,形成"技术＋市场"双轮驱动的生态化发展模式,已成为清洁电力转换技术全球领跑者。同时,公司持续稳固扩大海外布局,快速抢占新兴市场渠道,不断提升在全球清洁电力领域的影响力和竞争力。

在全球双碳发展的大背景下,立足国内、面向国际的阳光电源,以敏锐眼光,率先聚焦"光、风、储、电、氢、碳"等新能源主赛道,坚持以技术创新为导向构建全产业链体系。公司重视与大学和科研院所的深度交流,已经和合肥工业大学、中国科学技术大学、浙江大学、上海交通大学、中国科学院物质研究院等开展合作。2021年,首次尝试与国家高端智库上海社会科学院信息研究所进行合作,共同成立了安徽长三角双碳发展研究院,期望在双碳大数据开发利用与决策咨询领域进行长期合作,优势互补,打造新型智库,共同为政府和企业献计献策。

我们认为,"双碳"发展不仅是技术与产业的创新发展,而且是社会经济系统的转型发展,所以必须以社会科学的视角更加深入地观察和研究其发展的历史轨迹、国际经验和生动实践。我们积极支持上海社会科学院与安徽长三角双碳发展研究院组织力量研究和编撰双碳发展研究丛书,以期对全球最新的战略、政策、法律、产业、技术发展趋势进行多角度的观察和评估,供政策制定者、业界同行等参考,为双碳事业发展贡献微薄之力。

阳光电源股份有限公司中央研究院院长

赵 为

2022 年 9 月 1 日

前　　言

　　气候变化是我们面临的最重大的全球挑战之一,对地球生态系统和人类社会造成了深远影响。碳排放是主要的温室气体之一,其不断增加导致地球温度上升和极端天气事件频发。近年来,全球越来越多的国家和地区顺应时代潮流,提出碳减排战略与行动。根据 Climate Watch 数据显示,截至 2023 年 6 月,全球已有 176 个缔约方提交或更新了国家自主贡献(NDC),以绿色低碳为特征的发展路径成为全球转型的主要方向。

　　作为全球最大的碳排放国家,我国积极参与应对气候变化挑战的全球行动。在 2020 年 9 月召开的第七十五届联合国大会上,习近平总书记宣布,中国将提高国家自主贡献力度,采取更加有力的政策和措施,力争 2030 年前二氧化碳排放达到峰值,努力争取 2060 年前实现碳中和。在 2020 年 12 月 12 日召开的联合国气候雄心峰会上,习近平总书记又进一步宣布,到 2030 年,中国单位国内生产总值二氧化碳排放将比 2005 年下降 65％以上,非化石能源消费占一次能源消费比重将达到 25％左右,森林蓄积量将比 2005 年增加 60 亿立方米,风电、太阳能发电总装机容量将达到 12 亿千瓦以上。

　　在过去几十年里,全球碳排放的持续增加让我们认识到必须采取切实有效的措施来减少温室气体的排放,碳管理体系的建设对于实现全球碳减排目标具有至关重要的作用。碳管理体系是一个综合体系,主要包括碳排放管理、碳资产管理、碳交易管理和碳中和管理等内容,并对应着碳定价、碳市场、碳交易、碳金融、碳信用等工具。其中,碳排放管理是碳管理体系的核心要素之一,通过对企业和组织的碳排放评估、检测和报告,推动企业和组织低碳转型。随着全球对碳管理体系关注的增加,碳资产管理成为重要的议题,投资者和金融机构越来越重视企业碳风险,并将 ESG 纳入投资决策。碳交易管理涉及碳市场运作,很多国家和地区建立碳排放交易体系,允许企业在碳市场上交易碳配额,鼓励企业碳减排和创新。碳中和管理是碳管理体系的新兴领域,越来越多的国家和企业制定碳中和目标,并采取多种措施以达到净零排放目标。

近年来,全球主要经济体纷纷加大了碳管理体系建设力度,通过碳市场机制、碳税、碳减排配额等手段推动碳减排。如欧盟作为全球领先的碳管理体系建设者之一,早在 2005 年就推出了碳排放交易体系(EUETS);欧盟还制定了雄心勃勃的碳减排目标,旨在到 2050 年实现碳净零排放,并致力于实现绿色化、数字化和可持续发展。美国在碳管理体系上经历了一系列政策变迁,近年来,美国重新加入《巴黎协定》,并制定包括清洁能源支持、车辆排放标准升级等一系列措施;不少州和城市也采取自主行动,制定更为严格的减排目标。此外,其他国家和地区也在积极推进碳管理体系建设,全球各国碳管理体系建设的步伐越来越快,国际合作和经验交流也在不断加强。在全球范围内,碳管理体系建设日益成为实现可持续发展目标的必经之路。欧盟、美国等经济体在碳管理体系建设上走在全球前列,也为全球其他国家和地区提供了重要借鉴。我国也将碳管理体系建设纳入国民经济社会发展规划中,并发布《碳达峰碳中和行动方案》;鉴于此,我国有必要了解国外碳管理体系发展特征,学习国外经验,推动我国碳管理体系持续优化。

从各国推进碳管理体系建设的现状来看,全球碳管理体系正蓬勃发展。联合国全球契约组织(UNGC)发布的《企业"碳中和"目标设定、行动及全球合作》报告显示,截至 2022 年 10 月,全球已有 3 821 家企业加入科学碳目标倡议,其中 1 399 家企业做出了明确的净零承诺。国际碳行动伙伴关系(ICAP)数据显示,截至 2022 年,全球碳市场覆盖地区 GDP 已占全球的 55%,全球近1/3 的人口生活在有碳市场的地区,碳市场收入超过 630 亿美元。加强碳管理体系建设已成为全球主要经济体的普遍行动。究其原因,碳管理体系建设对于碳减排、优化碳资产管理、低碳转型等具有广泛而积极的作用。其中,碳排放管理有助于碳排放识别与评估,以及碳排放降低;有效的碳资产管理将提高资源利用效率,促进资金投入低碳领域;碳交易管理将有助于促进碳减排市场化,激励企业碳减排,促进低碳技术创新;碳中和管理对于碳中和目标实现和碳减排至关重要。可见,通过碳管理体系的全面建设和实施,不管是国家或地区、企业或组织均可以有效地促进碳减排。碳管理体系建设对于组织实现减排目标、提升竞争力和市场认可度、降低成本和提高效率、促进低碳转型、应对气候变化挑战等具有重要的意义,为实现可持续发展目标和构建低碳绿色未来提供了重要支持。

鉴于碳管理体系建设的重要意义,上海社会科学院信息研究所与安徽长三角双碳发展研究院共同组织研究团队,历经近一年的时间,编撰形成《全球碳管理体系研究》这一著作,旨在对全球碳管理体系进行全面而系统的分析。本书共十章,主要分析了全球碳管理体系的内涵特征、发展概述与发展趋势,以及全球碳资产管理体系概况;同时,选择美国、欧盟、日本、德国、英国、新加坡、澳大利亚和加拿大等国家和地区,深入分析其碳管理体系建设背景与进展,以及碳排放与碳责任管理、碳交易与碳信用管理,并总结出各国或地区碳管理的政策体系与特征。本书的编写依托于广泛的国外资料搜集整理,以及在此基础上的深入分析、总结归纳。我们希望通过深入了解和比较各国碳管理体系的经验与特征,为我国制定适合自身情况的碳管理政策和措施,为低碳转型和应对气候变化方面的决策制定提供有益参考,也为企业、园区等加强碳管理体系建设提供政策与经验指导。

上海社会科学院作为国家高端智库,紧紧围绕国家"双碳"发展大局,组织各领域专家学者对"双碳"发展问题开展了深入的系列研究。为展现这一领域系列研究成果,也为了培养研究队伍、塑造智库品牌,我们于 2022 年 10 月推出"双碳发展研究丛书",本书为该丛书的第二本著作,聚焦全球碳管理体系这一主题,未来将陆续推出其他相关成果。

本书由王振、彭峰提出框架、组织协调,并负责修改统稿。各章执笔分工如下:第一章,尚勇敏、王振;第二章,刘树峰;第三章,冯玲玲、王振、张铭浩;第四章,张梁雪子、彭峰;第五章,金琳、王振、陈秋红;第六章,吕国庆;第七章,程飞鸿、茹煜哲、梁婧;第八章,张美星;第九章,何卫东、高歌、严海媚;第十章,姚魏、陈思彤。

本书的出版,要感谢研究团队的通力合作,感谢所有为本书研究和编写做出贡献的研究人员。同时,感谢上海社会科学院绿色数字化发展研究中心李易主任,阳光慧碳科技有限公司的陈潇总裁、陈韦副总裁的支持和指导。感谢上海社会科学院出版社对本书出版提供的帮助。

本书是我们对全球碳管理体系建设进展、特征等方面的系统研究,希望本书能够促进读者对全球碳管理体系的关注和进一步了解。由于研究能力与精力有限,本书内容还不尽完善。希望以此抛砖引玉,为更多学者开展深入研究提供基础。敬请读者批评指正。

上海社会科学院副院长、信息研究所所长　王　振

2023 年 7 月 18 日

目　录

丛书序一　　　　　　　　　　　　　　　　　　　　　　　1

丛书序二　　　　　　　　　　　　　　　　　　　　　　　1

前言　　　　　　　　　　　　　　　　　　　　　　　　　1

第一章　全球碳管理体系的发展与展望　　　　　　　　　　1
　　第一节　全球碳管理体系的发展形势　　　　　　　　　1
　　第二节　碳管理体系的内涵与特征　　　　　　　　　　4
　　第三节　全球碳管理体系的发展概况　　　　　　　　　7
　　第四节　全球碳管理体系的未来展望　　　　　　　　　19

第二章　碳资产管理的国际比较　　　　　　　　　　　　　22
　　第一节　碳资产的内涵与特征　　　　　　　　　　　　22
　　第二节　碳资产法律属性的国际比较　　　　　　　　　25
　　第三节　碳资产定价机制的国际比较　　　　　　　　　29
　　第四节　碳资产管理的模式分析　　　　　　　　　　　38
　　第五节　中国碳资产管理的不足与展望　　　　　　　　41

第三章　美国碳管理体系　　　　　　　　　　　　　　　　44
　　第一节　碳管理体系建设的背景与进展　　　　　　　　44
　　第二节　碳排放与碳责任管理　　　　　　　　　　　　46
　　第三节　碳交易与碳信用管理　　　　　　　　　　　　61
　　第四节　碳管理政策　　　　　　　　　　　　　　　　69

第四章　欧盟碳管理体系 82

第一节　碳管理体系建设的背景与进展 82

第二节　碳排放与碳责任管理 87

第三节　碳交易与碳信用管理 101

第四节　碳管理政策 110

第五章　日本碳管理体系 125

第一节　碳管理体系建设的背景与进展 125

第二节　碳排放与碳责任管理 128

第三节　碳交易与碳信用管理 140

第四节　碳管理政策 144

第六章　德国碳管理体系 153

第一节　碳管理体系建设的背景与进展 153

第二节　碳排放与碳责任管理 156

第三节　碳交易与碳信用管理 172

第四节　碳管理政策 179

第七章　英国碳管理体系 188

第一节　碳管理体系建设的背景与进展 188

第二节　碳排放与碳责任管理 193

第三节　碳交易与碳信用管理 202

第四节　碳管理政策 210

第八章　新加坡碳管理体系 222

第一节　碳管理体系建设的背景与进展 222

第二节　碳排放与碳责任管理 224

第三节　碳交易与碳信用管理 234

第四节　碳管理政策 238

第九章　澳大利亚碳管理体系 245

第一节　碳管理体系建设的背景与进展 245

第二节　碳排放与碳责任管理　　　　　　　　　249

第三节　碳交易与碳信用管理　　　　　　　　　260

第四节　碳管理政策　　　　　　　　　　　　　268

第十章　加拿大碳管理体系　　　　　　　　　278

第一节　碳管理体系的背景与进展　　　　　　　278

第二节　碳排放与碳责任管理　　　　　　　　　283

第三节　碳交易与碳信用管理　　　　　　　　　298

第四节　碳管理政策　　　　　　　　　　　　　304

第一章 全球碳管理体系的发展与展望

在《联合国气候变化框架公约》《京都议定书》《巴黎协定》《格拉斯哥气候公约》等一系列国际公约的推动下，一场波澜壮阔的全球绿色低碳转型大潮正在形成，"争1.5保2"的减排愿景业已成为世界各国共同努力的方向。然而，遗憾的是，联合国环境规划署《2022排放差距报告》(*Emissions Gap Report 2022*)显示，在地缘政治局势紧张、滞胀压力加大、能源安全冲击的情况下，气候危机持续升级，全球控制升温的机会窗口即将关闭，21世纪末全球升温将达2.8℃。在这种背景下，大规模、系统性改革迫在眉睫，精准、高效、协调地推进碳管理体系，特别是匹配碳定价、碳信用、碳金融等政策工具箱，成为全球范围内的通用之法。中国也围绕碳管理体系部署了一系列行动，如2011年启动地方碳交易试点、2021年7月全国碳排放权交易启动上线、国务院赋予北京绿色交易所全球绿色金融中心的更高使命等。可见，加快构建科学高效的碳管理体系，成为全球及我国应对气候变化的战略选择。

第一节 全球碳管理体系的发展形势

近年来，碳中和从一个概念转变现实行动，从个人环保行为转变为集体或机构的减排行动，并发展成为国家和全球层面上的国际行动。然而，从碳管理体系的实践来看，因实质性的技术瓶颈、道德困境和政治阻碍的存在，碳交易、碳定价、碳金融等要素在全球层面上的整合仍有较大的不确定性（王云鹏，2022）。

一、全球碳排放压力日益剧增对碳管理体系提出要求

全球碳达峰、碳中和战略是人类对绿色低碳发展模式不断探索的成果，也

是面对气候危机做出的现实选择,然而新冠肺炎疫情导致的经济暂缓与拉尼娜现象未能延缓全球变暖的趋势,2022 年成为自有气象记录以来第五热年份,全球碳中和目标的实现仍面临诸多挑战。根据美国国家海洋和大气管理局(NOAA)数据显示,自 20 世纪 80 年代以来,每一个十年都比前一个更加温暖,2012—2022 年全球平均地表温度(陆地和海洋)升高 0.66—1.03 ℃(图 1-1),大气中的温室气体浓度仍在持续升高,全球变暖趋势加剧。

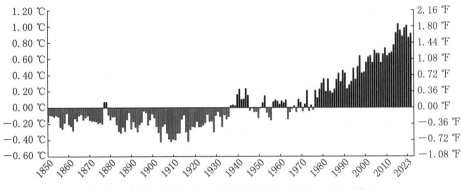

图 1-1　1850—2022 年全球陆地和海洋气温变化异常情况

资料来源:National Centers for Environmental Information,Climate at a Glance:Global Time Series,https://www.ncei.noaa.gov/access/monitoring/climate-at-a-glance/global/time-series(2023 年 5 月 10 日)。

根据联合国环境规划署《2022 排放差距报告》(*Emissions Gap Report 2022*),预计 21 世纪末全球变暖有 66% 的可能性将达到 2.8 ℃,[①]根据《巴黎协定》中"全球变暖限制在 2 ℃ 以内,争取 1.5 ℃"的愿景目标,需要在当前政策情境下实现 30%—45% 的减排力度,平均年减幅约 4%—6%。正如地缘政治、气候外交和安全项目政策顾问汤姆·埃文斯(Tom Evans)所说的那样:"很明显,转型速度还不够快,各国政府发出政治信号是一回事,但加快落实这些目标则是另一回事。"与此同时,国家减排策略按重要性排序依次为可再生能源发电(88%)、提高建筑物能效(70%)、植树造林(54%),虽然工业是第二大温室气体排放源且拥有第二高的年增长率,工业脱碳领域的行动措施却相对较少。[②]

---

① IIFG 观点:《UNEP〈2022 排放差距报告〉解析》,载中央财经大学绿色金融国际研究院网站,https://iigf.cufe.edu.cn/info/1012/5953.htm(2022 年 11 月 15 日)。

② 凯瑟琳·厄尔利:《世界从"气候危机"滑向"气候灾难"》,载中外对话,https://chinadialogue.net/zh/3/90908/(2022 年 11 月 2 日)。

二、全球主要国家积极推进碳管理体系建设

气候问题日渐成为全球治理的关切和纽带性议题,自《巴黎协定》之后,全球主要经济体围绕碳中和展开战略竞赛,同时全球碳中和交流合作与碳中和战略互动也不断加深。需要指出的是,尽管各个国家在减排战略目标、时间线、关键领域等方面存在差异,但是碳管理体系都成为国家层面推进碳中和目标的重要手段。各国或地区的主要做法为:一是推动高排放行业实现产业结构和能源消费的绿色低碳化,促进高排放行业率先达峰;二是为碳减排释放价格信号,并提供经济激励机制,将资金引导至减排潜力大的行业企业,推动绿色低碳技术创新,推动前沿技术创新突破和高排放行业的绿色低碳发展的转型;三是通过构建全国碳市场抵消机制,促进增加林业碳汇,促进可再生能源的发展,助力区域协调发展和生态保护补偿;四是为行业、区域绿色低碳发展转型,实现碳达峰、碳中和提供投融资渠道。①

三、碳管理体系建设是推进经济社会全面绿色转型的现实选择

碳管理体系是市场(排放交易体系或环境税)、监管(直接行政管制、效率及技术标准)以及信息(认证标签,通过活动、教育和培训提高环保意识等)等一系列政策工具的有机组合,②不仅是企业未来竞争优势所在,也是社会层面倡导绿色低碳生活和消费方式的重要措施。

企业碳管理主要是指减少生产、经营活动过程中的碳排放,引导企业在能源管理体系的基础上建立碳排放管理体系和必要的管理过程,提高其碳排放绩效,是大势所趋。其主要做法包括:一是不仅能够按照政策法规的要求对外披露企业碳排放信息,而且为将来应对碳配额和关税奠定基础,储备企业碳信用,在未来碳交易市场中寻求贸易机会;二是考虑到能源的日渐紧缺以及油价的不断上升,推动提高企业持续改进能源/碳管理能力,不断提

① 《全国碳市场对中国碳达峰、碳中和的作用和意义非常重要》,载中国政府网,http://www.gov.cn/xinwen/2021-07/14/content_5624921.htm(2021 年 7 月 14 日)。
② 德国联邦环境、自然保护、建筑与核安全部:《碳排放交易:基本原理以及欧洲和德国的实践经验》,载微信公众号"碳中和之家"(2023 年 7 月 1 日)。

高能源利用效率,在节能减排方面处于领先地位的企业毋庸置疑将节省更多的能源费用;三是有助于提升企业形象和品牌价值,展现企业环保理念和责任,是赢得消费者与投资者信赖的重要环节,特别是在国际市场上,越来越注重在产品上标注碳足迹;四是在低碳经济发展初期即开展低碳化管理和经营,有利于获得产品和服务标准的制定权,成为行业低碳化标准的领先者。[①]

绿色消费在理念上鼓励消费的可持续和绿色化,在数量上体现消费的适度性和减量化,在结构上体现消费的合理性和平衡性,在内容上关注的是吃、住和行等日常生活的主要方面,在方法上以消费环节带动生产、流通及处置全过程绿色化。[②]碳管理体系可以在生产端和消费端,引导和培育公众绿色消费行为和生活方式。从生产端来看,碳管理体系通过制定法规标准,形成推动绿色消费的制度安排,通过产业政策、财税政策、价格政策等,激励或调动消费者的绿色消费意愿和行为(国合会"绿色转型与可持续社会治理专题政策研究"课题组,2020);从需求端来说,在碳管理体系相关政策激励与约束下,消费者在购买(理性适度消费、购买绿色产品)、使用(绿色生活、绿色办公、绿色出行)、处置(垃圾分类、捐赠)及回收再利用(二手交易、共享经济、再生资源回收再利用)四个环节中履行绿色低碳的责任与义务(师佳、宁俊,2022)。

第二节　碳管理体系的内涵与特征

为持续降低碳排放,规范碳排放、碳资产、碳交易与碳责任管理,全球各国不断完善碳管理体系,碳管理体系的内涵不断完善。

一、碳管理体系的内涵

碳管理体系是指在企业、国家、城市等层面,通过掌握和管理碳排放和碳储存情况,在生产和生活过程中尽可能降低碳排放并提高碳储存的能力,以达

---

① 《企业进行碳管理的动机作用和意义影响》,载碳交易网,http://www.tanjiaoyi.com/article-138-1.html(2014 年 1 月 18 日)。

② IIGF 观点:《电子商务领域绿色消费现状分析》,载微信公众号"中央财经大学绿色金融国际研究院"(2021 年 12 月 16 日)。

到有效应对气候变化的目标。碳管理体系主要包括碳排放管理、碳资产管理、碳交易管理和碳责任管理四个组成部分,并对应于碳定价、碳市场、碳交易、碳金融、碳信用等多种应用工具(表1-1)。

表 1-1 碳管理体系的要素构成和应用范例

维 度	关键要素	范 例
碳排放管理	持续地减少温室气体排放	全生命周期管理、碳标签
碳资产管理	在碳减排方面的资源投入与产出能够以资产的形式量化显现	碳资产定价、碳资产确权(所有权、使用权、经营权,收益分配权)及多种衍生品
碳交易管理	利用碳交易规则来实现阶段性的温室气体减排履约目标	碳市场、碳交易、碳金融
碳责任管理	能够沿着温室气体减排与增储的最佳途径实现零碳目标	碳信用评级、碳信息披露

资料来源:笔者整理。

二、碳管理体系的特征

碳管理体系是一个经济、社会、环境系统交织在一起的综合体,它不仅是一种发展理念,更是一种发展模式。作为一个运作机制的复杂系统,碳管理体系呈现出主体多元性、利益复杂性、风险多重性、双重目标性、信息不对称性等多重特征。

(一) 主体多元性

碳管理体系关键行为主体包括政府主管部门、被纳入的企业、第三方核查机构、咨询服务机构、检测机构等,是一个涉及多方主体并在一定技术规范指引和规则约束下各司其职的有机整体,需要各类主体发挥好各自应有的作用,任何环节都缺一不可。

(二) 利益复杂性

由于碳排放控制的强制性及其对经济社会广泛深刻的影响,必然涉及不同类型主体、不同国家、不同地区之间核心利益诉求的差异,牵扯到公共管理、产业发展、气候环境等多个领域,并形成各方利益的交织博弈。以 Hsu、Rauber(2021)的研究为例,国家层面以气候变化适应为主,公司层面则侧重于办公场所及其基础设施的减排策略,也是唯一明确提及"范围 3"减排的行为主体,区域主体则偏向公共社区设计水资源管理,城市层面则倾向于建筑部门及可持续交通。

(三)风险多重性

碳管理体系存在政治风险、经济风险、气候风险、法律风险、操作风险、项目风险、技术风险等潜在风险,并叠加碳管理议题的跨学科性、跨部门性,直接或间接地影响着碳管理体系的可持续运转。

(四)双重目标性

从碳管理体系相关衍生产品,特别是碳市场和碳金融的内在特性来看,与一般的传统商品市场不同的是,它们不是天然形成的实物交换市场,而是由国家强制力限定了温室气体排放总量后,通过赋予环境容量价值,而形成的碳配额交易市场。碳管理体系天然具有双重目标特性,即追求利益最大化与追求碳减排目标的达成(樊威、陈维韬,2019)。

(五)信息不对称性

对于碳减排行动的支持,现阶段离不开政府倡议与政策制定。然而,各经济体因发展阶段和国情之间的差异,在碳中和的认知与政策目标、碳管理体系的完善程度等方面存在明显差异(表 1-2)。大多数发达经济体的碳排放水平在 20 世纪便已达峰,目前呈现缓慢下降的趋势,作为一个整体无论从意愿还是行动能力上,都是当今世界碳管理体系相对完善的群体。而众多新兴和发展中经济体多处于碳排放爬坡阶段,普遍存在经济增长与排放脱钩、平衡减排与增长等结构性难题,碳管理体系建设相对滞后,低碳发展水平差强人意。[①]在这种背景下,以若干国家碳管理体系链接所构建的"微多边"机制能否"自下而上"地形成真正的全球协同存在不确定性。

[①] 能源安全研究中心:《国际碳中和发展态势及前景》,载国复咨询网站,https://www.goalfore.cn/a/2934.html(2023 年 5 月 4 日)。

表1-2　全球主要碳管理体系的对比分析

国家/地区	特　点	主要内容
欧盟	减排力度大且政策约束力强	阵痛中推进退煤议程、与美国共推甲烷减排、加速绿色复苏
美国	政策转向积极但连续性差	拜登政府气候政策的三个阶段目标和四个重要支柱:美国国家气候报告、美国实现2050年温室气体净零排放的长期战略、美国国家沟通和两年度报告、美国适应性信息报告
日韩	跟随性强	气候政策与国际战略密切挂钩
印度	政策目标与现实落差较大	农业大国易受到气候变化的影响、国内减排争议较大、只服务于印度外交需要、资金和技术短板严重
俄罗斯	积极挖掘传统能源潜力	未来十年内增加煤炭产量
中东	确保油气市场稳定的前提下,加快低碳转型	推进油气增产,并有意将低碳作为油气资源的新卖点

资料来源:《国际碳中和发展态势及前景》,载国复咨询网站,https://www.goalfore.cn/a/2934.html(2023年5月4日)。

第三节　全球碳管理体系的发展概况

气候变化是全球性问题,其有效解决的关键在于全球碳管理体系的建立,碳交易、碳资产、碳责任管理等是国际公认的有效控制碳排放的核心政策工具,近年来得到了快速的发展。

一、全球碳排放管理

从全球碳排放总量来看(图1-2),2000—2021年,全球碳排放量增加了40%,2019年,碳排放量达到370.8亿吨,2020年由COVID-19大流行引起的能源使用和排放的特殊振荡之后,2021年碳排放量再次反弹,达到371.2亿吨。按照国别来看,中国已经成为世界上最大的二氧化碳排放国,约占全球总排放量的27%;其次是美国(15%)、欧盟(9.8%)、印度(6.8%)。2022年,全球能源相关的碳排放量同比增长0.9%,即增长了3.21亿吨。但是,受能源价格震荡、通胀走高和传统燃料贸易受阻的影响,国际能源署认为全球化石燃料碳达峰在即。首先,国际能源贸易经历深刻调整,特别是俄乌战争及其引发的贸易中断加剧了本已紧张的天然气供应,尤以欧洲为甚,其减排量下降了13.5%。其次,当今高昂的能源价格凸显了提高能效的重要性,也促使一些国家通过改变行为和利用技术来减少用能。再次,碳捕集利用与封存项目也在加速进展,使得许多低排放燃料的应用前景更为明朗。最后,全球能源趋势的重要驱动力之一是中国能源需求增长,随着中国进一步转向服务型经济,其能源需求增长将放缓并在 2030 年之前趋平。

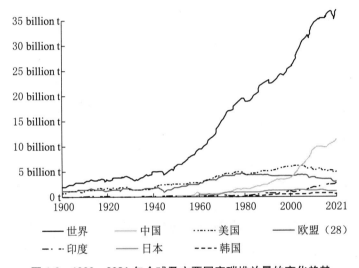

图 1-2　1900—2021 年全球及主要国家碳排放量的变化趋势

资料来源:Our World in Data based on the Global Carbon Project,https://ourworldindata.org/co2-emissions(2023 年 5 月 4 日)。

为推动碳排放降低,1992 年,联合国环境与发展大会通过《联合国气候变化框架公约》,要求各成员国以"共同但有区别的责任"为原则自主开展温室气体排放控制。1997 年,IPCC 协助各国草拟了《京都议定书》,希望在 2010 年使全球温室气体排放量比 1990 年减少 5.2%。2015 年底,第 21 届联合国气候变化大会通过了《巴黎协定》,其核心目标是将全球气温上升控制在低于工业革命前水平的 2 摄氏度以内,并努力控制在 1.5 摄氏度以内。至此,碳中和作为一项国家层面的发展理念在全球得到广泛认同。在《联合国气候变化公约》《巴黎协定》等框架下,越来越多的国家和地区政府将碳达峰、碳中和转化为国家战略。欧盟于 2019 年率先发布《欧洲绿色协议》,提出到 2050 年整个欧洲地区实现碳中和,并于 2021 年 6 月通过了《欧洲气候法案》。随后,包括中国、美国等国家和地区纷纷做出碳减排承诺。根据 Climate Watch 数据显示,截至

2023 年 6 月,全球已有 176 个缔约方(代表 176 个国家)提交或更新了国家自主贡献,这些战略为将全球变暖限制在 2 ℃目标以及努力控制在 1.5 ℃的目标至关重要,以绿色低碳为特征的发展路径成为全球转型的主要方向。

二、碳资产管理体系

碳资产具有流动性和交易价值属性,所涵盖的范围应当包括任何能在碳交易市场中转化为价值或利益的有形或无形财产,可分为配额碳排放权、自愿碳减排量以及碳期权、碳期货、碳保理、碳债券等衍生品。

(一)影响要素

碳资产价值影响因素主要涵盖三大方面:第一,碳排放数据的核算,通过收集历史碳排放数据,依据"可测量、可报告、可核查"的原则,进行管理、报送和核验,保证碳配额发放与清缴的合理有效。第二,低碳技术,无论是国家、区域还是企业,碳中和实现路径都可以归为减排控制和排放移除两个视角。前者涉及减少、替代两类技术,即通过高能效循环利用等技术减少碳排放,以及使用可再生能源、绿氢等零碳能源,后者则包含工业上的物理捕集和自然方式的固碳增汇两类技术。第三,碳资产交易,其价格随着市场供需的变化而变化,

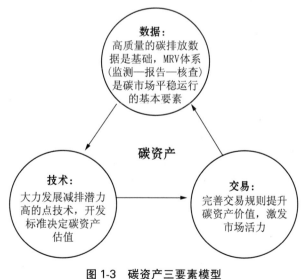

图 1-3 碳资产三要素模型

资料来源:《普华永道:碳资产白皮书》(2021 年)。

同时,也受到政策预期稳定性、政策干预措施、市场交易制度、交易产品丰富性及企业内部决策机制等不同因素的影响。

(二) 构成要素

根据《碳管理体系要求及使用指南》,碳资产包含正资产和负资产两个方面(表1-3)。正资产是由组织拥有或控制,由分配或交易及其他事项形成,可通过碳交易市场进行交易,或为生产提供低碳处理技术,或拥有环境保护能力、与碳排放相关的能够为组织带来直接或间接经济利益的资源,包括交易性金融资产、不确定性收益、碳金融产品创新、绿色低碳技术等四个维度。负资产是指组织未参加实施节能减排项目或实施效果不理想,而导致碳排放量高于相关部门规定的温室气体基准线而形成的即时义务,履行该义务很可能会导致经济利益流出企业,包括交易性金融资产、应交税费、不确定性负债、因碳信托和碳基金等业务创新带来的亏损等四个维度。

表 1-3 碳资产体系的构成

属性	维 度	具体要素
正资产	交易性金融资产	因碳减排得力剩余的碳排放配额、中国核证自愿减排量、标准化方法学开发国际体系下的减排量、参与配额拍卖取得的资产
	不确定性收益	政府的碳减排补贴、国际组织的低碳奖项或课题研究、因碳减排而获得的税收减免、因参与二级市场交易产生的盈利、潜在的可开发减排量项目
	碳金融产品创新	因碳信托和碳基金等业务创新带来的收益、投资附有碳减排特性产品的收益
	绿色低碳技术	减少、替代技术以及可再生能源、绿氢等技术研发
负资产	交易性金融资产	因减排不力导致实际碳排放超出政府发放的配额部分、因买进碳排放权时机掌握的不恰当而导致的交易成本上升
	应交税费	因碳排放不达标产生的罚款;在国际贸易中,因对某个国家售出的产品上没有标注产品的碳足迹而额外缴纳的税额
	不确定性负债	因碳排放问题给企业带来的不确定性债务、绿色运营发生的成本支出、设备改造发生的支出费用、绿电采购发生的成本支出、因参与二级市场交易产生的亏损
	碳金融产品创新	因碳信托和碳基金等业务创新带来的亏损

资料来源:《碳管理体系要求及使用指南》(2021 年)。

(三) 碳交易市场体系

碳交易市场是绿色金融的重要组成部分,是最为市场化的节能减排方式。绿色信贷、绿色债券、绿色保险和绿色产业基金等传统金融工具致力于弥补企业低碳转型的资金缺口,而碳排放权交易市场是利用市场化交易机制重新分配碳配额资源,从而实现减少碳排放的目的。

1. 全球碳交易发展历程

碳交易起源于排污权交易理论,由美国经济学家戴尔斯提出,并首先被美国国家环保局(EPA)用于二氧化硫及河流污染源管理。1992 年《联合国气候变化框架条约》签订生效,标志着全球气候变化治理体系开始建立。2005 年《京都议定书》签订生效,明确提出将市场机制作为碳减排问题的新路径,即把二氧化碳排放权作为一种商品,从事碳排放交易权的市场被称为碳排放权交易市场(简称"碳市场"),并规定了排放权贸易、联合履约和清洁发展机制三种"灵活机制",构成国际强制碳交易的规则基础。2007 年,"巴厘岛行动计划"提出将采用以市场机制为基础的减排机制。2015 年,《巴黎协定》签订生效,其第 6 条第 2 款和第 6 条第 4 款继承并发展了《京都议定书》的国际碳交易机制,为碳交易的全球协同提供了新的制度框架。

2. 相关概念与基础要素

根据国际碳行动伙伴组织(ICAP)的定义,碳排放交易本质是碳排放权之间的交易,政府设置一定时期的碳排放控制总量,再给排放者发放或拍卖排放权额度,并赋予排放权额度的买卖自由,是最为市场化的节能减排工具。即纳入碳交易体系的公司每排放一吨二氧化碳,就需要有一个单位的碳排放配额。进而,碳交易将鼓励减排成本低的企业超额减排,将富余的碳排放配额或减排信用通过交易的方式出售给减排成本高、无法达到碳排放要求的企业,帮助后者达到减排要求,同时降低社会碳排放总成本。

碳市场涉及 15 个关键环节及六大基础要素构成:一是覆盖范围,包括覆盖的温室气体种类、排放类型、涉及的行业、覆盖对象的纳入标准等。二是配额总量的设定,通常需要根据国家和地区的碳排放总量来制定。三是配额的分配方式,可分为免费分配和有偿分配两类。四是碳排放监测核查体系,涵盖监测、报告、核查等关键环节。五是碳交易的履约机制,履约是碳市场公信力和约束力的体现,监管会通过责令限期整改,建立"黑名单"制度,向相关部门通报等手段对未履约行为进行处罚,来保证碳市场的有效性。六是履约期的设计,指从配额初始分配到企业向政府上缴配额的时间,通常为一年或几年。[①]

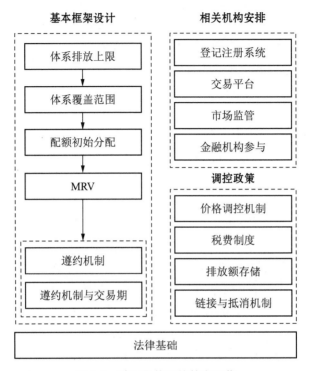

图 1-4　碳交易体系的基本环节

资料来源：段茂盛、庞韬：《碳排放权交易体系的基本要素》，《中国人口・资源与环境》2013 年第 3 期。

3. 分类标准与类型划分

根据不同的分类标准，碳市场有多种类型（表 1-4）。其中，配额制与项目制被认为是全球碳排放交易的基础，前者市场以"总量管制与交易"机制为基础，通过设定温室气体排放的限额或上限，在一级市场以免费分配，或以拍卖方式分配予所覆盖的实体；后者采用"基线与碳信用"原则（又称碳抵消机制），公司可以通过直接行动（例如造林项目）与新兴技术（例如碳捕集），来避免或减少排放和实现碳移除/碳封存，以产生"碳抵消"（又称"碳信用"），将温室气体排放降至低于其基准情景下的某个水平（基准情景由第三方核证机构制定，

---

① 平安证券：《碳市场和碳交易——市场化推动绿色产业的重要手段》，载证券之星，https://finance. stockstar.com/IG2021072100002722.shtml（2021 年 7 月 21 日）。

当中涉及公司面对的行业及技术限制因素)。

表 1-4　碳交易市场的分类

分类标准	类　　型
交易类型	配额制、项目制
交易客体	强制碳市场、自愿碳市场
时间性	现货交易、远期交易、期货交易、期权交易、互换及柜台交易等
覆盖范围	一级市场、二级市场或为地区型碳市场、国家型碳市场和跨界联盟型碳市场等

资料来源:作者根据相关资料整理。

此外,若以交易主体和客体为标准,碳交易市场存在两种基本形态(图 1-5):以国家作为交易主体的国家碳排放权之间的国际交易、以碳配额或碳信用为客体的以非国家为交易主体的国际碳交易。前者的产生基础是国家主体在《巴黎协定》下减排义务的超额完成,核算依据或"生产标准"是以国家作为核算单位的碳排放核算与报告规则。后者的来源是企业或其他公私实体所实施的与基准情景(Baseline)或惯常生产方式(Business as Usual)相比排放更少或能够增加碳汇的可持续发展项目或清洁生产项目,核算依据是以企业或基本排放单位作为核算实体和核算边界的碳会计规则。

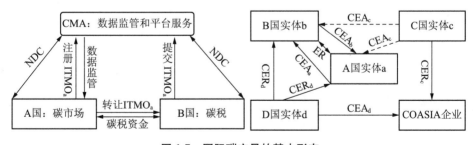

图 1-5　国际碳交易的基本形态

资料来源:王云鹏:《碳交易的全球协同:制度基础、协同困境与路径展望》,中国法治国际论坛(2021),2021 年 11 月 12 日。

4. 全球主要碳交易体系

伴随着相关机制的不断完善,全球碳交易体系所覆盖的政府层级、地域范围以及行业等方面逐步扩大,全球碳市场收益在 2022 年继续刷新历史纪录。碳交易体系在地域范围上逐步扩展,如奥地利、黑山和华盛顿州三地于 2023

年 1 月前启动碳市场;拉丁美洲和亚洲共 13 个国家地区处于计划实施或考虑实施碳市场机制状态;印度于 2022 年通过了《2022 年节能修正案》,于 2023 年 7 月开始引进自愿碳减排抵消机制;尼日利亚于 2022 年 8 月着手部署国家碳排放交易体系的相关工作,非洲在碳市场建设方面迈出实质性步伐。此外,全球范围内统一的碳交易市场尚未形成,不同碳市场之间开始尝试进行链接,跨境碳定价方法开始涌现,2014 年,美国加州碳交易市场与加拿大魁北克碳交易市场成功对接,2018 年又与加拿大安大略碳交易市场进行了对接;2016 年,日本东京碳交易系统与琦玉市的碳交易系统进行对接;2020 年,欧盟碳交易市场与瑞士碳交易市场进行了对接;加拿大和英国、国际货币基金组织(IMF)和世界贸易组织(WTO)等正在探索跨境碳定价基本原则。截至 2023 年 1 月,全球共有 28 个碳市场正在运行、8 个正在建设、12 个司法管辖区开始考虑建设,这使得碳排放交易体系所覆盖的全球温室气体排放比例已超过 17%,是 2005 年欧盟碳市场启动时的三倍之多。

自 2008 年以来,全球主要碳交易体系已筹集超过 2 240 亿美元资金,且收益在 2022 年继续刷新历史纪录,达 630 亿美元;从交易规模来看,欧盟是全球最大的碳交易市场,2022 年碳交易额达 7 514.59 亿欧元,占全球总量的 87%,其次是北美两大区域碳市场,成交额达到 626.77 亿欧元,占全球总量的 7%。

表 1-5 全球主要碳市场的关键指标比较

国家和地区	覆盖范围 (%)	配额价格 (美元)	拍卖比例 (%)	使用抵消额度 (%)
英国	28	70.7	53	0
欧盟	39	62.6	57	0
魁北克省	78	22.4	67	8
韩国	73	23.1	4	5
瑞士	10	57.1	6	0
新西兰	49	36.0	56	0
区域温室气体协议	16	10.6	100	3.3
中国	44	7.2	0	5
德国	40	29.6	100	0
加利福尼亚州	74	22.4	37	4

资料来源:《全球碳市场进展 2023 年年度报告》。

从碳交易体系覆盖行业来看,工业、电力、建筑是各碳交易市场重点纳入减排的行业,占比约 76.5%、76.5%、52.9% 。其中,新西兰碳交易体系覆盖行业范围最为广泛;从覆盖温室气体排放比例上看,加拿大新斯科舍省碳交易体系、魁北克碳交易体系、加州碳交易体系分别覆盖当地 87%、77% 和 75% 的温室气体排放(图 1-6)。

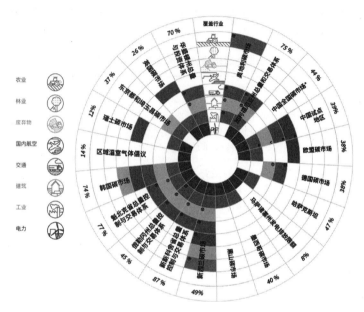

图 1-6　全球主要碳交易市场行业覆盖状况

资料来源:《全球碳市场进展 2023 年年度报告》。

(四) 碳责任管理体系

在气候变化谈判中,"共同但有区别的责任"是一个高频词,发端于 1972 年斯德哥尔摩人类环境会议,1992 年《联合国气候变化框架公约》第 4 条和 1997 年《京都议定书》第 10 条对此予以进一步明确和细化,并对发达国家的减排义务予以量化(高原等,2023)。然而,尽管减排已成为全球共同的目标,但全球碳责任分配上的分歧有增无减,其争论的焦点在于如何界定各国碳排放责任(包括历史责任与现实责任、生产者责任与消费者责任等),以及如何公平、高效地分配有限的碳排放空间(余晓泓、詹夏颜,2016)。

1. 全球碳责任分配的原则

碳排放责任,是指国家、地区乃至企业按照一定责任划分原则所需承担责任的碳排放,包括碳排放核算、碳排放权核算两个关键概念。前者是对全球、国家、区域、行业、家庭、企业、个人或产品的碳排放量进行测度,旨在明确活动主体的碳排放水平;后者则是指在确定减排目标后,计算未来一段时期内区域、行业或企业的碳排放总配额。总体来说,全球碳排放责任核算原则主要包括生产者原则(Production-Based Principle)、消费者原则(Consumption-Based Principle)、收益者原则(Income-Based Principle)、共担责任原则(Shared Responsibility Principle)等四类(表1-6)。

表1-6 全球碳责任分配原则的对比分析

碳责任分配原则	定 义	计算公式
生产者原则	核查部门对生产行为所在地与管辖区内的碳排放量进行直接测算,生产地区将承担区域内所有碳排放的核算责任	碳排放责任＝活动数据×排放因子
消费者原则	将消费者所消费的最终商品作为碳排放量核算客体,商品生产中所产生的二氧化碳排放量都计入商品消费地区	碳排放责任＝地区内碳排放总量＋进口隐含碳－出口隐含碳
收益者原则	计算生产过程中需要投入的要素所产生的碳排放总量	碳排放责任＝国内碳排放总量＋出口产品引致的国外产业链下游碳排放量－进口产品引致的本国产业链下游碳排放量
共担责任原则	通过贸易地区间的进口与出口计算出各地区间的碳排放责任分担比例,进而通过计算系数得出分摊后的碳排放量	碳排放责任＝消费者碳排放责任＋(1－分配比例)×生产者碳排放责任

资料来源:余晓泓、詹夏颜:《全球碳排放责任划分原则研究述评》,《科技和产业》2016年第5期。

2. 碳责任管理的通用形式

有效的全球碳责任管理需要被世界各国广泛接受,即需在发达国家和发展中国家及其地区、企业之间建立公平、有效、完整的碳排放责任核算机制,其中,碳责任账户、碳排放权分配、碳治理标准、碳信用等工具被广泛使用。

一是碳责任账户。它包括各级政府、企业和个人三个维度,它不仅是落实各级绿色发展不可或缺的前提,更是市场在碳配置中发挥重要乃至决定性作用的基础,基本步骤包括:①根据全球长期目标确立全球碳预算额,涵盖历史排放和未来排放两部分;②公平分配,并根据初始排放额度和实际累积排放量,建立账户,并进行动态管理;③配备对应的报告、登记、核查与履约机制。

二是碳排放权分配。它是排放主体为了生存和发展需要,由自然或法律所赋予的温室气体排放权利,它是一种新型的发展权,以公平和效率为首要准则,分配本质上体现为减排责任的划分。碳排放权常用的分配方法包括指标法、博弈论法、DEA法和混合方法等(图1-7)。

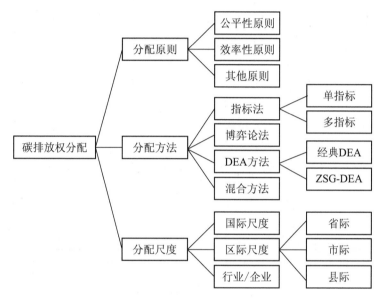

图 1-7 全球碳排放权分配的主要原则方法和尺度

资料来源:方恺、李帅、叶瑞克等:《全球气候治理新进展——区域碳排放权分配研究综述》,《生态学报》2020 年第 1 期。

三是碳治理标准。随着国际气候谈判不断推进和深入,气候治理重点逐渐由碳盘查过渡到碳中和,国际标准化方向也不断变化,形成了以温室气体核算标准、碳交易补偿标准、碳中和认证标准为主要支撑,覆盖不同层面、不同范围的国际碳治理标准化体系(表1-7)。

表 1-7 全球碳治理标准体系简介

分类标准	主要范例
温室气体量化核算标准	国家层面:IPCC 国家温室气体清单指南、欧盟的 EMEP/EEA 空气污染物排放清单指南、美国的 EIIP 体系
	企业层面:温室气体核算体系,包括企业核算与报告标准,温室气体核算系列国际标准 ISO 14064-1、ISO 14064-2、ISO 14064-3

续表

分类标准	主要范例
碳补偿标准	核查碳标准(VCS)、气候行动储备方案(CAR)、核查减排标准(VER＋)、芝加哥气候交易所标准(CCX)、气候社区生物多样性标准(CCBS)和生存计划标准(Plan Vivo System)
碳中和认证标准	碳中和证明规范(PAS 2060)、碳中和示范要求(INTE B5)、《碳中和及相关声明:现温室气体中和的要求与原则》(ISO WD14068)

资料来源:李杏茹、赵祺彬、高兵:《全球碳治理标准化发展历程与启示》,《中国国土资源经济》2022 年第 4 期。

四是碳信用。1997 年,作为《联合国气候变化框架公约》补充条款的《京都议定书》签订。议定书首次根据国际法为工业化国家的温室气体排放设定了具有约束力的目标,并通过建立 IET(国际排放贸易机制)、CDM(清洁发展机制)和 JI(联合履行机制)这三项国际减排交易机制,奠定了兼顾强制减排与自愿减排相互作用的国际碳市场体系。其中的 CDM 是全球自愿减排交易、碳信用机制的起源。据世界银行统计,2021 年碳信用市场同比增长了 48%,碳信用签发量从 3.27 亿吨增加到 4.78 亿吨,并呈现第三方独立自愿减排机制(如 VCS、GS)、占主导的分布格局(图 1-8)。

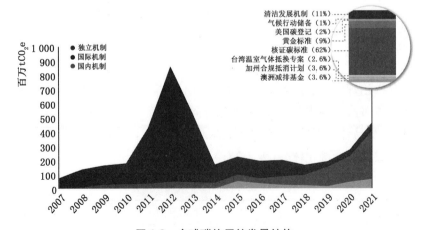

图 1-8 全球碳信用签发量结构

资料来源:World Bank, State and Trends of Carbon Pricing 2022。

第四节　全球碳管理体系的未来展望

国内外实践表明,以碳市场、碳金融为核心的碳管理体系是以较低成本实现特定减排目标的政策工具,与传统手段相比,它不仅能够将温室气体控排责任压实到企业,还能够为碳减排提供相应的经济激励机制、降低全社会的减排成本、带动绿色技术创新和产业投资。《2022 排放差距报告》《碳定价发展现状与未来趋势(2022)》和《全球碳市场进展 2023 年年度报告》等相关材料认为,全球碳交易市场的整合、全球碳足迹标准的实施与应用、提升供应链管理的重要性和金融体系的调整是未来全球碳管理体系发展的关键。

一、全球碳交易市场体系连接与整合将不断加强

当前,全球碳市场仍处于区域割裂、小范围整合初期,但应对气候变化与实现碳中和已经成为国际社会的普遍共识,碳市场的国际合作是必然的发展趋势。因此,应尽快布局碳市场跨区、跨境连接方案的研究,建立中长期排放交易体系联网,并着重解决以下三个关键问题:第一,发展中国家的参与度问题。在实践中,能够实现碳市场链接的国家或地区都属于发达经济体,其工业化程度较高,并已实现碳排放的峰值,能够在绝对总量控制下实现碳配额互认,但是,大部分发展中国家尚未实现碳达峰,在现阶段不易确立一个绝对的总量控制目标。第二,气候政策与贸易规则之间的冲突,为规制碳泄漏问题并保护本国产业的竞争力,"碳市场俱乐部"往往以具有惩罚性的边境贸易措施作为激励手段,这种单边措施会对气候多边主义和环境完整性构成负面影响,进而导致贸易摩擦。第三,碳市场连接等类似的协同机制需要复杂的规则设计和监管安排,从数据库建设、核算技术改进、核算方法研究等层面来保障全球统一规范的碳排放统计核算体系,以保障碳信用产生的额外性效益和避免减排成果的双重核算。

二、全球碳足迹标准的实施应用将加快推进

全球碳足迹标准的重要作用在于提供一个通用的方法和框架来评估和管理碳排放,推动低碳经济发展,引导政策制定和企业决策,促进可持续发展和

应对气候变化,以下三个方面将成为关键:第一,制定全球统一的碳足迹标准,协调企业、行业协会、第三方机构、科研机构等资源共享,共同完善碳足迹标准,挖掘新的标准化需求,基于最佳实践提炼新的标准,激发标准生态体系的循环,共同构建一个可持续发展、可创造价值的标准生态体系。第二,建立标准采信机制,对于聚焦新技术、新产业、新业态、新模式等创新发展需求,实施效果好、符合标准制定范围的先进标准如团体标准、企业标准等,及时采信为碳足迹标准。第三,提高标准利用效率,完善碳足迹标准化技术文件制度,开源标准等标准供给形式。

三、供应链管理体系成为全球碳管理体系建设重点

近年来,欧美国家加大供应链管理立法力度。2021 年 7 月 16 日,德国联邦议院通过了新的供应链法《企业供应链尽职调查法案》;2022 年 2 月 23 日,欧盟委员会发布《关于企业可持续发展尽职调查指令》,以上法规均不约而同地规定企业在价值链中需承担可持续和负责任的义务。基于此,供应链管理,特别是供应链社会责任管理或尽责管理/尽职调查,在全球碳管理体系建设中将扮演重要角色:一是碳足迹科学评估,确定关键影响因素,为碳管理和减排提供依据。二是供应链透明度与环节优化,可以帮助企业识别高碳排放的环节和供应商,并采用节能技术、改进物流规划、优化库存管理等措施实现供应链的减排。三是供应链信息共享,并实施监测和评估。

四、全球碳金融体系将不断优化提升

金融体系是促进系统性、大规模变革的基础,也是工业、能源、运输等应对气候变化所需的部门实现转型的强大推动力,今后其发展重点包括:一是建立统一的绿色项目认定口径,提高第三方机构的评估质量,强化气候相关的财务信息披露。二是通过增加分类规则和透明度等措施,提升金融市场效率,利用税收、增设上限、交易系统等,引入碳金融衍生品交易。三是通过公共政策干预、收税、支出和法规规制来引导金融行为;通过转移资金流、刺激创新和帮助制定标准,为低碳技术创造市场。四是建立合作国家的气候俱乐部、跨境融资倡议和公正的转型伙伴关系,打造可信的金融承诺工具。

参考文献

［1］ICAP, *Emissions Trading Worldwide：Status Report 2023*，Berlin：International Carbon Action Partnership，2023.

［2］IEA, *World Energy Outlook 2022*，IEA，2022.

［3］Ortiz M, Cadarso M Á, López L A, et al.，"The trade-off between the economic and environmental footprints of multinationals' foreign affiliates"，*Structural Change and Economic Dynamics*，2022(62)，pp.85 - 97.

［4］UNEP, *Emissions Gap Report 2022—Gap Report：the Closing Window—Climate Crisis Calls for Rapid Transformation of Societies*，UNEP，2022.

［5］Zhang Z, Guan D, Wang R，et al.，"Embodied carbon emissions in the supply chains of multinational enterprises"，*Nature Climate Change*，2020，10(12)，pp.1096 - 1101.

［6］陈骁、张明：《碳排放权交易市场：国际经验、中国特色与政策建议》，《上海金融》2022 年第 9 期，第 22—33 页。

［7］段茂盛、庞韬：《碳排放权交易体系的基本要素》，《中国人口·资源与环境》2013 年第 3 期，第 110—117 页。

［8］樊威、陈维韬：《碳金融市场风险形成机理与防范机制研究》，《福建论坛（人文社会科学版）》2019 年第 5 期，第 54—64 页。

［9］方恺、李帅、叶瑞克等：《全球气候治理新进展——区域碳排放权分配研究综述》，《生态学报》2020 年第 1 期，第 10—23 页。

［10］高原、刘耕源、谢涛等：《碳责任账户的目标原则、分配逻辑与框架构建：文献综述》，《中国环境管理》2023 年第 1 期，第 7—18 页。

［11］国合会"绿色转型与可持续社会治理专题政策研究"课题组：《"十四五"推动绿色消费和生活方式的政策研究》，《中国环境管理》2020 年第 5 期，第 5—10 页。

［12］海骏娇、王振：《全球双碳战略的形势走向与国别模式》，《国外社会科学前沿》2022 年第 11 期，第 47—66 页。

［13］李杏茹、赵祺彬、高兵：《全球碳治理标准化发展历程与启示》，《中国国土资源经济》2022 年第 4 期，第 45—50 页。

［14］师佳、宁俊：《碳达峰、碳中和政策及对服装绿色消费的启示》，《现代管理》2022 年第 10 期，第 1355—1365 页。

［15］王云鹏：《论〈巴黎协定〉下碳交易的全球协同》，《国际法研究》2022 年第 3 期，第 91—109 页。

［16］王云鹏：《碳交易的全球协同：制度基础、协同困境与路径展望》，中国法治国际论坛(2021)，2021 年 11 月 12 日。

［17］余晓泓、詹夏颜：《全球碳排放责任划分原则研究述评》，《科技和产业》2016 年第 5 期，第 137—143 页。

执笔：尚勇敏、王振(上海社会科学院)

第二章　碳资产管理的国际比较

为应对日益严峻的气候变化问题,全球气候治理进程不断推进,《联合国气候变化框架公约》《京都议定书》和《巴黎协定》等国际条约的相继签署,使得二氧化碳等温室气体排放行为受到越来越多的限制。碳资产在减碳增汇活动的价值发现和管理专业化过程将改变国家、企业乃至个体的发展模式,也是实现全球双碳战略目标的重要途径之一。

第一节　碳资产的内涵与特征

碳资产是碳中和背景下地区和企业把握绿色发展机遇的重要资源,而目前大部分地区和企业还难以识别自身所拥有的碳资产,更不能有效地估计其价值。因此,对碳资产内涵和类型的确认是后续有效管理碳资产的基础,更是在低碳经济中提升自身竞争优势的有力保障。

一、碳资产的内涵

碳资产是碳交易机制下产生的一种新型资产。随着全球变暖等气候问题的加剧,限制温室气体的排放量迫在眉睫,各国逐步建立碳排放交易市场,使得碳配额和碳信用有了一定的市场价格,催生了碳资产这一全新的资产类型。[①]虽然将碳配额和碳信用视为碳资产已成共识,但对碳资产的内涵并未有统一的标准,从现有研究来看,碳资产的内涵存在广义和狭义之分。

从狭义上来看,碳资产仅指碳排放配额和碳减排信用额。其中碳排放配额是指主管部门基于国家控制温室气体排放目标,向被纳入温室气体减排管

---

① 廖欣瑞、林梨、柯丹妮:《碳资产管理的发展实践及启示》,《福建金融》2022 年第 11 期,第 9—14 页。

控范围的重点排放单位分配的规定时期内的碳排放额度。碳减排信用额是指由温室气体减排项目产生,并经特定程序核证,可用以抵消控排企业实际排放量的减排证明(也称"碳信用")。①张化光认为碳资产是一种无形资产,是伴随低碳经济或碳交易机制而产生的可储存、可流通或进行财富转化的资产,包括碳减排配额、自愿碳减排量及衍生碳金融资产等。②2022 年 4 月 12 日,中国证监会发布《碳金融产品》的行业标准,其中将碳资产定义为:由碳排放权交易机制产生的新型资产。具体分类上,政府发放的各类碳排放权配额以及可能获得碳信用的碳减排项目等都是碳资产的范畴。

从广义上来看,碳资产可包括能够让减排单位实现碳减排目的的所有资产的总和。Bigsby 认为碳资产不仅包括碳配额和碳减排量,能够吸碳、存碳及减碳的森林、草地等自然资源也可归为碳资产。③张彩平将碳资产分为流动资产、固定资产、无形资产和金融资产四类,其中流动资产包括碳配额、碳信用、购买的化石能源及电力等,固定资产包括为碳减排购买的专用设备,无形资产包括自主研发或外购的低碳技术,金融资产包括碳期货和碳期权等。④刘鹤将碳资产按有形资产和无形资产进行分类,有形资产包括低碳建筑、低碳设备及低碳项目等,这些资产易于识别,也是企业内部碳排放盘查的主要对象。而低碳战略、低碳品牌、碳配额、碳减排额和衍生金融资产等无形资产是企业低碳发展的重要驱动力和增值源泉。⑤王家明认为碳资产是基于双碳战略或碳交易机制的能够给企业带来的与碳排放相关的资产,主要包括低碳技术、低碳设备、碳排放权(碳配额)和核证自愿减排项目的碳减排量等。⑥普华永道 2021 年将碳资产界定为以碳排放权益为核心的所有资产,既包括在强制碳交易、自愿碳交易机制下产生的可直接或间接影响温室气体排放的碳配额、碳信用及其衍生品,也包括通过节能减排、固碳增汇等各类活动减少的碳排放量,及其带来的经济和社会效益为碳资产的价值,碳资产可由碳数据、碳技术和碳交易三要素构成。

综上所述,碳资产可定义为由碳排放权交易机制产生的一种新型资产,包

---

① 吴宏杰:《碳资产管理》,清华大学出版社 2018 年版,第 4—5 页。
② 张化光:《碳资产评估理论和方法研究》,华北电力大学 2015 年硕士学位论文,第 13 页。
③ Bigsby H, "Carbon banking: Creating flexibility for forest owners", *Forest Ecology and Managemen*, 2009, pp.78‑383.
④ 张彩平:《碳资产管理相关理论与实践问题研究》,《财务与金融》2015 年第 3 期,第 60—64 页。
⑤ 刘鹤:《企业碳无形资产识别及其价值评估》,西南交通大学 2017 年博士学位论文,第 10 页。
⑥ 王家明:《"碳中和"背景下碳资产评估的探索》,《中国资产评估》2022 年第 5 期,第 27—31 页。

括低碳技术、低碳设备、各类碳排放权配额、可能获得碳信用的碳减排项目以及由其衍生出的金融产品等。现有研究往往从碳交易制度和碳交易客体两个方面对碳资产进行类型划分,其中根据碳交易制度,碳资产可分为配额碳资产和减排碳资产。根据碳市场交易的客体可将碳资产区分为碳交易基础产品和碳交易衍生产品,其中碳交易基础产品包括碳排放配额和碳减排信用额,碳交易衍生产品包括碳远期、期货、期权、掉期等。

二、碳资产的特性

碳资产受温室气体排放额度的限制,具有稀缺性、消耗性和投资性的特点。同时,碳资产作为一种金融资产,具有商品属性和金融属性。此外,碳资产还具有可再生、可量化等特性。

(一) 稀缺性

环境对温室气体的容纳量是有限的,为应对全球变暖,温室气体的排放额被严格限制,从而导致碳排放额成为一种稀缺资源。

(二) 消耗性

企业在生产过程中总会产生碳排放,碳资产的用途就是用于抵消碳排放量,不论是将碳资产用于自身消耗还是让其在碳市场上交易流通,均体现了碳资产的消耗性。

(三) 可再生性

碳资产包括可再生能源、能效改进技术和清洁能源技术等,具有可再生性和可持续性的特征。

(四) 商品属性

随着碳交易市场的建立及碳配额由免费发放向竞拍为主转型,碳资产因其稀缺性成为一种有价商品。

(五) 金融属性

碳资产交易具有一定的政策风险、市场风险、收益风险、操作风险、项目风险等。为了抵御风险，如碳期货、碳期权、碳掉期等金融工具应运而生。这些用于规避风险或实现碳增值的投资行为体现了碳资产的金融属性。

（六）政策性

碳资产是政策制度下的产物，碳资产的价值和市场需求受到政策的影响，例如政府的碳排放限额和支持低碳经济的政策。

总的来说，碳资产具有稀缺性、消耗性、可再生性、商品属性、金融属性、政策性等特征，是推动低碳经济发展和促进可持续发展的重要资产。

第二节　碳资产法律属性的国际比较

碳排放权资产的法律属性问题，是伴随着"碳排放"的国际议题诞生的。学界对碳排放权法律属性的界定尚未有统一定论，准物权说、行政规制权说、环境权说、债权说、新型财产权说等学说众说纷纭。现行法律法规对其法律属性未有明确规定，这已成为困扰碳排放权交易市场发展的一个法律障碍，碳排放权资产的法律属性不明确、价值评估体系薄弱，阻碍了碳金融工具的推广与创新。这不仅是我国碳市场面临的重大而紧迫的基础性问题，还是国际碳市场发展面临的一系列主要矛盾（市场分割、执行的不确定性、碳价低迷、碳金融创新能力不足等）产生的根本缘由。

一、国外法律法规对碳资产的权属定性

由于碳资产理论传统、价值观和利益立场上的差异，各国对"碳排放权资产的法律属性"在理论上和事实上都存在不同的理解。

从《气候变化框架公约》《京都议定书》《巴黎协定》等国际条约来看，碳排放权这一概念均未在此类国际条约中被定义。而且，国际条约明文规定碳排放不是一种权利或资格。其中，《京都议定书—马拉喀什协议》（第 15/CP.7 号决定）明确指出：各缔约方"进一步确认，《京都议定书》既没有创立，也没有赋予附件 1 所列缔约方任何排放量方面的任何权利、资格或权利资格……"。[①]基于此，西方

---

① 附件 1 所列缔约方是指：《联合国气候变化框架公约》附件 1（1998 年修订）所包括的国家集团，其中含经济合作与发展组织中的所有国家和经济转型国家。

主要发达国家都在形式上遵循了这份国际条约,并未定义碳排放权的概念。

欧美发达国家碳交易市场发展早,较为成熟,有关国家、国际组织对碳排放配额(权)有不同定性。

(一) 欧盟国家

法国、德国、意大利和西班牙等国将碳排放权视为商品,受金融法律的规制;荷兰、斯洛文尼亚和丹麦等国将碳排放权视为无形资产;瑞典将碳排放权视为金融产品,受金融服务管理机构的管理。欧盟将碳排放权金融化,欧盟《金融工具市场指令Ⅱ》附件1明确列举任何符合《第 2003/87/EC 号指令(排放交易计划)》规定的排放配额及其衍生品均为金融工具。《反市场操作指令》《透明度指令》等也均明确将碳排放权纳入金融监管体系内。[①]

(二) 美国

美国的区域碳排放权交易计划和联邦碳排放权交易计划均明确规定碳排放权不是财产权。其中在《美国区域温室气体减排倡议》第 1.2 条明确表述了对二氧化碳排放量的授权是排放行为的授权而非授予财产权。美国联邦法律《气候变化安全法案》《美国清洁能源与安全法案》均明确规定碳排放权并不是传统的财产权。

(三) 澳大利亚

在法律文件中明确承认碳排放配额(权)属于私有财产。在《2011 年碳信用(碳农业倡议)法》第 150 条中将碳信用视为私人财产。第 152 条和第 153 条表示可以通过转让、继承、法定转移进行所有权移转。作为私人财产权,政府不得随意调整碳排放额度和侵犯私人碳排放权,否则需给予行政补偿。

(四) 新西兰

《气候变化应对(适度的碳排放权交易)修订法》将碳排放权定义为金融工具,属于"投资证券型财产",并作为法律保护的私人财产而受到《个人财产安全法》的保护。

---

① 王莉、闫媛媛:《碳排放权法律属性的二元界定》,《山东科技大学学报(社会科学版)》2022 年第 3 期,第 57—66 页。

(五) 国际会计准则理事会

国际会计准则理事会主张将碳排放权作为无形资产进行会计处理。碳排放权源自政府授予的法定权利,并且可用于出售、转移等交易,因此,属于满足可辨认条件,且没有实物形态的非货币性资产,企业应根据《企业会计准则第6号——无形资产》的规定,在满足确认条件时将所获得的碳排放权确认为一项无形资产。

综上所述,碳排放权主要存在"规制权"说与"财产权"说之争论。各国政府对碳排放权的规定差异较大,很大程度系基于各自不同的政策考量,碳排放权的政策工具性较为突出。澳大利亚、新西兰两国规定碳排放权是财产权,出于促进本国碳排放权交易发展的需要。美国等否定碳排放权地位的国家,主要是为确保政府在碳资产管理中能有较大的灵活性。

二、中国法律法规对碳资产的权属定性

从全国层面来看,2014年国家发改委颁布的《碳排放权交易管理暂行办法》最早对碳排放权作出定义:"碳排放权是指依法取得的向大气排放温室气体的权利。"2020年12月31日,生态环境部颁布的部门规章《碳排放权交易管理办法(试行)》将碳排放权定义为"分配给重点排放单位的规定时期内的碳排放额度"。《碳排放权交易管理暂行条例》(初次征求意见稿)中将"碳排放权"定义为:"大气排放温室气体的权利。"但是,在2021年草案修改稿中,又将定义修改为:"指分配给重点排放单位的规定时期内的碳排放配额。"2022年,中国证监会发布标准文件《碳金融产品》(标准号:JR/T 0244—2022)第3.1条规定:"碳排放权是分配给重点排放单位的规定时期内的碳排放额度。注:包括碳排放权配额和国家核证自愿减排量。"2021年7月22日,中国人民银行发布的金融行业标准文件《环境权益融资工具》(标准号:JR/T 0228—2021)将碳排放权列为一种环境权益。

从地方性法规来看,《北京市碳排放权交易管理办法(试行)》中规定:"碳排放权是指碳排放单位在生产经营活动中直接和间接排放二氧化碳等温室气体的权益。包括二氧化碳排放配额和经审定的碳减排量。"《湖北省碳排放权管理和交易暂行办法》规定:"碳排放权是指在满足碳排放总量控制的前提下,企业在生产经营过程中直接或者间接向大气排放二氧化碳的权利。"《重庆市碳排放权交易管理暂行办法》规定:"碳排放权,是指依法取得向大气直接或者

间接排放温室气体的权利,量化为碳排放配额。"而在《上海市碳排放管理试行办法》《广东省碳排放管理试行办法》《深圳经济特区碳排放管理若干规定》中对"碳排放权"概念的使用与界定进行了回避。

总之,《碳排放权交易管理暂行条例》《碳排放权交易管理办法(试行)》对碳排放权定义均采用事实性的描述,未明确为何种权利,且将碳排放权等同于配额,同时却又不包括 CCER,可谓有定义而无定性。

三、碳排放权具公权、私权双重属性

现有研究主要从行政法、民法、环境法等视角分别提出不同主张,对碳排放权法律性质有规制权、物权、新财产权、发展权等观点。[①]这些观点基于不同着眼点得出不同的结论,分歧的核心在于在控制碳排放的手段上是应该追求政府为主还是市场为主,碳排放权是"公法权利"还是"私法权利",最终可归结为"规制权"与"财产权"的争论。

(一) 行政规制权说

碳排放权由行政管理部门根据大气对温室气体容纳量有上限,设定排放总量控制目标,通过一定方式将排放配额分配给权利主体,具有行政特许性质。行政管理部门要求主体强制履行清缴配额义务,如不能履约将面临行政处罚。因此,在配额分配、履约清缴过程中,碳排放权体现公法权利性质。但规制权的弊端之处是在碳排放权交易过程中,影响交易机制发挥作用和相关碳金融工具衍生品的发展。

(二) 物权说——准物权、用益物权、准用益物权

因碳排放配额具有稀缺性和可交易的商品属性。目前,我国有关法律法规规定及行政、司法、财会处理中均普遍承认碳排放权具有财产(资产)的属性。对碳排放权的物权学说主要分为准物权说、用益物权说和准用益物权说。

1. 准物权说认为,碳排放权的"物权性"并不十分完满,特别是涉及"支配性"等物权根本属性时,将碳排放权这种新型权利定性为"准物权"。

[①] 蒋博雅:《论碳排放权的法律属性》,《辽宁公安司法管理干部学院学报》2019 年第 1 期,第 95—100 页。

2. 用益物权说认为,持有主体拥有直接支配力和排他力,应将其归入"用益物权",虽然碳排放权受公权性影响甚深,但不会改变其作为用益物权的法律属性。最高人民法院在《中华人民共和国民法典物权编理解与适用》中提出"碳排放权、排污权、用能权和用水权应属于市场交易主体享有的具有交换价值的财产或者财产性权利。"虽然该观点是非司法解释文件观点,但可以看出,最高人民法院观点倾向于用益物权说。

3. 准用益物权说认为,基于碳排放权的获得需以行政许可为前提,而非通过合同方式设立,主张应将其界定为"特许物权",也称为准用益物权。准用益物权(也称特许物权)可参照《民法典》第 329 条:"依法取得的探矿权、采矿权、取水权和使用水域、滩涂从事养殖、捕捞的权利受法律保护。"与探矿权、采矿权、取水权通过行政许可方式获得一样,碳排放权也可通过行政部门分配(许可)而取得。《民法典》第 329 条是完全列举法条,未将碳排放权列为其中一种用益物权,物权法定原则是成为一道现实的法律障碍。物权法定原则性下,碳排放权物权化,需要对物权类型作出扩张解释。

总之,本质上碳排放权具有公权、私权双重属性。目前立法滞后,实践中,相关主体已普遍使用碳资产概念,并广泛进行交易活动与金融活动。由于法律属性不明确,碳交易、碳金融活动存在法律风险。

第三节　碳资产定价机制的国际比较

碳定价是一种衡量温室气体排放的外部成本的工具——公众支付的排放成本,例如对农作物的损害、热浪和干旱造成的医疗保健成本,以及洪水和干旱造成的财产损失。碳价格有助于将温室气体排放造成的损害成本转移到那些对它负责并且可以避免它的人身上。碳价格不是规定谁应该在何处以及如何减少排放,而是向排放者提供经济信号,并允许他们决定要么改变他们的活动并降低排放,要么继续排放并为他们的排放付费。通过这种方式,以对社会来说最灵活、成本最低的方式实现了总体环境目标。为温室气体排放制定适当的价格对于在尽可能广泛的经济决策和制定清洁发展的经济激励措施中将气候变化的外部成本内部化具有根本意义。

对于碳定价在向脱碳经济转型中的基本作用,政府和企业之间的共识日益加深。对于政府而言,碳定价是减少排放所需的一揽子气候政策工具之一。在大多数情况下,它也是一种收入来源,这在预算紧张的经济环境中尤为重要。企业使用内部碳定价来评估强制性碳定价对其运营的影响,并作为识别潜在气候风险和收入机会的工具。最后,长期投资者使用碳定价来分析气候变化政策对其投资组合的潜在影响,使他们能够重新评估投资策略并将资本重新分配给低碳或气候适应型活动。

根据世界银行发布的《碳定价发展现状与未来趋势 2022》年度报告,2021年全球碳定价收入约达 840 亿美元,比 2020 年增长了近 60%。这项收入为推动向低碳未来转型提供了重要资金来源。

目前运行的直接碳定价机制共计 68 种:36 种碳税和 32 种碳排放交易体系(ETS)。自《2021 年碳定价发展现状与未来趋势》发布以来,有 4 种新的碳定价机制投入运行:1 种在乌拉圭,另外 3 种在北美地区(安大略省、俄勒冈州、新不伦瑞克省)。以色列、马来西亚、博茨瓦纳宣布了制定新的碳定价政策的计划。欧盟、加利福尼亚、新西兰、韩国、瑞士、加拿大等地的碳价均创历史新高(图 2-1)。

图 2-1 全球已实施的碳定价机制(碳排放交易体系和碳税)

资料来源:M. Santikarn, A. Churie Kallhauge, M.O. Bozcaga, et al., *State and Trends of Carbon Pricing 2021*, The World Bank, 2021。

一、碳定价五大机制

碳定价(Carbon Pricing)源于英文短语"put a price on carbon",即将碳排放的外部成本内化为碳价,旨在通过提高碳密集型产品与服务的价格来反映其对环境与社会的影响。简言之,就是对温室气体(GHG)排放以每吨二氧化碳为单位给予明确定价的机制,主要包括碳税、碳排放交易体系(ETS)、碳信用机制、基于结果的气候金融(Result-based Climate Finance,RBCF)、内部碳定价五种形式(表 2-1)。

(一) 排放交易体系

排放交易体系是排放者可以交易排放单位以实现其排放目标的系统。为了以最低成本实现其排放目标,受监管实体可以实施内部减排措施或在碳市场上收购排放单位,具体取决于这些选择的相对成本。通过创建排放单位的供求关系,排放交易体系确定了温室气体排放的市场价格。排放交易体系的两种主要类型是总量控制与交易、基准与信用:(1)总量控制和交易系统,它对排放交易体系内的排放量施加一个上限或绝对限制,排放配额通常以免费或通过拍卖的方式分配给与该上限相当的排放量;(2)基准和信用系统,其中为各个受监管实体定义基准排放水平,并向已将排放量减少到低于该水平的实体发放信用。这些信用可以出售给超过其基准排放水平的其他实体。目前全球已运行 32 种碳排放交易体系。

碳排放交易体系的优点主要有:(1)减排效果具有确定性。在碳排放交易体系下,政府直接确定一段时期内碳排放配额总量,因此减排成果更直观、明确,不需要其他中间变量传导。(2)通过价格手段促使企业减排,且具有较为完善的价格发现机制。除常规配额交易外,碳排放交易市场还可进行配额期货、期权等衍生品交易,进一步提高市场效率。(3)促进跨境减排协调。不同的碳排放交易市场间能实现互联互通,形成跨国、跨地区的碳排放交易市场。

碳排放交易体系的缺点主要有:(1)价格波动性。碳交易中排放价格由于市场原因,会有较大的波动性,故碳交易的减排成本有较大的不确定性。(2)管理成本高。碳排放交易初始排放权的分配,由于各方利益的博弈,需要经过一个较长时期的谈判,且还需要建立相应的排放权交易市场以及建立参与企业能源使用的报告机制、监控机制与惩罚机制,这些都需要较大的额外管理成本。(3)可能导致公平缺失。从公平性角度看,税收是优选的政策。碳排放交易采用初始排放权免费配给制度,相当于将全社会的收入免费送给排放企业,不可避免地会产生寻租的问题。

(二) 碳税

碳税通过明确的温室气体排放税率或化石燃料的碳含量(更常见),即每 tCO_2e 的价格。直接设定碳价格,只有智利、波兰等少数国家采用是以二氧化碳的实际排放量为计税依据。它与 ETS 的不同之处在于,碳税的减排结果不是预先确定的,而是碳价格是预先确定的。目前全球主要有 36 种碳税机制在运行。

采用碳税机制的优点在于:(1)见效快。可直接增加温室气体排放成本,直接传导至企业利润,倒逼其采取节能减排的措施,在短时间内实现大幅减排;(2)实施成本低。主要依托现有税制体系实施,无须设置新机构,也无需考虑配套基础设施等问题;(3)税率稳定。对于碳价格可以形成稳定的预期指引,企业也可根据这一稳定的税率,安排中长期减排计划;(4)可以实现收入再分派。政府可将碳税收入用于绿色项目建设或新能源技术研发,支持低碳转型。

采用碳税机制的不足在于:(1)排放总量控制方面不足。通过税率即价格来实现减排,但不能有力地控制总排放量,一些高排放、高收益的企业在碳税较低情形下依然保持原有生产经营模式,减排意愿较低。(2)高税负影响经济与消费。碳税的减排效果与税费关系密切。碳税的征收需在一定高的税费基础上才能达到良好的节能减排效果。(3)易产生级联效应(Cascading effect)。即单一税应征于商品从生产到销售的各个环节,最终累积于末端消费者处。(4)不利于全球减排体系的连接。征收碳税是一种财政手段,各国会依据各自的具体情况制定政策。不同宽松程度的碳税将使全球呈现割裂的减排体系,不利于全球减排的一致性,并且,跨国公司可轻易调整市场策略将高碳产业转移至税负较轻的国家,造成本国碳泄漏。欧盟正是这个原因选择了碳市场作为减排工具而不是碳税。

(三) 碳信用机制

碳信用机制指基于项目或计划的活动的温室气体减排量,可以在国内或其他国家出售。信用机制根据核算协议发放碳信用,并拥有自己的登记处。这些积分可用于满足与温室气体减排相关的国际协议、国内政策或企业公民目标的合规性。

(四) 气候金融

基于结果的气候金融是一种融资方式,在交付和验证与管理气候变化相关的预定义产出或成果(如减排)后进行付款。许多气候金融计划旨在购买经过验证的温室气体减排量,同时减少贫困、改善清洁能源的供给。

(五) 内部碳定价

内部碳定价是组织内部使用的一种工具,用于指导其与气候变化影响、风险和机遇相关的决策过程。越来越多的组织正在使用内部碳定价来指导其决策过程。内部碳定价的企业应用包括支持企业战略投资决策和帮助企业转向低碳商业模式。一些政府在其采购过程、项目评估和与气候变化影响相关的政策设计中使用内部碳定价作为工具。金融机构也开始使用内部碳定价来评估他们的项目组合。政府也将内部碳价格用于决策目的,例如在项目评估中评估投资对基础设施的气候影响。政府通常使用三种不同的方法来设定内部碳价格:(1)碳的社会成本估算,碳的社会成本反映了一吨温室气体排放造成的全球损害的价值。这种方法具有高度的不确定性,因为它依赖于对经济状况、人口变化和适应措施成本的预测。(2)边际减排成本估算,内部碳价可以从实现国家减排目标的边际减排成本中推导出来。该成本的估算是基于对减排技术成本的预期。(3)排放配额的当前和估计未来市场价值,内部碳价格也可以基于排放配额的市场价格。在所有这三种情况下,随着温室气体存量的增加,成本会随着时间的推移而增加。在第一种情况下,成本会增加,因为预计未来的排放量将对排放的每吨温室气体造成更大的损害。在后两种情况下,随着时间的推移边际减排变得更加昂贵,成本会更高。金融机构越来越多地使用内部碳定价作为评估其投资的工具,将碳成本纳入新项目的经济分析中。原因包括更好地了解和衡量他们的碳足迹,以及系统地将 CO_2 排放的负外部性纳入项目评估,作为通过其贷款组合支持低碳解决方案的承诺的一部分。

对于政府而言,碳定价类型的选择基于国情和政治现实。在强制性碳定价举措的背景下,ETS 和碳税是最常见的类型。最合适的倡议类型取决于特定司法管辖区的具体情况和背景,该工具的政策目标应与更广泛的国家经济优先事项和机构能力保持一致。ETS 和碳税正越来越多地以互补的方式使用,两种类型的特征通常结合起来形成碳定价的混合方法。许多公司将其在强制性举措中面临的碳价格作为其内部碳价格的基础。一些公司在内部采用一系列碳价格,综合考虑不同司法管辖区的不同价格。温室气体排放也可以通过其他政策工具间接定价,例如化石燃料补贴和能源税。

表 2-1　全球主要碳排放定价机制

碳排放定价机制	机制解读
碳税	明确规定碳价格的各类税收形式,将二氧化碳等温室气体(以二氧化碳为当量标准,CO_2e 单位计量)带来的环境成本直接转化为生产经营成本

续表

碳排放定价机制	机制解读
碳排放交易体系	为排放者设定排放限额,允许通过交易排放配额的方式进行履约
碳信用机制	碳信用机制是额外于常规情景、资源进行减排的企业可交易的排放单位,它与碳排放交易体系的区别在于,碳排放交易体系下的减排是出于强制义务,如果政策制定者允许,碳信用机制所签发的减排单位也可用于碳税抵扣或碳排放交易体系的交易
基于结果的气候金融	投资方在受资方完成项目开展事前约定的气候项目时进行付款。相比碳排放交易体系在减排行动"事前"的参与者提供激励手段,基于结果的气候金融是一种"事后"激励措施
内部碳定价	是指机构在内部政策分析中为温室气体排放赋予财务价值,以促使将气候因素纳入决策考量之中

资料来源:M. Santikarn, A. Churie Kallhauge, M.O. Bozcaga, et al., *State and Trends of Carbon Pricing 2021*, The World Bank, 2021。

二、国际碳定价机制

随着《京都议定书》下灵活机制的引入,国际碳定价开始腾飞。1997 年 12 月在日本京都举行的 UNFCCC 第三次缔约方会议(COP)通过了京都议定书,承诺工业化国家签署国(所谓的"附件 1"国家)共同将其 2008—2012 年平均温室气体排放量至少比 1990 年水平减少 5.2%。附件 1 国家可以通过国内行动或使用清洁发展机制(CDM)、联合履行机制(JI)、国际排放贸易机制(IET)三个灵活机制来履行其承诺。2012 年 12 月在卡塔尔多哈通过的修正案为京都的三个机制在 2013—2020 年继续存在奠定了基础。IET、JI 和 CDM 在创建跨境碳市场方面具有重要意义。

碳定价可以在实现《巴黎协定》的雄心和实施国家自主贡献(NDCs)方面发挥关键作用。《巴黎协定》第 6 条为促进国际承认合作碳定价方法提供了基础,并确定了可能为开展这种合作铺平道路的新概念。第 21 次缔约方会议决定(通过《巴黎协定》第 136 段)承认为减排活动提供激励措施的重要作用,包括国内政策和碳定价等工具。提交给 UNFCCC 的许多计划都承认碳定价的重要作用,约有 100 个国家计划或考虑在其预期的 NDC 中建立碳定价机制。

自愿市场满足那些自愿决定使用补偿来减少碳足迹的实体的需求。2021

年,自愿碳市场的总交易额约为 14 亿美元。与前几年相比,价值的显著增长反映了价格上涨和企业买家需求增加导致交易量增加。

基于结果的气候融资是气候融资的一种形式,资金由气候融资提供者在实现一组预先商定的气候相关结果后支付给接受者。这些结果通常在产出或结果层面定义,这意味着 RBCF 可以支持特定低排放技术的开发或潜在的气候结果,例如减排。各种 RBCF 倡议建立在现有碳市场机制的基础上,并为新工具做准备。一些 RBCF 计划购买合规减排单位,包括 CER 和 ERU,帮助弥补目前对这些单位的需求不足。其中一些计划包括世界银行的碳发展倡议(Ci-Dev)、甲烷和气候变化减缓(PAF)试点拍卖设施,以及德国政府的硝酸气候行动小组。现有碳市场基础设施的要素,例如 CDM 监测、报告和验证(MRV)要求,已被纳入这些计划。其他并非专门为合规市场设计的计划使用 RBCF 作为直接融资机制,并且是从头开始构建的。此类计划包括由欧盟委员会、德国复兴信贷银行和 CAF 资助的拉丁美洲基于绩效的气候融资基金(PBC),以及世界银行的转型碳资产基金(TCAF)。这些计划侧重于实施大规模的部门或政策层面的减排计划。

国际民用航空组织(ICAO)成员国于 2016 年 10 月 7 日通过了首个全球部门碳定价倡议——国际航空碳抵消和减排计划(CORSIA)。这项倡议旨在稳定 2020 年国际航空的净排放量;任何高于 2020 年水平的额外排放都必须被抵消。据研究人员和分析师称,CORSIA 有可能在 2021 年至 2035 年期间产生约 2.5 $GtCO_2e$ 的碳资产需求,这与迄今为止发行的京都信用额的累积量相当。

《巴黎协定》第 6 条承认,缔约方可以自愿合作实施其国家自主贡献(NDC),以在缓解和适应行动中实现更高的雄心,《巴黎协定》第 6.2—6.3 条涵盖了合作方式,缔约方可以选择通过使用国际转移的缓解成果(ITMO)来满足其 NDC。ITMO 旨在为促进国际认可地方、国家、地区和国际碳定价倡议的跨境应用提供基础。第 6.4 条建立了各国为温室气体减排和可持续发展做出贡献的机制。该机制是作为《巴黎协定》缔约方会议(CMA)的授权和指导。它对所有国家开放,减排量可用于满足东道国或其他国家的 NDC。

三、碳定价主要参考指南

现有的碳定价计划正在根据过去的经验不断发展,而即将推出的计划试

图在设计中从这些经验中学习。各种组织已发表研究报告,以帮助政府和企业开发高效且具有成本效益的碳减排工具,主要有:

世界银行集团与经合组织(OECD)共同发布的《成功碳定价的 FASTER 原则:一种基于初始经验的方法》(*The FASTER Principles for Successful Carbon Pricing*:*An Approach Based on Initial Experience*)的报告。FASTER 原则是:F 代表公平,A 代表政策和目标的一致性,S 代表稳定性和可预测性,T 代表透明度,E 代表效率和成本效益,以及 R 代表可靠性和环境完整性。该报告借鉴了 10 多年在全球碳定价倡议方面的经验,旨在帮助政府部门和企业开发高效且经济的工具,对碳排放的社会成本进行定价,促进全球的碳定价创新和平稳过渡到繁荣的低碳经济。

2021 年,世界银行的市场准备伙伴关系(PMR)与国际碳行动伙伴关系(ICAP)共同发布了《碳排放权交易实践手册:设计与实施》(第二版),[①]从十多年的全球排放交易实践经验中提炼出最佳实践和主要经验教训,高度监管环境下的市场发展、市场干预的原因和风险、市场连接时需要注意的事项,并使碳市场设计始终与气候政策目标保持一致。本修订版手册旨在帮助决策者、政策从业者和利益相关者实现这一目标。它解释了 ETS 的基本原理,并列出了设计 ETS 的 10 个步骤——每个步骤都涉及一系列决定或行动,这些决定或行动将塑造政策的主要特征。

世界银行市场准备伙伴关系(PMR)出版了《碳税指南:政策制定者手册》。[②]本手册不仅为政策制定者提供了一套完整的碳税设计流程,同时总结了全球范围内碳税实施的经验与教训。本手册有两大目标和作用。首先,它是帮助政策制定者确定碳税是否是实现国家政策目标的正确工具的实用指南。其次,它是一种支持设计和实施最适合国家政策的具体需求、情况和目标的税收指南。

世界银行的市场准备伙伴关系(PMR)发布了一份《国内碳信用机制发展

---

① World Bank, "Partnership for Market Readiness", "International Carbon Action Partnership", in *Emissions Trading in Practice*, Second Edition: A Handbook on Design and Implementation, Washington, D.C. (July 8, 2023), https://openknowledge.worldbank.org/handle/10986/35413 License: CC BY 3.0 IGO.

② World Bank, Washington, D.C., "Partnership for Market Readiness", 2017, *Carbon Tax Guide*: *A Handbook for Policy Makers* (July 8, 2023), https://openknowledge.worldbank.org/handle/10986/26300 License: CC BY 3.0 IGO.

指南》(*A Guide to Developing Domestic Carbon Crediting Mechanisms*)。[1] 该指南旨在帮助国家和地方决策者考虑是否以及如何在其管辖范围内建立碳信用机制。它提供了对设计信用机制的决策点以及如何调整机制以实现国内政策目标的见解。该指南分为 10 个章节,代表了在建立国内信用机制时必须考虑的关键要素。

世界银行的市场准备伙伴关系(PMR)发布了《气候政策工具温室气体基准测试指南》(*A Guide to Greenhouse Gas Benchmarking for Climate Policy Instruments*)。[2] 该指南旨在为政策制定者提供有关基准制定的结构化指导,并借鉴了 10 多年来在基准制定方面的全球经验,涵盖了 16 个司法管辖区已经使用或正在制定基准方法的做法。

欧盟委员会发布了《欧盟碳排放交易体系手册》,其中提供了有关欧盟排放交易系统(EU ETS)的详细信息,包括有关该系统的设计方式和运行方式的信息。

联合国全球契约和世界资源研究所与关心气候的合作伙伴一起出版了《碳定价领导力执行指南》(*Executive Guide to Carbon Pricing Leadership:A Caring for Climate Report*)。该指南概述了不同的内部碳定价方法的含义,并以公司案例为特色,包含了数十家公司以及在公司内部实施碳定价计划或在世界各国倡导政府政策的其他专家的意见,通过代表企业的经验帮助更多公司成为碳定价冠军,并与关爱气候的合作伙伴制定的碳定价商业领导标准保持一致。

欧洲复兴开发银行(EBRD)和伦敦政治经济学院(LSE)格兰瑟姆气候变化与环境研究所发表了《气候变化特别报告——低碳转型》(*The joint Special Report on Climate Change—The Low-Carbon Transition*)。该报告详细阐释了包括碳定价在内的碳排放政策,并分析了中东欧和中亚等转型国家参与全球气候变化减缓工作中进行碳定价的挑战和机遇。

Ecofys、The Generation Foundation 和 CDP 制定了《企业内部碳定价最

① World Bank，Washington，D.C.，"Partnership for Market Readiness"，2021，*A Guide to Developing Domestic Carbon Crediting Mechanisms*(July 8，2023)，https://openknowledge.worldbank.org/handle/10986/35271 License：CC BY 3.0 IGO.

② World Bank，Washington，D.C.，"Partnership for Market Readiness"，2017，*A Guide to Greenhouse Gas Benchmarking for Climate Policy Instruments*(July 8，2023)，https://openknowledge.worldbank.org/handle/10986/26848 License：CC BY 3.0 IGO.

佳实践方法指南》(*How-to Guide to Corporate Internal Carbon Pricing*: *Four Dimensions to Best Practice Approaches*),以支持进一步采用内部碳定价。该指南从基于外部资源定价法、基于内部咨询定价法、基于同行比较定价法和基于减少碳足迹目标定价法四方面,解释了企业建立最佳实践的内部碳定价方法的适用场景和定价方式,以优化公司价值链中的脱碳。

第四节　碳资产管理的模式分析

碳资产专业化管理是以落实"双碳"战略目标为前提,通过建立专业化的管理制度体系和管理平台,运用各种管理工具、管理方式和持续技术创新,使碳资产最大限度地创造社会价值和经济利益的管理活动。碳资产管理是一个统筹管理系统,是未来重点碳排放企业甚至是所有企业必备的管理体系,这不仅关系到碳资产的增值保值,更体现了国家、行业、企业的绿色核心竞争力。

一、碳资产管理的目的和内容

碳资产管理是指通过对碳资产进行开发、规划、控制、监督、交易和创新等来实现碳资产的保值增值的管理过程。根据碳资产的内涵和碳定价机制,碳资产管理需求主要体现在以下三个方面:

一是监督碳排放数据,如碳排放源、排放类型、碳排放数据的统计分析,确定排放目标、识别减排对策、制定和实施计划等。如在碳核算上,世界资源研究所和世界可持续发展工商理事会等机构将碳排放分为三大类。范围一(Scope1)指所有排放源产生的直接排放;范围二(Scope2)指外购的电、热等带来的间接排放;范围三(Scope3)指在供应链和对外投资产生的其他间接排放。由于范围三排放牵涉面广且核算复杂,当前,企业碳核算的重点在范围一和范围二内的排放。

二是控制碳排放成本风险,通常是碳排放超出预期的成本分析,包括基于碳价格的超排成本分析,包括适度的财务监督和响应机制、控制和转移风险的管理模式或财务手段(投资减排项目或注资购买配额),以及基于同一行业标杆或公众预期的商业声誉风险管理。

三是盘活碳资产,在优良碳金融市场环境的基础上,完成碳资产保值增值的碳金融管理。通过碳期货、碳远期、碳期权、项目减排量开发保险等碳金融工具实现碳资产保值增值,通过绿色信贷、绿色债券、绿色基金、绿色信托等绿色金融工具,推动碳减排项目的运营。

二、碳资产管理主要模式

企业碳资产管理需求取决于其碳排放强度和获得的碳配额规模,根据碳资产管理主体可分为自主管理和委托管理两种模式:[①]

(一) 自主管理

企业自我组建碳资产管理公司或专业部门。碳配额规模大的控排企业,一般会自我组建碳资产管理公司或成立碳资产管理部门,不仅可以统筹管理自身碳资产,还能够对外提供碳资产管理服务,获得额外报酬。碳资产自主管理主要针对企业碳资产开发、碳市场分析、碳配额管理、排放报告编制、质量控制、审核风险控制、碳交易运作等。

1. 专门组建碳资产管理公司

如法国电力集团专门成立法国电力贸易公司来负责碳资产管理,其通过碳金融策略和碳资产组合等手段实现集团碳减排目标,同时达到碳资产保值增值目的。在欧盟碳市场建立初期,法国电力贸易公司主要通过在发展中国家开展 CDM 项目获得经核证的自愿减排量。此后,贸易公司除进行配额和核证减排量交易外,还开展了碳对冲、碳掉期、碳互换等碳金融产品的交易。为防范风险,公司内部设有专门的碳资产技术和法务部门为碳交易提供背景调查,并且每笔交易均需经过交易委员会审批授权。

中国华能集团有限公司通过成立华能碳资产公司来承担从碳资产核算、数据报送到履约交易全流程的碳资产管理。华能碳资产公司主要从制度建设、温室气体排放核算、CCER(中国核证减排量)开发、促成控排单位履约、碳金融创新五个方面开展碳资产管理。

2. 组建专业碳资产管理部门

英国石油公司在总部和下属企业均设置碳资产管理部门,但各有分工,总部负责碳减排技术支撑、碳交易及风险防控等策略,下属企业具体负责所属区

---

① 黄锦鹏、齐绍洲、姜大霖:《全国统一碳市场建设背景下企业碳资产管理模式及应对策略》,《环境保护》2019 年第 16 期,第 13—17 页。

域温室气体的监测、报告、核查,并完成温室气体减排及履约等实操任务。总部除对各下属企业审核、调配碳排放配额外,还会根据不同地区的碳减排政策和碳交易规则的差异和变动来实现政策套利。

中国石油化工集团公司成立了能源管理与环境保护部,负责管理碳交易所有环节。该部门职责包括完善体制机制,建立碳交易制度规范,建立燃动能耗一体化考核体系;开展碳盘查和碳核查;开展碳捕集、碳矿化、产品碳足迹、生物航煤等技术研究,实施减排行动;参与碳交易,包括开发 CCER 项目、制定减排方案和交易策略。2021 年 7 月 16 日,该部门还指导完成了胜利油田、上海石化、茂名石化和中天合创四家控排企业的首日全国碳排放权碳交易工作。

(二) 委托管理

碳资产托管是指将碳配额等与碳排放相关的管理工作委托给专业化的托管机构进行策划和实施,以降低履约成本,实现碳资产保值增值。现有碳资产托管模式主要包括双方协议托管和交易所监管托管。双方协议托管模式需要企业与碳资产管理机构签订托管协议,并交由后者全权管理碳资产,支付一定保证金或银行保函以承担托管期间的交易风险。但该模式存在商业谈判及信用风险。交易所监管托管模式则由碳交易所全程监管碳资产托管过程,减少了信用障碍,并可提高资金利用效率,适合碳资产托管业务的推广。

1. 双方协议托管

2014 年 12 月 9 日,全国首单碳托管业务在湖北落地。湖北兴发化工集团股份有限公司将其名下的 100 万吨碳配额交由武汉钢实中新碳资源管理有限公司和武汉中新绿碳投资管理有限公司管理。2015 年 1 月 23 日,超越东创碳资产管理(深圳)有限公司与深圳市芭田生态工程股份有限公司也签订了深圳碳市场首单碳资产托管服务协议。此后,碳托管业务便在我国逐渐发展起来。2021 年 7 月,全国首单金融机构与跨国企业的碳资产托管业务落地,新加坡金鹰集团与交通银行江苏省分行签署《碳排放权交易资金托管合作协议》。尽管目前全国碳市场并未出台关于碳资产托管业务的规范性文件,广州、深圳、湖北等地的碳交易中心已经发布了相应的碳资产托管业务指引和实施细则。

2. 交易所监管托管

2016 年 5 月,广州碳排放权交易所为广州微碳投资有限公司与深圳能源集团股份有限公司办理了广东省首单碳配额托管合同的备案手续,托管规模350 万吨。

第五节　中国碳资产管理的不足与展望

碳资产管理的本质是将碳资产作为生产要素纳入经济核算体系,使温室气体排放活动的环境成本得到市场化体现,这是碳金融的核心目标,也是碳资产专业化管理市场化机制的基石所在。[①]与欧美发达国家相比,中国"双碳"行动起步较晚,法律体系不太完善,碳资产管理不成熟,主要存在以下问题:

一是"双碳战略"认识不足,碳资产管理投入亟待提高。首先,企业缺乏"碳资产管理"方面的知识储备,对于"碳达峰、碳中和"战略和"1＋N"政策体系认识不足。其次,企业领导层缺少碳战略意识,当企业自身经营遇到挑战或经营不善时,往往就放弃做碳排查和碳信息披露等工作。再次,缺乏专业的碳管理人才和培训渠道。最后,企业未重视碳资产的金融属性,较少将碳资产作为一个抵押品去向银行融资。

二是碳资产盘查标准不统一,碳核算专业能力亟待提升。碳盘查是碳资产管理的基础,从重点行业管理现状看,碳排放核算方法学研究较为薄弱;碳盘查的行业共性标准建设相对滞后。随着 2022 年底欧盟碳边境调节机制(CBAM)的落地,输往欧盟的高碳商品的成本将增加,竞争力将下降。为降低CBAM 对出口产品的影响,有必要尽快完善产品碳排放核算方法和数据库。此外,2022 年 1 月,中国城市温室气体工作组(CCG)统筹发布的《中国产品全生命周期温室气体排放系数集(2022)》存在数据来源老旧、覆盖产品范围不够广等问题。在碳核算上,对比国家发改委、生态环境部、地方碳核算技术文件,发现我国的碳排放核算方法存在碳排放核算源项、核算方法、核算规定不统一、不规范的问题,亟须建立统一规范的碳排放统计核算体系。

三是碳交易市场化机制亟须健全。2021 年 7 月 16 日,全国碳排放权交易市场正式启动上线交易,全国碳市场的换手率只有 3％左右,低于国内试点碳市场 5％的平均换手率,更远低于欧洲碳市场换手率,我国碳交易市场仍处于起步阶段。此外,全国碳市场还面临着碳数据造假的问题,数据质量是碳市场运行的生命线,数据造假也反映出我国碳交易市场在建设、运行和监管等多个环节,还存在体制机制方面的漏洞。与欧美国家碳交易市场相比,也存在交易

---

① 袁谋真:《"双碳"战略目标下碳资产专业化管理研究》,《暨南学报(哲学社会科学版)》2022 年第 8 期,第 22—132 页。

品种不丰富、碳期货产品缺失等诸多问题。如自 2017 年 3 月起暂停国家核证自愿减排量(CCER)项目备案申请,相关政策法规至今已逾 6 年未完成修改颁布。大部分试点市场,期货、期权以及远期等金融产品均为空白,金融机构缺乏有效地控制碳资产收益风险的工具,参与碳金融商品开发的动力不足。碳交易市场化机制建设相对迟缓,在客观上制约了绿色金融和碳资产专业化管理的创新发展。

四是配套政策法规亟须完善。碳资产是交易制度下的产物,受政策、法律和法规的约束性较强。首先,国家层面缺少碳排放权交易的相关法律法规。现有立法位阶不高,多为政府规章和规范性文件。如没有应对气候变化的相应法律法规,"环境保护法"和"大气污染防治法"等单行法不完善,"碳排放交易管理条例"或"碳排放权交易法"等上位法缺失。其次,有关碳排放权的内涵和产权界定、排放权交易规则、交易双方的权利与义务、交易纠纷解决办法以及排放权交易试点的法律授权等也没有相关的法律制度界定。再者,亟须研究探索碳排放统计核算的方法,分行业、细分专业逐步规范制定各类温室气体排放核查的科学标准;亟须进一步完善具有可操作性的碳资产专业化管理规范制度。

参考文献

[1] 廖欣瑞、林梨、柯丹妮:《碳资产管理的发展实践及启示》,《福建金融》2022 年第 11 期,第 9—14 页。

[2] 吴宏杰:《碳资产管理》,清华大学出版社 2018 年版,第 4—5 页。

[3] 鲁政委、汤维祺:《碳资产管理:起源、模式与发展》,《金融市场研究》2016 年第 12 期,第 29—42 页。

[4] 张化光:《碳资产评估理论和方法研究》,华北电力大学 2015 年硕士学位论文,第 13 页。

[5] H.Bigsby, "Carbon Banking: Creating Flexibility for Forest Owners", *Forest Ecology and Managemen*, 2009, pp.78 – 383.

[6] 张彩平:《碳资产管理相关理论与实践问题研究》,《财务与金融》2015 年第 3 期,第 60—64 页。

[7] 刘鹤:《企业碳无形资产识别及其价值评估》,西南交通大学 2017 年博士学位论文,第 10 页。

[8] 王家明:《"碳中和"背景下碳资产评估的探索》,《中国资产评估》2022 年第 5 期,第 27—31 页。

[9] 王莉、闫媛媛:《碳排放权法律属性的二元界定》,《山东科技大学学报(社会科学版)》2022 年第 3 期,第 57—66 页。

［10］蒋博雅:《论碳排放权的法律属性》,《辽宁公安司法管理干部学院学报》2019 年第 1 期,第 95—100 页。

［11］M.Santikarn, A. Churie Kallhauge, M.O. Bozcaga, et al., *State and Trends of Carbon Pricing 2021*, The World Bank, 2021.

［12］World Bank, "Partnership for Market Readiness", "International Carbon Action Partnership", in *Emissions Trading in Practice*, Second Edition: A Handbook on Design and Implementation, Washington, DC. (July 8, 2023), https://openknowledge.worldbank.org/handle/10986/35413 License: CC BY 3.0 IGO.

［13］World Bank, Washington, DC., "Partnership for Market Readiness", 2017, *Carbon Tax Guide: A Handbook for Policy Makers* (July 8, 2023), https://openknowledge.worldbank.org/handle/10986/26300 License: CC BY 3.0 IGO.

［14］World Bank, Washington, DC., "Partnership for Market Readiness", 2021, *A Guide to Developing Domestic Carbon Crediting Mechanisms* (July 8, 2023), https://openknowledge.worldbank.org/handle/10986/35271 License: CC BY 3.0 IGO.

［15］World Bank, Washington, DC., "Partnership for Market Readiness", 2017, *A Guide to Greenhouse Gas Benchmarking for Climate Policy Instruments* (July 8, 2023), https://openknowledge.worldbank.org/handle/10986/26848 License: CC BY 3.0 IGO.

［16］袁谋真:《"双碳"战略目标下碳资产专业化管理研究》,《暨南学报(哲学社会科学版)》2022 年第 8 期,第 22—132 页。

执笔:刘树峰(上海社会科学院信息研究所)

第三章　美国碳管理体系

美国是世界第一大经济体,世界第二大能源生产和消费国,累积碳排放量最高的国家。美国也是当前第二大碳排放大国,其人均碳排放量居高不下,2017年人均化石燃料二氧化碳排放量14.6吨,是全球平均水平的3.3倍,中国的2倍多。美国为应对气候变化,推动低碳发展,制定了一系列政策规划,逐步形成了较为完善的碳管理体系,包括碳排放与碳责任管理、碳交易与碳信用管理、碳管理政策等。美国碳管理体系以中央管理机构为主导,地方、各行业、社会第三方机构等共同行动,各州根据地方实际采取零碳发展行动;碳排放交易体系呈现多层次特点,区域性碳交易市场活跃;美国政府不断健全碳减排政策、依靠碳管理财政政策、税收政策、金融政策、资产管理政策等,推动各行业实现碳减排,推动产业结构优化,加快能源系统转型。

第一节　碳管理体系建设的背景与进展

自20世纪70年代以来,美国多次出台碳减排及能源相关法案、规划、政策等,持续减少温室气体排放,推动企业积极参与碳交易市场,助力实现碳中和目标。由于美国两党执政理念差异,不同时期的减碳政策也存在差异,使得碳管理体系建设经历了一波三折的发展历程。

一、碳管理体系建设的背景

国际上,随着气候极端现象越来越严重,全球对气候问题的关注日益增加。1992年6月,在里约热内卢举行联合国环境与发展会议,其间共154个国家和欧洲经济共同体签署了《联合国气候变化框架公约》,并于1994年3月生效。该公约是世界第一个为全面控制二氧化碳等温室气体排放,应对全球气候变暖的国际公约。1997 年 12 月,在日本京都召开《联合国气候变化框架公约》第 3 次缔约方大会,149 个国家和地区的代表通过了旨在限制发达国家温室气体排放量以抑制全球变暖的《京都议定书》。《京都议定书》规定,到 2010 年,所有发达国家二氧化碳等 6 种温室气体的排放量,要比 1990 年减少 5.2%。2015 年 12 月,在巴黎召开的第 21 次缔约方会议上通过了《巴黎协定》,旨在大幅减少全球温室气体排放,将本世纪全球气温升幅限制在 2 ℃以内,同时寻求将气温升幅进一步限制在 1.5 ℃以内。《巴黎协定》于 2016 年 11 月 4 日正式生效,目前已有 195 个缔约方签署了《巴黎协定》。从美国国内来看,根据 Carbon Brief 数据显示,到 2021 年底,美国自 1850 年以来的排放量将超过 5 090 亿吨 CO_2,占全球总量的 20.3%,是累积碳排放量最高的国家,造成了约 0.2 摄氏度的全球变暖。[1]美国于 2007 年实现碳达峰,早期快速的工业化进程带来了严重的环境污染及化石能源依赖问题,亟须发展低碳技术、加速能源系统转型、降低重点行业能耗等。美国应积极应对环境变化,实现低碳发展,在实现碳中和目标过程中担当一定的责任。

二、碳管理体系建设的进展

1970 年,美国颁布《清洁空气法案》并一直沿用至今,该法案是美国温室气体排放控制法案的蓝本,并授权环保局(EPA)制定国家环境空气质量标准(NAAQS)。1980 年,国会颁布《综合环境响应、补偿和责任法案》(CERCLA),1987 年,美国政府成立清洁水州循环基金(CWSRF)和饮用水循环基金(DWSRF),基金用于广泛的水基础设施项目,在联邦投资 496 亿美元的基础上,到 2022 年,各州 CWSRF 已向社区提供 1 630 亿美元,超过 46 200 笔低息贷款。[2]基于此,美国开始构建绿色金融体系。1990 年,美国启动"酸雨计划(ARP)",为电力部门的二氧化硫(SO_2)和氮氧化物(NO_x)排放设定了上限。ARP 是美国第一个国家限额和交易计划,它引入了配额交易系统,该系统使用基于市场的激励措施来减少污染。

---

[1] Simon Evans, "Analysis: Which countries are historically responsible for climate change", *Carbon Brief* (Oct. 5, 2021), https://www.carbonbrief.org/analysis-which-countries-are-historically-responsible-for-climate-change/.

[2] 美国环境保护署网站, https://www.epa.gov/cwsrf/learn-about-clean-water-state-revolving-fund-cwsrf(2023 年 7 月 8 日)。

　　克林顿政府时期,美国为了应对全球气候威胁,于1993年颁布《气候变化行动方案》,1997年签署《京都议定书》。进入21世纪,2001年小布什政府以京都议定书协定目标会损害美国经济为由,宣布退出《京都议定书》,但仍以相对积极的态度制定减碳政策。此后又分别于2005年和2007年颁布《能源政策法》《低碳经济法》等。《能源政策法》为各种类型的能源生产提供税收优惠和贷款担保;《低碳经济法》要求总统建立相关配额和信用额度的交易系统。2005年,区域温室气体倡议(RGGI)成立,2007年,签署西部气候倡议(WCI),形成跨界型洲际碳市场。奥巴马政府时期,2009年颁布《清洁能源与安全法案》,建立排放限额体系和温室气体排放权交易机制;2015年,宣布《清洁电力计划》,专注于减少发电厂的碳污染,该计划提出各州可进行排放交易,受影响的发电厂可以通过排放率信用(对于基于速率的标准)或配额(对于基于质量的标准)来满足其排放标准,环保局还支持各州跟踪排放量、配额和信用额度。2013年,地区型碳市场开始活跃,以加州碳市场尤为显著,于当年启动了总量控制与交易计划(Cap-and-Trade Program,CCTP)。特朗普政府时期,政策向化石能源倾斜,撤销了相关减碳政策和法案,一定程度上阻碍了碳管理体系的建设。拜登政府时期,美国重返《巴黎协定》,2021年11月签署《两党基础设施法》,是美国历史上对基础设施最大长期投资。2022年8月签署《减少通货膨胀法案》(IRA),是美国历史上最大的气候和能源投资,制定了一系列减碳相关补贴、贷款计划,IRA为贷款项目办公室(LPO)拨款总额约为117亿美元,以支持发放新贷款。

第二节　碳排放与碳责任管理

　　联邦管理机构、地方管理机构、行业以及社会第三方管理机构共同构成美国碳排放管理体系。针对重点行业比如交通运输、电力、工业、商业住宅,美国分别制定了相应的碳排放标准和管理方式。各大企业在实现零碳目标的过程中同样承担了至关重要的责任。

一、碳排放管理的体系与制度

(一)碳排放管理体系

1. 联邦管理机构

美国碳排放联邦管理机构主要包括环境保护署、能源部化石能源和碳管理办公室。美国环境保护署汇总统计 1990—2020 年国家温室气体排放和碳汇、各州温室气体数据和资源、各行业温室气体排放数据、温室气体报告计划（GHGRP）。

美国能源部碳管理办公室关注二氧化碳的储存、遏制和捕获，处理与电力和工业部门相关的排放以及大气中的遗留排放，寻求永久储存和/或转化二氧化碳以减少对气候的负面影响。碳管理办公室主要包括碳管理技术办公室，战略规划、分析和参与办公室。碳管理技术办公室领导并投资五个部门的研究、开发、示范和部署：点源碳捕集；碳运输和储存；二氧化碳去除和转化；氢与碳管理；综合碳管理。战略规划、分析和参与办公室领导跨两个部门的战略活动以及国际和政府内部协调：系统、经济和环境分析以及战略参与。

2. 地方管理机构

各州碳管理机构主要为环保部、气候委员会等机构，典型代表性地方机构主要有加州空气资源委员会、纽约州气候行动委员会、华盛顿州生态部等。

加州空气资源委员会（CARB）负责制订应对气候变化的计划和行动。从对清洁汽车和燃料的要求到采用创新解决方案来减少温室气体排放，加州为国家和世界制定了有效的空气和气候计划标准。CARB 是气候变化项目的牵头机构，负责监督加州所有的空气污染控制工作。CARB 为包括车辆、燃料和消费品在内的一系列全州污染源制定更严格的加州排放标准，此外还建立了州空气质量法规。《2006 年全球变暖解决方案法案》将 CARB 的角色扩大到开发和监督加州主要的温室气体减排项目，其中包括限额与交易、低碳燃料标准和零排放汽车（ZEV）计划。CARB 致力于到 2030 年将温室气体排放量在1990 年的水平上再减少 40％，加州的最终目标是到 2050 年将温室气体排放量减少 80％，低于 1990 年的水平。

纽约州气候行动委员会制订了范围界定计划，作为实现该州清洁能源和气候目标的路线图，该计划也是纽约将如何减少温室气体排放和实现净零排放、增加可再生能源使用并确保所有社区在清洁能源转型中公平受益的框架。2019 年 7 月 18 日，气候领导和社区保护法案（气候法案）签署成为法律，它要求纽约到 2030 年将整个经济范围内的温室气体排放量从 1990 年的水平上减少 40％，到 2050 年减少不少于 85％。

华盛顿州在减少温室气体排放以防止气候变化方面处于全国领先地位。华盛顿州生态部重点关注清洁燃料标准、追踪温室气体、零排放汽车、柴油排放、氢氟碳化物、投资清洁交通等。清洁燃料标准法要求燃料供应商到 2038 年逐步将运输燃料的碳强度降低到比 2017 年水平低 20%,到 2038年,清洁燃料标准将使全州温室气体排放量每年减少 430 万吨,并将刺激低碳燃料生产领域的经济发展。华盛顿州生态部跟踪排放源并要求大型设施和国家机构报告其排放量,并且每两年发布一次华盛顿的温室气体排放清单。华盛顿需要到 2030 年将其温室气体总排放量减少 45%,到 2040 年减少 70%,到 2050 年减少 95%。2020 年 3 月,《机动车排放标准——零排放车辆法》(RCW70A.30.010)指示采用加州的车辆排放标准,这包括逐步增加在华盛顿销售的零排放汽车(ZEV)数量的新要求,直到从 2035 年开始所有新车都符合 ZEV 标准。生态部于 2020 年 12 月通过了一项新规定,从 2020年 1 月 1 日起,在产品和设备中不再使用强效温室气体氢氟碳化合物(或HFC)。

3.行业管理机构

美国交通部致力于大幅减少温室气体排放和与交通相关的污染,并建立更具弹性和可持续性的交通系统。交通部目标是确保到 2030 年美国交通排放量减少 50%—52%,到 2050 年实现净零经济。[①]为了减少排放,该部门正在实施多项战略,包括:(1)与合作伙伴合作,加强土地使用规划,使人们能够减少出行,或步行和骑自行车;(2)对客运铁路、公共交通和交通基础设施进行大规模投资,使人们能够使用更节能的交通方式;(3)努力确保所有的运输方式,从航空到航运,从管道到汽车,都在走向脱碳的未来;(4)利用一切可用的交通工具减少排放,包括在公路路权中推广使用可再生能源。

美国能源部致力于协助国家工业部门脱碳,其制定的"工业脱碳路线图"确定了通过制造业创新减少工业排放的四大关键途径。(1)能源效率:一项基本的、贯穿各领域的脱碳战略,是近期温室气体减排最具成本效益的选择。(2)工业电气化:利用来自电网和现场可再生能源的低碳电力的进步。(3)低碳燃料、原料和能源(LCFFES):替代低碳和无碳燃料和原料可减少工业过程中与燃烧相关的排放。(4)碳捕集、利用和储存(CCUS):CCUS 是指从点源捕获产生的二氧化碳并利用捕获的二氧化碳制造增值产品或长期储存以避免释放。该路线图重点关注工业脱碳技术对全国影响最大的五个二氧化碳排放量最高的行业:炼油、化工、钢铁、水泥以及食品和饮料。

① 美国交通运输部网站,https://www.transportation.gov/priorities/climate-and-sustainability/climate-action(2023 年 7 月 8 日)。

4. 社会第三方机构

Verra 是一家非营利组织，负责制定环境和社会市场标准，包括世界领先的碳信用计划、验证碳标准（VCS）计划。Verra 总部位于美国华盛顿，是一家根据哥伦比亚特区（美国华盛顿特区）法律注册的非营利公司，是美国《国内税收法典》（IRC）第 501(c)(3) 条规定的免税组织。这家组织由环保和商业领袖在 2007 年创立，管理着世界领先的自愿碳市场计划，即验证碳标准（VCS）计划。

（二）碳排放管理的制度

1. 相关法律法规

美国碳排放管理制度主要基于国际、国内两个维度，涵盖国际层面、国家层面、地方层面多个法律法规（表 3-1）。

表 3-1　碳排放管理制度（国际与国内）

维度			法规/计划
国际			《联合国气候变化框架公约》《京都议定书》《巴黎协定》
国内	国家层面		《清洁空气法案》《美国气候行动变化》《晴空和全球气候变化倡议》《能源政策法》《低碳经济法》《能源独立和安全法案》《美国复苏与再投资法案》《总统气候行动计划》《清洁电力计划》《两党基础设施法》《2022 年降低通货膨胀法》
	地方层面	加州	《AB(Assembly Bill)32 法案》、《AB(Assembly Bill)398 法案》、《SB (Senate Bill)32 法案》、气候投资计划、加州环境空气质量标准
		纽约州	《气候领导和社区保护法案》、范围界定计划
		华盛顿州	《气候承诺法(CCA)》、《机动车排放标准——零排放车辆法》、《氢氟碳化物——减排》(Chapter 70A. 60RCW)、《华盛顿清洁空气法》、清洁燃料计划

资料来源：作者整理。

2. 碳排放数据核算

美国负责汇编和核算碳排放数据和清单的官方机构主要是美国环保署（EPA）和能源信息署（EIA）（表 3-2）。

自 20 世纪 90 年代初以来，EPA 负责编制美国温室气体排放和汇清单，全面核算了美国所有人造来源的温室气体排放总量，包括通过"碳汇"（例如，通过吸收碳并储存在森林、植被、土壤）从目前使用的土地管理或土地转换为其他用途而从大气中清除二氧化碳。清单所涵盖的气体包括二氧化碳、甲烷、一氧化二氮、氢氟碳化合物、全氟碳化合物、六氟化硫和三氟化氮。EPA与代表十多个美国政府机构、学术机构、行业协会、顾问和环保组织的数百名专家合作汇编年度排放清单，EPA开发交互式工具，①可以访问国家温室气体清单数据。

EPA每年根据国家清单和国际报告指南编制和发布州和部落级别的温室气体数据和资源，EPA还开发了州清单和预测工具（SIT），②该交互式电子表格工具可帮助各州制定温室气体排放、清除清单和预测，并减少制定和/或更新清单所需的时间。SIT使用美国各州温室气体和汇清单以及其他联邦来源的数据。EPA的温室气体报告计划（GHGRP）要求报告来自美国大型GHG排放源、燃料和工业气体供应商以及CO_2注入点的温室气体（GHG）数据和其他相关信息，每年大约有8 000家设施需要报告其排放量。EPA创建的家庭碳足迹计算器③可供个人查询预估每年的温室气体排放量，该计算器可估算家庭能源、交通、废物三个领域的碳足迹。温室气体当量计算器④允许个人将排放量或能源数据转换为使用该量产生的CO_2排放量。

EIA汇总各州与能源、行业相关的二氧化碳排放量数据，州能源数据系统（SEDS）⑤提供州级CO_2值基础能源数据，是EIA所有基于州的能源数据的主要存储库。州能源门户网站⑥提供多种方法来检查能源和能源相关的二氧化碳排放数据，并包含每个州的介绍和排名。交互式地图能源测绘系统（Energy Mapping System）⑦，显示美国的主要能源设施和基础设施。州排放数据State Emissions Data API⑧提供程序化方法来检查能源和与能源相关的二氧化碳排放数据。

---

① 温室气体清单数据浏览器网站，https://cfpub.epa.gov/ghgdata/inventoryexplorer/（2023年7月8日）。

② 州清单和预测工具（SIT）网站，https://www.epa.gov/statelocalenergy/state-inventory-and-projection-tool（2023年7月8日）。

③ 家庭碳足迹计算器网站，https://www3.epa.gov/carbon-footprint-calculator/（2023年7月8日）。

④ 温室气体当量计算器网站，https://www.epa.gov/energy/greenhouse-gas-equivalencies-calculator（2023年7月8日）。

⑤ 州能源数据系统网站，https://www.eia.gov/state/seds/（2023年7月8日）。

⑥ 州能源门户网站，https://www.eia.gov/state/（2023年7月8日）。

⑦ 能源测绘系统网站，https://atlas.eia.gov/apps/all-energy-infrastructure-and-resources/explore（2023年7月8日）。

⑧ 州排放数据API网站，https://www.eia.gov/opendata/v1/qb.php?category=2251604（2023年7月8日）。

表 3-2　EPA、EIA 数据核算工具及范围

负责机构	数据核算范围	数据核算/查询工具
EPA	美国温室气体排放和汇清单	● 温室气体清单数据浏览器 ● 州清单和预测工具(SIT) ● 碳足迹计算器 ● 温室气体当量计算器
	州和部落温室气体数据和资源	
	设施级排放数据	
EIA	按消费部门(住宅、商业、工业、交通、电力)排放数据	● 州能源门户 State Energy Portal ● 能源测绘系统 Energy Mapping System ● 州排放数据 API State Emissions Data API
	各州排放总量①	

资料来源：美国环保署、能源信息署(2023 年)。

二、重要行业的碳排放标准与管理

(一) 交通运输行业碳排放

2020 年,交通运输产生的温室气体排放约占美国温室气体排放总量的 27%,成为美国温室气体的最大排放源(图 3-1、3-2)。从 1990 年到 2020 年,由于出行需求增加,交通排放总量有所增加(图 3-2、3-3)。

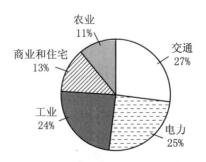

图 3-1　2020 年美国各经济部门温室气体排放总量

资料来源：美国环保署, https://www.epa.gov/ghgemissions/sources-greenhouse-gas-emissions (2022 年 8 月 5 日)。

---

① 包括所有部门(包括住宅、商业、工业和交通)直接使用燃料产生的 CO_2 排放量,以及用于发电的初级燃料。

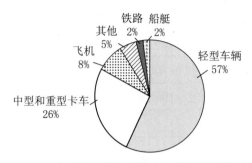

图 3-2　2020 年美国交通部门温室气体排放量(按来源)

资料来源:美国环保署,https://www.epa.gov/greenvehicles/fast-facts-transportation-greenhouse-gas-emissions(2022 年 7 月 14 日)。

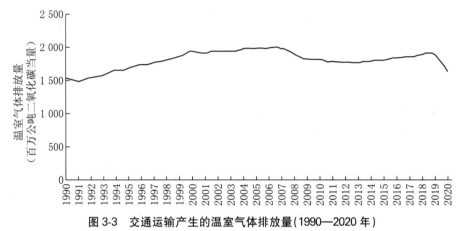

图 3-3　交通运输产生的温室气体排放量(1990—2020 年)

资料来源:美国环保署,https://www.epa.gov/ghgemissions/sources-greenhouse-gas-emissions(2022 年 8 月 5 日)。

1. 行业碳排放标准

EPA 和交通部(DOT)发布联合规则,为交通运输中最大的温室气体来源(包括汽车、轻型卡车和重型卡车)设定温室气体排放和燃油经济性标准。针对乘用车和卡车的轻型温室气体法规预计将在 2012—2025 年车型销售车辆的生命周期内减少 60 亿吨温室气体排放。重型温室气体法规预计将在该计划下生产的车辆寿命期内减少约 2.7 亿吨二氧化碳排放,节省约 5.3 亿桶石油,拟议的"第二阶段"计划包括进一步减少温室气体排放和提高中型和重型卡车燃油效率的标准。[①]2022 年 4 月,美国交通部国家公路交通安全管理局宣

---

① 美国环境保护署网站,https://www.epa.gov/transportation-air-pollution-and-climate-change/carbon-pollution-transportation(2023 年 7 月 8 日)。

布了新燃油经济性标准,在 2026 年车型年,乘用车和轻型卡车的全行业平均油耗约为 49 英里/加仑,新标准将使 2024—2025 年的车型年燃油效率提高8%,2026 年的车型年燃油效率提高 10%,与 2021 年车型相比,2026 年车型估计平均每加仑汽油行驶距离将增加近 10 英里。[①]

2. 行业碳排放管理政策

EPA 通过采取多项政策来减少交通运输行业的碳排放,包括制定标准、更换燃料、提高运输效率、鼓励新能源汽车使用等(表 3-3)。

表 3-3 交通运输行业碳排放管理政策

类 型	具体政策
制定汽车、卡车温室气体排放标准	为交通运输中最大的温室气体来源(包括汽车、轻型卡车和重型卡车)设定温室气体排放和燃油经济性标准
制定飞机温室气体排放标准	EPA 与联合国国际民用航空组织的联邦航空局制定了飞机的国际二氧化碳排放标准。EPA 根据《清洁空气法》制定国内法规,以解决飞机使用的某些类别发动机的温室气体排放问题
增加可再生燃料使用	国会制订可再生燃料标准计划;替代能源可以包括生物燃料、氢、来自风能和太阳能等可再生能源的电力,或二氧化碳排放量低于其替代燃料的化石燃料
绿化联邦机构车队	2007 年《能源独立和安全法案》要求联邦机构只购买温室气体排放量低的汽车、轻型卡车或中型乘用车
减少与运输货物相关的温室气体排放	Smart Way[②] 帮助货运部门提高供应链效率,减少温室气体排放,并为参与的公司节省燃料成本
支持新能源汽车发展	制定 2030 目标,即到 2030 年销售的所有新型轻型车辆中有一半为零排放汽车(包括电池电动车、插电式混合动力车或燃料电池电动车)
鼓励绿色出行	通过城市规划来减少人们每天开车的里程数。通过通勤、骑自行车和步行计划等提高出行效率的措施,减少驾车需求

资料来源:美国环保署,https://www.epa.gov/transportation-air-pollution-and-climate-change/carbon-pollution-transportation (2022 年 5 月 19 日)。

---

① 美国交通运输部网站,https://www.transportation.gov/briefing-room/usdot-announces-new-vehicle-fuel-economy-standards-model-year-2024-2026(2023 年 7 月 8 日)。

② EPA 的 Smart Way 计划通过衡量、基准测试和提高货运效率来帮助公司推进供应链的可持续性,详见 https://www.epa.gov/smartway/learn-about-smartway。

(二) 电力行业碳排放

2020 年,电力行业是美国第二大温室气体排放源,占美国总量的 25%。自 1990 年以来,由于发电转向低排放和无排放的发电来源以及终端能源效率的提高,电力行业产生的温室气体排放量减少了约 21%(图 3-4)。

1. 行业碳排放标准

2015 年 8 月,美国环保署(EPA)确定了碳污染标准,以减少新建、改造和重建发电厂的碳排放。2018 年 12 月,EPA 提议修订针对新建、改造和重建化石燃料发电厂温室气体排放的新能源性能标准(NSPS)。2019 年 6 月,EPA 发布可承受的清洁能源(ACE)规则,为各州制定排放指南,供各州在制订限制燃煤发电机组二氧化碳排放计划时使用。

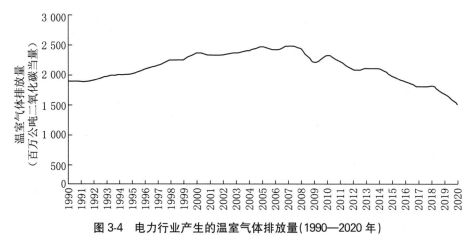

图 3-4 电力行业产生的温室气体排放量(1990—2020 年)

资料来源:美国环保署,https://www.epa.gov/ghgemissions/sources-greenhouse-gas-emissions (2022 年 8 月 5 日)。

2. 行业碳排放管理政策

美国采取了多种政策措施用于减少与电力生产、输电和配电相关的温室气体排放(表 3-4)。

(1)提高化石燃料发电厂的效率和燃料转换。(2)加大可再生能源的使用。(3)提高终端能源效率。EPA 的能源之星®合作伙伴计划仅在 2019 年就避免了 3.3 亿公吨温室气体排放,帮助美国人节省了 390 亿美元的能源成本,并减少了 5 000 亿千瓦时的用电量。(4)利用核能而不是化石燃料燃烧来发电,延长现有核电站的寿命并建设新的核发电能力。(5)大力发展碳捕集和封存(CCS)技术。

表 3-4　EPA 可再生能源和能源效率计划

计　划	目　的
热电联产伙伴关系计划(CHP)	自愿计划,旨在通过促进热电联产的使用来减少发电对环境的影响
绿色电力伙伴关系计划	自愿计划,鼓励组织购买绿色电力,以减少与购买电力使用相关的环境影响。该伙伴关系目前有数百个合作伙伴组织,每年自愿购买数十亿千瓦时的绿色电力
能源之星计划	EPA 和能源部的联合计划。节能选择可以为家庭节省大约三分之一的能源费用,同时减少类似的温室气体排放,而不会有损功能、风格或舒适度

资料来源:美国环保署 https://www.epa.gov/energy/clean-energy-programs(2023 年 3 月 15 日)。

(三) 工业碳排放

2020 年,工业温室气体直接排放量占美国温室气体排放总量的 24%,成为美国第三大温室气体排放源,仅次于交通运输和电力行业。包括与用电相关的直接排放和间接排放,工业温室气体在 2020 年美国温室气体排放总量中所占的份额为 30%,使其成为所有行业中最大的温室气体排放源。自 1990 年以来,包括用电相关排放在内的美国工业温室气体排放总量下降了 22%(图 3-5、3-6)。[①]

1. 行业碳排放标准

工业碳排放标准的目标是大力发展钢铁、水泥、化工等行业的生产技术,使这些行业实现低碳生产,同时从化石燃料转向清洁、生物燃料。对先进非碳燃料、能源效率和电气化技术的投资可以在 2050 年之前将工业部门的整体二氧化碳排放量减少 69%—95%。[②]

2. 行业碳排放管理政策

工业领域各子行业流程复杂,导致温室气体排放的工业活动种类繁多,

---

① 美国环境保护署网站,https://www.epa.gov/ghgemissions/sources-greenhouse-gas-emissions#industry(2023 年 7 月 8 日)。

② United States Department of State and the United States Executive Office of the President, The Long-Term Strategy of the United States: Pathways to Net-Zero Greenhouse Gas Emissions by 2050, Washington D.C., November 2021, p.33.

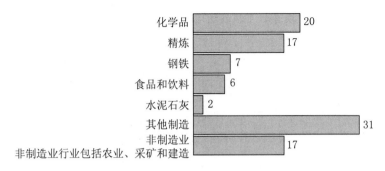

图 3-5 占工业百万吨二氧化碳的百分比

资料来源:美国能源部,"工业脱碳路线图",https://www.energy.gov/eere/doe-industrial-decarbonization-roadmap(2023 年 7 月 8 日)。

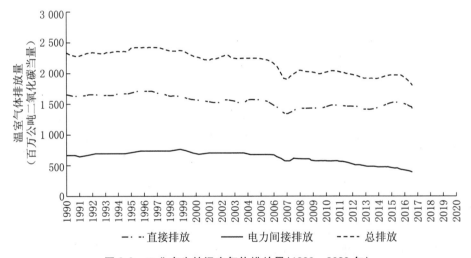

图 3-6 工业产生的温室气体排放量(1990—2020 年)

资料来源:美国环保署,https://www.epa.gov/ghgemissions/sources-greenhouse-gas-emissions (2022 年 8 月 5 日)。

针对该领域的碳排放管理更具挑战性,总体来说减少该行业温室气体排放主要有以下几大政策(图 3-7):(1)提高能源效率。升级到更高效的工业技术,比如物联网、热电联产等提高工业各子行业的能源效率。(2)燃料更换。改用燃烧时二氧化碳排放量较少但能量相同的燃料,比如使用天然气代替。(3)用回收或可再生材料生产工业产品。(4)推进工艺创新。对于特定行业,比如钢铁、石化和水泥生产,工艺创新可以减少能源需求。(5)使用 CCS技术。

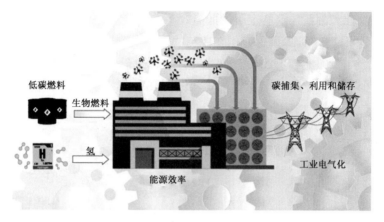

图 3-7　美国工业脱碳战略

资料来源：美国能源部，"工业脱碳路线图"，https://www.energy.gov/eere/doe-industrial-decarbonization-roadmap（2023 年 7 月 8 日）。

（四）商业和住宅碳排放

2020 年，商业和住宅的直接温室气体排放量①占美国温室气体排放总量的 13％。2020 年住宅和商业温室气体排放总量（包括直接和间接排放）比 1990 年下降了 5％，住宅和商业现场直接排放的温室气体排放量比 1990 年增加了 2％。1990 年到 2007 年，住宅和商业用电产生的间接排放有所增加，但此后有所下降，2020 年比 1990 年的水平低约 10％（图 3-8）。②

1. 行业碳排放标准

美国能源部建筑技术办公室（BTO）对 60 多种电器和设备实施最低节能标准。标准涵盖产品约占家庭能源使用产品的 90％、商业建筑使用产品的 60％和工业能源使用产品的 30％。③此外，BTO 通过与政府和行业利益相关者合作，支持住宅和商业建筑能源规范（BEC）的制定和实施。BEC 由两个独立的实体制定：国际规范理事会（住宅和商业建筑）和 ASHRAE（商业建筑）。

---

① 直接排放包括燃烧天然气和石油产品取暖和做饭、送往垃圾填埋场的有机废物、废水处理厂、沼气设施的厌氧消化、空调和制冷系统中使用的氟化气体（主要是氢氟碳化物或 HFC）可能在维修过程中或从泄漏的设备中释放出来；间接排放是通过在发电厂燃烧化石燃料发电而产生的，然后将其用于住宅和商业活动，例如照明和电器。

② 美国环境保护署网站，https://www.epa.gov/ghgemissions/sources-greenhouse-gas-emissions＃commercial-and-residential（2023 年 7 月 8 日）。

③ 美国能源部网站，https://www.energy.gov/eere/buildings/appliance-and-equipment-standards-program（2023 年 7 月 8 日）。

BEC 为新建和翻新建筑制定了最低能效要求,预计到 2035 年,美国 75% 的建筑将新建或翻新,BEC 确保它们在建筑的整个生命周期内高效使用能源。[①]预测 BEC 将在 2012 年至 2040 年间为美国家庭和企业节省 1 260 亿美元。这相当于减少了 8.41 亿吨二氧化碳排放,以及 245 座燃煤电厂的年排放量。[②]

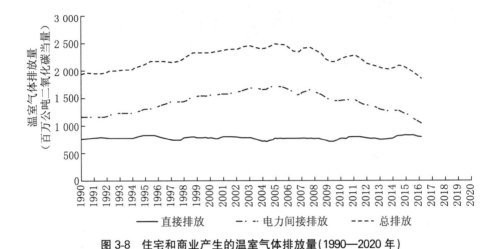

图 3-8 住宅和商业产生的温室气体排放量(1990—2020 年)

资料来源:美国环保署,https://www.epa.gov/ghgemissions/sources-greenhouse-gas-emissions(2022 年 8 月 5 日)。

2. 行业碳排放管理政策

针对行业碳排放的不同类型,将采取具体的政策措施。(1)住宅和商业建筑:通过提高能源效率减少能源使用。提高建筑能效的技术包括更好的隔热;更节能的供暖、制冷、通风系统;高效荧光照明;购买节能电器和电子产品等。(2)废水处理:使供水和污水处理系统更加节能。饮用水和废水系统约占美国能源消耗的 2%,通过将能源效率实践纳入供水和污水处理厂,市政当局和公用事业公司可以节省 15% 至 30% 的能源使用。[③](3)废物管理:减少送往垃圾填埋场的固体废物,捕获和使用当前垃圾填埋场产生的甲烷。相关计划包括回收计划、废物减少计划和垃圾填埋场甲烷捕获计划。(4)空调和制冷:减少

① 美国能源部网站,https://www.energy.gov/eere/buildings/building-energy-codes-program(2023 年 7 月 8 日)。

② U.S. Department of Energy, Building Energy Codes Fact Sheet, December 2016.

③ 美国环境保护署网站,https://www.epa.gov/ghgemissions/sources-greenhouse-gas-emissions#commercial-and-residential(2023 年 7 月 8 日)。

空调和制冷设备的泄漏,使用全球变暖潜能值较低的制冷剂。

三、企业碳责任管理

交通运输、数字信息、能源等典型行业中的各大企业,在碳中和转型中同样扮演了重要的角色,企业的碳责任管理对于实现零碳目标至关重要。

(一) 企业碳责任(绿色行动)

交通运输类企业碳排放主要包括自有车辆运输、运营设施及包装。企业通过使用清洁能源车辆、采用清洁电力、提升运营效率等减少碳排放。美国物流企业 UPS 致力于到 2025 年,可再生能源占总电力需求的 25%,40% 的地面燃料来自低碳或替代燃料,到 2050 年实现碳中和。[①]2019 年,UPS 为其陆运车队采购了 1.35 亿加仑的绿色燃料,占到其陆运燃料使用总量的 24%。[②]同时,UPS 通过大力投资推广陆运电动车的使用,在全球部署了 13 000 多辆使用替代燃料和先进技术的车辆。2022 年,UPS 加入可持续航空买家联盟,以帮助实现未来飞行的脱碳。

数字信息类企业,尤其是互联网和科技公司碳排放主要来自数据中心和售卖产品和设备相关活动、供应链的碳足迹。这类企业通过提高能源效率、使用绿色能源,环保材料、优化办公楼用电等承担碳责任。Facebook 于 2011 年开始自建超大规模数据中心,并在其中部署开放计算项目服务器(Open Compute Project)等碳减排技术。谷歌、Facebook、亚马逊和微软是全球可再生能源购电协议(PPA)的主要购买方,其中谷歌的购买量达到 2.7 GW,居于首位。苹果公司在设备生产过程中更多采用低碳材料,比如选择定制铝合金而非使用原生锡,并在 2019 年成功减少了 430 万吨的碳足迹。加利福尼亚州门洛帕克 Facebook 总部采用 100% 可再生能源,安装了高效的供暖、供冷系统和办公设备,并通过先进的楼宇管理系统监测建筑性能,优化能源效率。[③]

---

① UPS 网站,https://about.ups.com/us/en/our-stories/innovation-driven/renewable-natural-gas-is-an-important-part-of-ups-strategy-to-in.html(2023 年 7 月 8 日)。
② BCG:《企业碳中和路径图——落实巴黎协定和联合国可持续发展目标之路》,《联合国全球协议》,2021 年,第 23 页。
③ BCG:《企业碳中和路径图——落实巴黎协定和联合国可持续发展目标之路》,《联合国全球协议》,2021 年,第 36、38 页。

以化石能源、油漆开采为主的传统能源行业类企业需探索全新的可持续发展路径,不断提升效能、发展减排技术、寻找替代燃料来促进低碳转型。全美最大的石油和化工制造公司埃克森美孚计划到 2027 年,投资约 170 亿美元用于减少温室气体排放,至 2030 年全公司温室气体排放强度降低 20%—30%;上游温室气体强度降低 40%—50%;全公司甲烷强度降低 70%—80%;全公司燃烧强度降低 60%—70%,[1]至 2050 年实现范畴 1 和范畴 2 温室气体净零排放。[2]

(二) 碳信息披露制度

2022 年 3 月 21 日,美国证券交易委员会(SEC)发布《上市公司气候数据披露标准草案》(*Enhancement and Standardization of Climate-Related Disclosures*),提议修改规则,要求上市公司在其注册报表和定期报告中披露气候相关内容(表 3-5)。

表 3-5 《上市公司气候数据披露标准草案》内容

拟议披露内容	上市公司董事会和管理层对气候相关风险的监督和治理
	上市公司确定的任何与气候相关的风险已经或可能对其业务和合并财务报表产生短期、中期或长期重大影响
	任何已识别的气候相关风险如何影响或可能影响上市公司的战略、商业模式和前景
	上市公司识别、评估和管理气候相关风险的流程,以及是否将任何此类流程整合到上市公司的整体风险管理系统或流程中
	如果上市公司已将过渡计划作为其气候相关风险管理战略的一部分,则应说明该计划,包括用于识别和管理任何物理风险和过渡风险的相关指标和目标
	如果上市公司使用情景分析来评估其业务战略对气候相关风险的应变能力,则需要描述所使用的情景,以及参数、假设、分析选择和预计的主要财务影响
	如果上市公司使用内部碳价格,则提供有关价格及其定价方式的信息
	气候相关事件(恶劣天气事件和其他自然条件)和转型活动对上市公司合并财务报表各项目的影响,以及财务报表中使用的财务估计和假设

---

[1] 与 2016 年水平相比。适用于运营资产的范畴1(来自公司拥有和控制的资源的直接排放)和范畴2(电力产生的间接温室气体排放)温室气体排放。

[2] ExonMobil 网站,https://corporate.exxonmobil.com/climate-solutions/advancing-climate-solutions-progress-report(2023 年 7 月 8 日)。

续表

拟议披露内容	上市公司单独披露的直接温室气体排放量（范畴 1）、购买电力和其他形式能源产生的间接温室气体排放量（范畴 2），以组成温室气体和总量分类表示，并以绝对值（不包括抵消）和强度表示（每单位经济价值或产量）	
	上市公司价值链（范畴 3）上下游活动产生的间接排放，如果是实质性排放，或者上市公司设定了包括范畴 3 排放的温室气体排放目标，按绝对值计算（不包括抵消额）和按强度计算	
	如果上市公司公开设定了与气候相关的指标或目标，则需包含以下信息：	目标所包括的活动和排放范围、预定实现目标的确定时间范围，以及任何临时目标
		上市公司打算如何实现其与气候相关的指标或目标
		相关数据，以表明上市公司是否正在朝着实现目标取得进展，以及如何实现这一进展，并在每个会计年度更新
		如果碳补偿或可再生能源证书（RECs）已被用作上市公司实现气候相关指标或目标的计划的一部分，则应提供有关碳补偿或 RECs 的某些信息，包括补偿所代表的碳减少量或 RECs 所代表的可再生能源发电量
拟议信息披露渠道	在其注册声明和交易法年度报告中提供与气候相关的披露	
	根据 S-K 条例规定，在其注册声明或年度报告中单独提供与气候相关的披露，并适当配以标题	
	根据法规 S-X 规定，在合并财务报表的附注中提供与气候相关的财务报表指标和相关披露	
	在 Inline XBRL 中对与气候相关的叙述和定量披露进行电子标记	
	如是加速或大型加速申报机构，请从独立认证服务提供商处获得至少涵盖范畴 1 和 2 排放披露的认证报告	

资料来源：*Enhancement and Standardization of Climate-Related Disclosures*（U. S. Securities and Exchange Commission，2023 年 7 月 8 日）。

第三节　碳交易与碳信用管理

美国碳交易市场主要包括区域级交易市场、行业性交易市场、跨界型交易市场，尚未形成全国统一的碳交易市场，也尚未进行国家层面的立法。金融机构较为深度参与碳交易市场,著名交易所包括洲际交易所(ICE)、Green X(CME)等在推动碳交易市场的建设中发挥了重大作用。此外,美国同样缺乏统一监管机构,主要以各州机构和区域性机构监管为主。

一、碳交易市场特征

(一) 碳交易市场概况

2009 年 6 月,美国颁布《清洁能源与安全法案》,包括温室气体减排、能源效率、清洁能源等五个部分内容,提出了抵消配额计划、建立了限额贸易体系和碳交易市场机制,首次引入了"总量控制与排放交易"(Cap and Trade)温室气体排放权交易机制。整体来看,美国碳交易市场呈现出多层次、跨区域特点,主要由地方政府制定碳定价机制。

碳交易所是碳市场的重要基础设施。2003 年,美国建立芝加哥气候交易所(CCX),它是全球首个也是北美唯一自愿的、具有法律约束力的温室气体减排和交易计划,用于北美和巴西的排放源和抵消项目,涉及 6 种温室气体的交易所。内部减排目标分为两大阶段:(1)2003—2006 年:在 1998—2001 年的基准平均水平基础上,自 2003 至 2006 年每年减排 1%;(2)2006—2010 年:到 2010 年实现比基准减排低 6% 的目标。2010 年,CCX 陷入困境,于年底停止交易。

2010 年,美国洲际交易所(ICE)收购排放交易市场发展领导者气候交易所(Climate Exchange 或 CLE),CLE 经营欧洲气候交易所(ECX)、芝加哥气候交易所(CCX)和芝加哥气候期货交易所(CCFE),自此 ICE 拥有多家碳金融及衍生品交易所。ICE 一直是环境市场的领导者,在 ICE 交易所进行的全球环境期货和期权交易占全球交易量的近 95%,超过 1 000 亿吨的碳配额、超过 2.5 亿个可再生能源证书、30 亿个碳信用额,以及相当于 17 亿个可再生能源识别号码在 ICE 完成交易。[①]

2008 年,纽约商品期货交易所(NYMEX)联合摩根士丹利等 13 家公司成立 Green X 交易所,2012 年,芝加哥商品交易所集团(CME)收购 Green X

① Intercontinental Exchange 网站,https://ir.theice.com/press/news-details/2022/ICE-Launches-10-Carbon-Credit-Futures-Vintages-Extending-Out-to-2030/default.aspx(2023 年 7 月 8 日)。

Holdings LLC。自成立以来,Green X为环境市场提供一套基于环境商品的期货和期权产品,包括基于欧盟排放交易计划、京都议定书、加州碳市场和其他美国环境市场的产品。2011年,Green X上所有合约的交易量增长了332%,交易量超过450 000份合约——相当于4.5亿吨二氧化碳。[①]

(二) 碳交易市场类型

1. 行业性碳市场:区域温室气体倡议(RGGI)

RGGI成立于2005年,是美国实施的首个强制性限额和投资区域倡议,目前有11个州参与RGGI:康涅狄格州、特拉华州、缅因州、马里兰州、马萨诸塞州、新罕布什尔州、新泽西州(2012年退出,2020年重新加入)、纽约州、罗德岛州、佛蒙特州和弗吉尼亚州。宾夕法尼亚州于2022年加入。RGGI主要针对电力行业碳排放,参与州共同制定了区域二氧化碳排放上限,对RGGI州内受监管电厂的排放设定了限制。自成立以来,RGGI的排放量减少了50%以上——是全国速度的两倍——迄今为止筹集了近60亿美元用于投资当地社区。[②]根据路孚特2022年碳市场年度回顾,2022年RGGI营业额达到70.73亿欧元,成交量达到491公吨(Mt)。[③]

2. 跨界型洲际碳市场:西部气候倡议(WCI)

2007年,美国加州等西部7个州和加拿大中西部4个省合作签署西部气候倡议(WCI)。2008年WCI提出建立限额与交易系统,制定WCI气候目标,即到2020年将温室气体排放量在2015年水平上减少15%。[④]WCI涵盖7种温室气体排放源,涉及多个行业如电力公用事业、工业和商业设施等。WCI碳市场已发展成为北美最大的碳市场。2022年WCI营业额达到556.04亿欧元,成交量达到2 014公吨(Mt)。[⑤]据统计,WCI和RGGI 2019—2022年的交易量和营业额如下(表3-6)。

---

① CME Group, "CME Group Acquires GreenX Holdings LLC"(Apr.2, 2012), https://www.cme-group.com/media-room/press-releases/2012/4/03/cme_group_acquiresgreenxholdingsllc.html.

② RGGI Inc., The Regional Greenhouse Gas Initiative, January 2023.

③ "Refinitiv Carbon Research", *Carbon Market Year in Review 2022*, February 2023, p.14.

④ Western Climate Initiative 网站, The WCI Cap & Trade Program, http://westernclimateinitiative.org/index.php?option=com_content&view=article&id=32&Itemid=47(2023年7月8日)。

⑤ "Refinitiv Carbon Research", *Carbon Market Year in Review 2022*, February 2023, p.14.

表 3-6　WCI、RGGI 2019—2022 年交易量和营业额

	2019		2020		2021		2022	
	公吨 (Mt)	百万 欧元	公吨 (Mt)	百万 欧元	公吨 (Mt)	百万 欧元	公吨 (Mt)	百万 欧元
WCI	1 380	20 738	1 739	24 333	2 258	47 568	2 014	55 604
RGGI[①]	293	1 627	270	1 695	422	4 168	491	7 073
总计	1 673	22 365	2 010	26 028	2 680	51 736	2 505	62 677

资料来源："Refinitiv Carbon Research"，*Carbon Market Year in Review 2022*，February 2023，p.14.

3. 地区型碳市场：加州碳市场（加州总量控制与交易计划：CCTP）

2013 年，加州启动总量控制与交易计划（Cap-and-Trade Program），在全州范围内对占加州温室气体排放量 85％ 的来源设定了限制，涵盖约 450 家企业，包括大型发电厂、工业设施、燃料分销商（天然气和石油）；2014 年，加州将其系统与加拿大魁北克省的限额与交易计划联系起来，增加了限额下的企业数量。[②]CCTP 旨在到 2020 年将温室气体排放量减少到 1990 年的水平，到 2030 年比 1990 年的水平减少 40％，到 2050 年比 1990 年的水平减少 80％。[③]从 2015 年到 2020 年，每年温室气体排放量下降约 3％。

（三）碳交易市场运行规则

1. 区域温室气体倡议（RGGI）运行规则

RGGI 是一项基于市场的限额与投资倡议。在 RGGI 施行的州内，受监管的发电厂必须为其排放的每短吨二氧化碳获得一个 RGGI 二氧化碳配额。拍卖是 RGGI 各州分配二氧化碳配额的主要方法。2023 年，底价为 2.50 美元/配额。RGGI 各州在季度拍卖中分配配额，发电厂和其他实体可以在拍卖中购买配额。一些州在预留账户中持有数量有限的配额，以固定价格出售或在拍卖过程之外进行分配。每个参与州根据其在区域上限中的份额来发放配

---

① 在区域温室气体倡议中交易的单位是短吨，即 0.907 公吨。为了单位一致性，我们已将 RGGI 的总体积数字转换为公吨。

② California Environmental Protection Agency，Air Resources Board，ARB Emissions Trading Program，September 2015.

③ Center for Climate and Energy Solutions 网站，https：//www.c2es.org/content/california-cap-and-trade/（2023 年 7 月 8 日）。

额。为遵守所在州的法规,25 兆瓦[1]或更大容量的化石燃料发电厂必须获得足够的 RGGI 配额来支付其排放量。[2]

2. 西部气候倡议(WCI)运行规则

WCI 提供功能包括额度银行、抵消和三年合规期。该限额将通过向该计划涵盖的实体和设施发放有限数量的排放配额来实施。这类限额是授权企业排放一定数量温室气体的许可证。受上限限制的企业将能够通过拍卖购买配额,在二级市场上买卖配额,或将配额存起来以备将来使用。企业还将能够购买有限数量的抵消额度,这些抵消额度是在该地区上限以外的碳排放源减少碳排放时产生的。

3. 加州总量控制与交易计划(CCTP)运行规则

加州 CCTP 总体遵循限额与交易计划,限额与交易条例对整个加州的主要温室气体排放源设定了下降限制。CARB 制定了与允许排放总量相等的限额(即"上限")。一个配额相当于一公吨二氧化碳当量的排放量(使用 100 年全球变暖潜能值)。限额与交易计划的基本要素包含限额、抵消信用、合规期。配额是排放一公吨二氧化碳当量温室气体排放量的可交易许可证。空气资源委员会(ARB)每年提供的配额总数将相当于条例规定的年度配额预算。每个配额都有唯一序列号。抵消信用相当于减少或增加一公吨二氧化碳的温室气体排放。ARB 抵消信用额度,以及配额,经常被称为"合规工具",合规期是计算合规义务的时间框架。2013 年和 2014 年是"第一合规期",2015—2017 年为"第二合规期",2018—2020 年为"第三个合规期"。在每个合规期结束时,每个设施将被要求提交遵守文书,包括额度和有限数量的 ARB 抵消额度,相当于其整个合规期内的温室气体排放总量。[3]

二、碳交易信用管理

(一) 碳信用评级

2008 年,标普公司(S&P)推出美国碳效率指数(S&P U.S. Carbon Efficient Index),主要测量大型美国公司在相对较低的碳排放量方面的绩效。2009 年 12

---

[1]　在纽约,15 兆瓦以上的发电厂受 RGGI 监管。

[2]　RGGI Inc., The Regional Greenhouse Gas Initiative, January 2023.

[3]　California Air Resources Board, Cap-and-Trade Regulation Instructional Guidance-Chapter 1: How Does the Cap-and-Trade Program Work? September 2012, pp.12, 13.

月,世界银行集团成员国际金融公司(IFC)和标准普尔(Standardand Poor's)发布全球首个针对新兴市场的碳效率指数,鼓励新兴市场公司之间以碳为基础的竞争,使碳效率高的公司有机会获得长期投资者。标普全球碳效率指数系列(S&P Global Carbon Efficient Index Series)旨在衡量公司在基础指数中的表现,同时对单位收入碳排放水平较低或较高的公司进行加权或减加权。该系列中的指数使用重新加权的方法解决多个方面的问题:行业内的相对公司碳效率、公司对排放信息的公开披露(或披露不足),以及各类行业的总体影响(也包括它们脱碳的紧迫性)。

(二) 碳信用管理

1. 碳登记处(ACR)

碳登记处(ACR)于 1996 年成立,是世界上第一个私人自愿碳补偿项目,在碳补偿标准和方法的发展方面拥有 20 多年经验,在碳补偿项目注册、核查监督和补偿发放方面拥有丰富的运营经验。自 2012 年 12 月以来,ACR 一直作为加州限额与交易计划经批准的抵消项目注册处(OPR)运营。ACR 与空气资源委员会(ARB)合作,监督使用 ARB 的合规或早期行动抵消协议开发,且符合加州条件的登记抵消信用的注册和发行。2020 年 3 月,ACR 获得国际民用航空组织(ICAO)理事会的批准,可以根据国际航空碳抵消和减排计划(CORSIA①)提供符合条件的 ACR 颁发的减排单位。在自愿市场中,ACR 监督符合 ACR 科学标准的项目的注册和独立验证,并遵循 ACR 批准的碳核算方法,确保减排测量、监测和验证的准确性和严谨性。ACR 将根据其标准发布的优质验证减排量(VER)标记为减排吨(ERT)。一个 ERT 代表从大气中减少或去除相当于一公吨的二氧化碳。ACR 还运营着一个由 APX 提供支持的电子注册系统,供会员注册加州和自愿市场项目,并记录序列化的、基于项目的和独立验证的抵消额的发行、转让和退役。买卖双方通过注册处系统之外的场外交易或在核准的关联抵消交易所直接签订购买或退役抵消的合同。买卖发生后,交易双方在本处记录所有权的转移或抵消的终止。

2. 气候行动储备(CAR)

CAR 是全球碳市场最值得信赖、最有效和最有经验的抵消登记机构,最

---

① CORSIA 是国际民航组织于 2016 年批准的基于全球市场的机制,旨在从 2020 年开始实现国际航空的碳中和增长。

初名为加州气候行动登记处（California Climate Action Registry），由加州于 2001 年创建，旨在通过自愿计算和公开报告排放量来应对气候变化。加州登记处帮助超过 415 家总部位于加州的公司、组织、政府机构和市政当局自愿计算并公开报告其温室气体排放量。CAR 为碳抵消项目制定高质量标准，监督独立的第三方核查机构，发放此类项目产生的碳信用额，并在一个透明、可公开访问的系统中跟踪信用额的长期交易。

三、碳交易市场监管

（一）管理机构

美国目前尚未形成全国性统一监管机构，主要由各州环保署或能源管理机构以及区域性机构负责管理和监督。以加州为例，加州空气资源委员会（CARB）负责限额与交易计划的市场监督，CARB 监督员与独立市场监督机构 Monitoring Analytics 密切合作，监督 CARB 的拍卖以及所有限额与交易计划合规工具的持有和交易。此外，CARB 还与多个加州机构和联邦机构合作，以确保对合规工具市场和相关市场进行强有力监督，比如与加州总检察长办公室合作制定计划法规；与加州独立系统运营商（CAISO）、商品期货交易委员会（CFTC）和联邦能源监管委员会（FERC）进行合作讨论，鼓励公众向以上机构举报非法活动。

区域性管理机构以 RGGI 为代表，Potomac Economics[①] 对 RGGI 额度市场的竞争表现和效率提供独立的专家监测，包括：识别在拍卖和/或二级市场中行使市场权力、串通或以其他方式操纵价格的企图；就拟议的市场规则变更提出建议，以提高 RGGI 配额的市场效率；评估拍卖是否按照已通知的拍卖规则和程序进行。RGGI COATS 平台能够跟踪 RGGI 排放、配额和其他市场数据，包括受监管发电厂的二氧化碳排放量和市场参与者之间的二氧化碳配额交易。

（二）风险管理

美国典型碳市场风险及防范经验以 RGGI 和 WCI 为代表。RGGI 将拍卖和二级市场的监管委托给了独立的市场监管者——Potomac Economics。拍卖是 RGGI 各州分配二氧化碳配额的主要方式。拍卖碳排放权可以确保各方在统一的条件下获得碳排放权，有助于建立基于市场的碳排放权价格。在市场运

---

① Potomac Economics 是为在美国经营批发电力市场的 RTO 提供市场监测服务的领先供应商。

行过程中,为了应对或防范已发生或可能发生的风险,RGGI 制定了以下措施:成本控制储备(CCR)、排放控制储备(ECR)、拍卖底价、抵消配额。CCR 和 ECR 是配额储备,可在减排成本高于或低于预期时帮助提供市场稳定性。如果配额价格超过设定的触发价格,CCR 配额可以在拍卖会上出售。相反,如果价格低于设定的触发价格,ECR 配额将在拍卖中被扣留。2023 年,CCR 触发价为 14.88 美元,ECR 触发价为 6.87 美元;最低底价是配额可以在 RGGI 拍卖中出售的最低价格。2023 年,每个配额底价为 2.50 美元。[①]WCI 采用"季度拍卖＋二级市场"的形式获取配额。在市场运行过程中,WCI 提出下列防范措施:合规工具跟踪系统服务(CITSS)、拍卖最低价、投标担保限额、购买限额和持有限额。

(三) 监测管理

完善的碳监测管理是碳市场建设的重要基础。《美国联邦法规》第四十章七十五条——连续排放监测制定了有关监测、记录和报告温室气体排放的规定。RGGI 碳市场中的企业需安装符合要求的监测系统,在规定期间里向主管机构提交监测报告。RGGI 开发了配额跟踪系统(RGGI COATS),用于记录和跟踪各州 CO_2 预算交易计划数据,公开报告包括汇总级排放量、季度排放量、年度排放量、控制期排放量、来源、账户、交易价格、特别批准、抵消项目、合规摘要和最新的中期合规摘要报告。WCI 将市场监测分析委托给独立第三方承包商,直接向参与司法管辖区提供市场监测分析。每个参与管辖区负责进行市场监督,并保留执行管理其计划的法规的权力。

美国环保署(EPA)有两种基本类型的监测:环境空气质量监测、固定源排放监测。环境空气质量监测收集和测量环境空气污染物样本,以根据清洁空气标准和历史信息评估大气状况;固定源排放监测收集并使用单个固定排放源(即设施、制造工厂、流程、排放控制设备性能或验证工作实践)的测量数据(或其他信息),其中固定源排放监测是重点。EPA 提供不同类型的连续监测系统(CMS),包括连续排放监测系统(CEMS);连续不透明度监测系统(COMS),以及连续参数监测系统(CPMS)。[②]EPA 的 Air Data 空气质量监测程序涵盖的监测数据主要由国家环境机构拥有和运营的 4 000 多个监测站测

---

① RGGI Inc., The Regional Greenhouse Gas Initiative, January 2023.

② CEMS 是一种连续测量来自固定源的实际排放水平的仪器,直接测量关注的污染物或测量关注污染物的替代污染物;COMS 是一种连续测量不透明度的仪器,不透明度是衡量排放物排放中颗粒物衰减的光量的方法;CPMS,也称为参数监测,测量作为系统性能关键指标的参数(或多个参数)。

量环境(室外)污染物浓度,这些机构将每小时或每天的污染物浓度测量值发送到 AQS(空气质量系统)的 EPA 数据库,Air Data 可从 AQS 检索数据。

第四节　碳管理政策

政府制定的相关碳管理政策包括财政政策、税收政策、金融政策、资产管理政策等,为建立完善的碳管理体系奠定了政策基石,也有助于激励个人及各大企业参与减排生活,共建零碳社会。

一、碳管理财政政策

(一) 补贴

1. 新能源汽车补贴

美国政府制定了相关财政激励措施鼓励新能源汽车发展。2021 年 11 月,拜登总统签署了《两党基础设施法》(《基础设施投资和就业法案》),其中包含对电动汽车充电站提供大量新资金。《两党基础设施法》向美国交通部、能源部和环保署提供资金,用于部署电动校车和渡轮、港口电气化、国内电池生产供应链和电池回收,以及其他与电动汽车相关的举措。2022 年 2 月,拜登政府宣布将和能源部投资 30 亿美元加强美国先进汽车电池和储能电池的供应链建设。

美国各大部门也出台了相关补贴资助政策。美国交通部的主要新计划包括:(1)国家电动汽车基础设施方程式计划(50 亿美元):向各州提供资金,用于战略性地部署电动汽车充电基础设施并建立互连网络。(2)充电和加油基础设施酌情拨款计划(25 亿美元):竞争性拨款计划,旨在沿指定的替代燃料走廊战略性地部署可公开访问的电动汽车充电基础设施和其他替代燃料基础设施。(3)交通部的联邦交通管理局(FTA)低排放或无排放补助(Low-No)计划:除了购置、建造或租赁配套设施外,地方和州政府实体还可获得财政援助,用于购买或租赁低排放或零排放公交车。此外,美国交通部(DOT)通过可持续性和公平重建美国基础设施(RAISE)拨款计划为符合条件的地面交通基础设施项目提供联邦财政援助。符合条件的项目包括但不限于支持互联、电动和自动驾驶车辆、货运或客运模式转变以减少温室气体排放,以及安装零排放车辆基础设施。

美国能源部还为交通脱碳研究项目提供资助,将优先考虑以下项目:减少电动汽车电池尺寸和成本、增加电动汽车电池续航里程和减少电动汽车电池排放的研发;越野和非道路车辆的电气化,包括农业、建筑、铁路、船舶和航空;提高电动汽车效率和可负担性的材料技术等。

2.可再生能源补贴

联邦、州和地方政府提供财政激励措施来鼓励投资和使用可再生能源,以及发展相关可再生能源技术。

美国能源部(DOE)能源效率和可再生能源办公室(EERE)是美国可再生能源应用研究、开发和示范活动的中心。EERE 有三大支柱:可再生能源、可持续交通和能源效率。可再生能源支柱包括四个技术办公室:地热技术办公室、水力技术办公室、太阳能技术办公室、风能技术办公室。地热技术办公室投资于推进增强型地热系统(EGS),该系统可为数千万美国家庭和企业供电,2023 年 2 月,能源部宣布资助 7 400 万美元用于推进增强型地热系统。水力技术办公室支持研究、开发和测试新兴技术,以推进海洋能源以及下一代水电和抽水蓄能系统,以实现灵活、可靠的电网。太阳能技术办公室支持光伏、聚光太阳能热发电、系统集成、技术上市和软成本项目的融资机会。风能技术办公室资助全国范围内的研究,以支持开发和部署海上风能技术,能源部已拨款 3 亿多美元用于竞争性选择的海上风能研究、开发和示范项目。

(二)政府贷款计划

美国能源部(DOE)的先进技术车辆制造贷款计划可向符合条件的制造商提供直接贷款,金额最高为在美国重新装备、扩建或建立用于生产合格 ATV 的制造设施的成本的 30%。DOE 通过贷款担保计划为国内生产高效混合动力汽车、插电式混合动力电动汽车、全电动汽车和氢燃料电池电动汽车提供赠款或贷款担保。DOE 可以为符合条件的项目提供至少 50% 的贷款担保,对于超过 80% 的贷款担保,贷款必须由财政部的联邦金融银行发行和提供资金。

能源部贷款计划办公室(LPO)提供贷款和贷款担保(表 3-7),以帮助在美国部署创新清洁能源、先进交通和部落能源项目。在过去十年中,LPO 在多个能源领域完成了超过 300 亿美元的交易。LPO 管理的投资组合包括超过 300 亿美元的贷款、贷款担保,涵盖 30 多个项目。总的来说,这些贷款和贷款担保带来的项目投资总额超过 500 亿美元。

表 3-7　贷款类型

贷款种类	内　容
创新清洁能源:化石贷款担保	为商业规模的创新化石项目提供贷款担保
创新清洁能源:核贷款担保	商业规模创新核项目的贷款担保
先进技术车辆制造贷款计划(ATVM)	直接贷款支持美国制造节能、先进技术的车辆和合格部件
创新清洁能源贷款担保	为商业规模的创新清洁能源项目提供贷款担保
部落能源贷款担保计划(TELGP)	部落能源开发项目的直接贷款和部分贷款担保
能源基础设施再投资	能源基础设施再投资(EIR)计划(第 1706 条)保证向特定项目提供贷款,比如对已停止运营的能源基础设施进行重组、重新供电、重新用途或更换,或使正在运营的能源基础设施更清洁地运行的项目
二氧化碳运输基础设施金融和创新法案(CIFIA)	部署二氧化碳运输基础设施的贷款担保和赠款

资料来源:美国能源部贷款计划办公室,https://www.energy.gov/lpo/loan-programs-office(2023 年 7 月 8 日)。

二、碳管理税收政策

近年来,美国通过出台一系列税收优惠政策如新能源汽车税收抵免、可再生能源税收抵免等,来激励清洁能源发展,减少碳排放(表 3-8)。2022 年 8 月美国签署《减少通货膨胀法案》(IRA),为解决气候问题提供大量联邦资金,其中 3 940 亿美元资金将用于能源和气候,大部分以税收抵免的形式提供。

(一) 税收抵免

1. 新能源汽车税收抵免

奥巴马政府时期,美国对新能源汽车发展的支持达到顶峰,2008 年奥巴马提出至 2015 年生产 100 万辆新能源汽车。由于技术及市场需求等限制,2013 年 1 月,能源部门宣布此计划难以实现并发布《电动汽车大挑战蓝图》,计划在十年内,推动技术创新,提高插电式电动车 PEVs 的普及率和竞争力。特朗普政府时期,较少关注气候相关产业,一定程度上阻碍了新能源汽车的发展。拜登政府时期,提出到 2030 年销售的所有新型轻型车辆中有一半为零排放汽车

（包括电池电动车、插电式混合动力车或燃料电池电动车），为此制定了一系列税收优惠政策。

表 3-8　各政府时期新能源汽车税收政策

时间段	税收优惠政策	内　　容	
小布什政府时期	2007 年新能源车辆消费者个人所得税减免优惠	● 销量超过 3 万辆,50％减税优惠 ● 销量超过 4.5 万辆,25％减税优惠 ● 销量超过 6 万辆,无优惠	
	2008 年《紧急经济稳定法案》	自 2009 年 1 月 1 日起,购买新能源汽车(前 25 万辆)可享受 2 500—7 500 美元的税收抵免	
奥巴马政府期间	2010 年总统支持先进技术车辆新举措	将现有的 7 500 美元电动汽车税收抵免更改为所有消费者在销售点立即获得的退税	
	2016 年电动汽车产业发展一揽子计划	提供 45 亿美元政府贷款担保,补充已有税收抵免政策	
拜登政府时期	2021 年《两党基础设施法》	增加对电动汽车供应设备(EVSE)、替代燃料基础设施、电动汽车(EV)电池、电网升级以及轻型、中型和重型零排放汽车(ZEV)的投资	
	2022 年《减少通货膨胀法案》第四部分:能源安全改革之清洁汽车(IRA 第 13401—13405 条)	● 购置新电动汽车税收抵免,高达 7 500 美元 ● 购置二手汽车税收抵免高达 4 000 美元(或销售价格的 30％) ● 商用电动汽车税收抵免:14 000 磅以下车辆最高可抵免 7 500 美元;所有其他车辆最高可抵免 40 000 美元	备注: 1. 合乎税收优惠政策的二手车必须使用至少 2 年,销售价格不得超过 25 000 美元。 2. 取消了针对汽车制造商 20 万辆的数量限制。 3. 对关键矿产(Critical Minerals)来源和电池组件(Battery components)产地的严格限制:关键矿产来源至少 40％,电池组件产地至少 50％ 来自(1)美国;(2)在与美国有有效自由贸易协定的任何国家;(3)在北美回收,2027 年需达到 70％,不符合要求车辆,税收抵免减少至 3 750 美元。

资料来源:美国国会、能源部,https://www.congress.gov/110/plaws/publ343/PLAW-110publ343. htm, https://www. congress. gov/bill/117th-congress/house-bill/5376/text, https://afdc. energy. gov/laws/13039, https://afdc. energy. gov/laws/409, https://www. congress.gov/bill/117th-congress/house-bill/5376/text, FACT SHEET: President Obama Plan to Make the U.S. the First Country to Put 1 Million Advanced Technology Vehicles on the Road(2023 年 7 月 8 日)。

2.清洁能源税收抵免

（1）清洁氢

2021年,《基础设施投资和就业法案》(IIJA)投资95亿美元用于清洁氢项目,2022年IRA制定了全球首个清洁氢税收抵免优惠政策,生产商每生产1千克氢气,最高可获3美元抵免额度,为获得此额度,生产商必须将每千克氢气的二氧化碳排放当量控制在0.45千克以下。根据IRA,合格清洁氢气基本税收抵免率为0.6美元/千克,再根据生命周期温室气体排放量进行波动计算,此外,若满足特定工资要求,则税收抵免规模可扩大5倍(表3-9)。

表3-9　清洁氢税收抵免方案

每千克制氢二氧化碳排放当量(千克)	税收抵免(美元)	适用基本税率百分比	5倍规模(美元)
2.5—4	0.12	20%	0.6
1.5—2.5	0.15	25%	0.75
0.45—1.5	0.2	33.4%	1
低于0.45	0.6	100%	3

资料来源:https://www.congress.gov/bill/117th-congress/house-bill/5376/textSEC.13204.CleanHydrogen.SEC.45V. NOTE:26USC45V. CreditforProductionofCleanHydrogen(2023年7月8日)。

（2）清洁燃料

IRA大力提倡清洁燃料,针对生物柴油、可再生柴油、替代燃料、可持续航空燃料(SAF)等制定了一系列税收抵免优惠政策。

符合条件的生产商若生产/使用纯生物柴油/可再生柴油,可获得1美元/加仑的税收抵免,上限为每年1000万美元。[1]此政策原定于2022年12月31日到期,IRA法案将其延期至2024年12月31日。[2]

SAF税收抵免额等于1.25美元每加仑SAF加上额外补贴金额,即当生命周期温室气体减排百分比超过50%,每增加一个百分点,补贴金额增加0.01美元,但总补贴金额不得超过0.5美元,总税收抵免上限为1.75美元/加仑。法案规定要获取税收抵免,生产商要保证生命周期温室气体减排百分比至少达到50%,且SAF需符合ASTM国际标准D7566的要求,ASTM国际标准D1655

---

[1]　美国能源部网站,https://afdc.energy.gov/laws/5831(2023年7月8日)。

[2]　Inflation Reduction Act of 2022.

附录 A1 的 Fischer Tropsch 规定，SAF 需由非适用材料（或适用材料衍生材料）与非生物质原料共同加工而成，由非棕榈脂肪酸馏分物或石油衍生而来。①

（3）太阳能光伏

美国联邦太阳能光伏税收抵免政策主要包括投资税收抵免（ITC），纳税人可以根据支付的太阳能光伏系统成本的一定百分比申请联邦所得税抵免。2020 年和 2021 年安装的太阳能光伏系统的纳税人有资格获得 26％的税收抵免（系统的安装必须在纳税年度内完成）。2022 年 8 月，IRA 法案通过了 ITC 的延期及比例提升，2022—2032 年之间安装系统的将获得 30％ITC（2019 年 12 月 31 日或之前安装的系统也有资格获得 30％的税收抵免）。对于 2033 年安装的系统，比例将下降到 26％，对于 2034 年安装的系统，比例将下降到 22％。这项税收抵免政策将于 2035 年到期，除非国会继续续期。②IRA 法案还新增了针对低收入社区的太阳能风能设施优惠政策，针对符合标准的设施可增加 10％—20％的优惠。

太阳能光伏制造商有资格获取 2 种联邦税收抵免：先进制造生产税收抵免（45 XMPTC）和先进能源项目投资税收抵免（48 CITC）。③IRA 法案新制定了 45 XMPTC 并扩大了 48 CITC。符合 45 XMPTC 标准的清洁能源组件包括光伏组件及其部分子组件、逆变器、跟踪系统组件、电池和某些关键矿物（在 2022 年 8 月之后获得 48 CITC 认证的工厂生产的组件不符合资格）（表 3-10、3-11）。

表 3-10　先进制造生产税收抵免的合格组成部分摘要

合格组件	抵免额度
光伏组件和子组件	
太阳能级多晶硅	每千克(kg)3 美元
光伏晶圆	每平方米(m²)12 美元
光伏电池（晶体或薄膜）	每瓦直流电(Wdc)4 美分
聚合物背板	每平方米 40 美分
光伏模块	每瓦直流电(Wdc)7 美分

① Inflation Reduction Act of 2022.
② 美国能源部网站，https://www.energy.gov/eere/solar/homeowners-guide-federal-tax-credit-solar-photovoltaics(2023 年 7 月 8 日)。
③ 45X MPTC 针对制造商在国内生产和销售的每个清洁能源组件的单位税收抵免，48C ITC 为购买和委托物业建造工业或制造设施提供税收抵免。

续表

合格组件	抵免额度
光伏逆变器	
中央逆变器	每瓦交流电(Wac)0.25 美分
市电逆变器	每瓦交流电(Wac)1.5 美分
商用逆变器	每瓦交流电(Wac)2 美分
家用逆变器	每瓦交流电(Wac)6.5 美分
微型逆变器	每瓦交流电(Wac)11 美分
光伏跟踪系统	
转矩管	每千克 87 美分
结构紧固件	每千克 2.28 美元
电池	
电极活性物质	纳税人因生产此类材料而产生的成本的 10%
电芯	每千瓦时(kWh)35 美元
电池模组	每千瓦时 10 美元(如果是不使用电池的电池模块,则为 45 美元)
关键矿物质	
关键矿物质	纳税人因生产此类矿物而产生的成本的 10%

资料来源:美国能源部太阳能技术办公室,https://www.energy.gov/eere/solar/federal-tax-credits-solar-manufacturers(2023 年 7 月 8 日)。

表 3-11 按销售年份划分的符合条件的美国生产零部件的税收抵免

2023—2029 年	2030 年	2031 年	2032 年	2032 年以后
完整 45 XMPTC 单元抵免额度	抵免额度的 75%(比如,光伏模块:75%乘以每瓦直流电(Wdc)7 美分=每瓦直流电(Wdc)5.25 美分)	抵免额度的 50%	抵免额度的 25%	无

资料来源:美国能源部太阳能技术办公室,https://www.energy.gov/eere/solar/federal-tax-credits-solar-manufacturers(2023 年 7 月 8 日)。

(二)碳税

美国目前尚没有联邦层面的碳税机制,不过联邦政府对于设立碳税的态度较为积极。2021 年 3 月 1 日，美国出台《2021 贸易政策议程及 2020 年度报告》，表示将考虑把碳边境调节税纳入贸易议程。2022 年 6 月 7 日，参议员怀特豪斯(Sheldon Whitehouse)向金融委员会提交一项立法提案《清洁竞争法案》(Clean Competition Act，CCA)，提出创建碳边界调整机制，以降低高污染部门的温室气体排放。该机制对来自碳密集型(例如化石燃料、精炼石油产品、石化产品)制造商的进口产品和国内产品征收费用，该法案要求每年计算碳强度，对 2023 年 12 月 31 日之后进口到美国的产品征收碳强度费，并允许对多付的费用进行退税。该法案还在 2025 财年及随后的财政年度建立了一项拨款计划，用于投资新技术，以降低现有设施的碳强度，并确保拟议设施的碳强度达到同类最佳水平。CCA 将所有涵盖商品生产商所产生的平均碳排放量作为基准线，2025 年到 2028 年，基准线每年下调 2.5％，2028 年之后，基准线每年下调 5％。[1]

三、碳管理金融政策

1987 年，美国政府成立了清洁水州循环基金和饮用水循环基金(统称为"循环基金")，1980 年颁布《超级基金法》，规定了银行业的环境责任，并开始构建绿色金融制度体系。联邦政府和各州绿色金融制度立法构成了美国完整的绿色金融制度体系，此外美国还通过设立环境金融中心(CEF)、环境顾问委员会(EFAB)以及环境金融中心网络(EFCN)以推进绿色金融发展。

(一) 绿色债券

绿色债券是一种固定收益债务工具，发行人(通常是公司、政府或金融机构)从投资者那里借入大笔资金，用于以可持续发展为重点的项目。2014 年至 2021 年，美国是绿色债券发行量最大的国家。[2]2021 年，全球发行了超过 5 000 亿美元的绿色债券，其中美国市场发行量约占总量的 16％，近年来，美国的绿色债券发行量显著增长，与 2019 年和 2020 年的水平相比，2021 年美国发行的绿色债券价值增长了约 60％，美国最大的绿色债券发行人是房利美(即联邦国

---

[1] Clean Competition Act，Jun. 2022.

[2] Statista, Cumulative value of green bonds issued worldwide between 2014 and 2021 by country (Mar.23，2022)，https://www.statista.com/statistics/1284029/green-bonds-issued-worldwide-by-country/.

民抵押贷款协会,政府资助企业),它于 2012 年发行了第一张绿色债券。美国银行也纷纷加入进来,发行了价值数十亿美元的绿色债券。[1]美国绿色市政债券主要为交通和与水相关的基础设施项目提供资金,例如 2015 年,西雅图交通管理局(Seattle Transit Authority)发行了 9.23 亿美元的绿色债券,是市政当局发行的最大绿色债券;2014 年,华盛顿特区水务局发行了 3.5 亿美元的应税固定利率绿色债券,最终期限为 100 年,成为美国第一个发行世纪债券的市政水/废水公用事业公司,也是第一个发行包含独立第三方意见的美国绿色债券;旧金山公用事业委员会 2016 年发行了 2.4 亿美元水务绿色债券,它是第一个发行经《水气候债券标准》认证的绿色债券实体,该标准规定了标记为"绿色"或指定用于资助与水相关的低碳举措的债券必须满足的标准。[2]

(二) 绿色信贷

2021 年参议院发布《国家气候银行法》,法案建立并资助了国家气候银行,要求独立非营利性银行须投资清洁能源技术和基础设施,以减少温室气体排放。国家气候银行必须支持各州或其他政治分支机构创建新的绿色银行,[3]这些当地绿色银行将能够以直接融资支持或信用增级的形式为符合条件的能源效率、太阳能、风能、地热能、生物质能、水电、燃料电池,以及替代燃料汽车和基础设施项目等提供融资。

纽约州绿色银行(NY Green Bank)是由联邦赞助的专业金融实体,与私营部门合作,增加对纽约清洁能源市场的投资,打造更高效、可靠和可持续的能源系统。纽约州绿色银行旨在通过开放融资市场和扩大可用资本来促进对纽约州不断增长的清洁能源经济的私人投资,通过信用增级、项目聚合和证券化等多种形式的金融支持来提高整体资本可用性。其他代表性州级绿色银行还有罗德岛基础设施银行、佛罗里达太阳能和能源贷款基金、康涅狄格州绿色银行、夏威夷绿色基础设施管理局等。

[1] Statista, Green bonds market in the U.S.-statistics & facts(Apr.1, 2022), https://www.statista.com/topics/9223/green-bonds-market-in-the-us/.

[2] Devashree Saha, Green Bonds Take Root in the U.S. Municipal Bond Market, Brookings(Oct.25, 2016), https://www.brookings.edu/blog/the-avenue/2016/10/25/green-bonds-take-root-in-the-u-s-municipal-bond-market/.

[3] National Climate Bank Act, Feb. 2021.

四、碳资产管理政策

(一) 碳配额管理

碳配额分配机制将碳排放总量划分为单位碳配额,主要有两种分配方式:无偿分配和有偿分配。美国区域温室气体倡议(RGGI)采用100%碳配额有偿拍卖分配机制,并设置拍卖底价,是全球唯一完全有偿分配的碳市场。加州碳市场(CCTP)则采取免费分配和有偿拍卖相结合的配额管理方式:(1)针对大型工业设施,项目前期以免费分配为主,后期则转向拍卖,根据奖励高效设施的基准,大多数工业部门的配额分配设定为平均排放量的90%左右,配额分配每年根据每个设施的产量进行更新;(2)针对电力分配和天然气公用事业,免费分配配额,要求配额的价值必须使纳税人受益并实现温室气体减排。对于配电公用事业,免费配额设定为平均排放量的90%左右;对于天然气公用事业,免费分配基于2011年向未涵盖实体供应的天然气。此外,CCTP还规定允许将配额存入银行以防止短缺和价格波动,设置4%的配额作为战略储备以控制成本。[1]

(二) 碳资产定价

碳定价通过对排放收费和/或为减少排放提供激励来抑制温室气体排放。碳定价工具可采用多种形式,目前主流形式主要有三种:(1)排放交易系统(ETS限额与交易),它对可排放的温室气体排放量设定了上限。ETS涵盖的实体需要为每排放一吨温室气体持有一个排放单位(配额),但实体可以灵活地出售和购买排放单位;(2)减排基金——纳税人资助的计划,其中政府购买减排项目产生的信用额度;(3)碳税(针对化石燃料征收),有助于激励大众远离碳密集型生产,减少排放总量。

美国几大碳市场主要采用ETS碳定价机制。2021年,美国的明确碳价格包括排放交易系统(ETS)的许可价格,ETS覆盖6.4%的温室气体(GHG)排放的二氧化碳当量。总体而言,2021年美国32.4%的温室气体排放将达到正

---

[1] California Environmental Protection Agency-Air Resources Board, *Overview of ARB Emissions Trading Program*, February 2015.

的净有效碳率(ECR[①]),高于2018年的31.6%。自2018年以来,明确碳价覆盖的排放份额增加了0.8个百分点。燃料消费税是一种隐性的碳定价形式,2021年将覆盖28.4%的排放量,2021年化石燃料补贴覆盖4.5%的排放量,自2018年以来均没有变化。自2018年以来,显性碳价格已上涨至平均每吨二氧化碳0.96欧元,上涨了0.4欧元(71.4%)。2021年,燃油消费税平均为11.27欧元,较2018年下降0.27欧元(2.3%)。化石燃料补贴已降至平均每吨二氧化碳0.12欧元,自2018年以来下降了20%。[②]

参考文献

[1] Simon Evans, "Analysis: Which countries are historically responsible for climate change", *Carbon Brief* (Oct.5, 2021), https://www.carbonbrief.org/analysis-which-coun-tries-are-historically-responsible-for-climate-change/.

[2] 美国环境保护署网站, https://www.epa.gov/cwsrf/learn-about-clean-water-state-revolving-fund-cwsrf(2023年7月8日)。

[3] 美国交通运输部网站, https://www.transportation.gov/priorities/climate-and-sus-tainability/climate-action(2023年7月8日)。

[4] United States Environmental Protection Agency, Carbon Pollution from Transpor-tation (May 19, 2022), https://www.epa.gov/transportation-air-pollution-and-climate-change/carbon-pollution-transportation.

[5] U.S. Department of Transportation, USDOT Announces New Vehicle Fuel Economy Standards for Model Year 2024–2026(Apr.1, 2022), https://www.transportation.gov/briefing-room/usdot-announces-new-vehicle-fuel-economy-standards-model-year-2024—2026.

[6] United States Environmental Protection Agency, Sources of Greenhouse Gas Emis-sions, Industry (Aug. 5, 2022), https://www.epa.gov/ghgemissions/sources-greenhouse-gas-emissions#industry.

[7] United States Department of State and the United States Executive Office of the President, The Long-Term Strategy of the United States: Pathways to Net-Zero Greenhouse Gas Emissions by 2050, Washington, D.C., November 2021.

[8] United States Environmental Protection Agency, Sources of Greenhouse Gas Emis-sions, Commercial and Residential (Aug. 5, 2022), https://www.epa.gov/ghgemissions/sources-greenhouse-gas-emissions#commercial-and-residential.

[9] 美国能源部网站, https://www.energy.gov/eere/buildings/appliance-and-equipment-

---

① ECR有效碳排放率是基于市场工具(燃料消费税、碳税和碳排放许可价格)适用于能源使用产生的二氧化碳排放的总价格。

② OECD, *Pricing Greenhouse Gas Emissions: Key Findings for the United States*, 2022, p.1.

standards-program(2023 年 7 月 8 日)。

[10] 美国能源部网站,https://www.energy.gov/eere/buildings/building-energy-codes-program(2023 年 7 月 8 日)。

[11] U.S. Department of Energy, Building Energy Codes Fact Sheet, December 2016.

[12] UPS 网站, https://about.ups.com/us/en/our-stories/innovation-driven/renewable-natural-gas-is-an-important-part-of-ups-strategy-to-in.html(2023 年 7 月 8 日)。

[13] 企业碳中和路径图——落实巴黎协定和联合国可持续发展目标之路,United Nations Global Compact, BCG, 2021.

[14] ExonMobil 网站, https://corporate.exxonmobil.com/climate-solutions/advancing-climate-solutions-progress-report(2023 年 7 月 8 日)。

[15] Intercontinental Exchange, Inc., ICE Launches 10 Carbon Credit Futures Vintages Extending Out to 2030(Aug. 17, 2022), https://ir.theice.com/press/news-details/2022/ICE-Launches-10-Carbon-Credit-Futures-Extending-Out-to-2030/default.aspx.

[16] CME Group, CME Group Acquires GreenX Holdings LLC(Apr.2,2012). https://www.cmegroup.com/media-room/press-releases/2012/4/03/cme_group_acquiresgreenx-holdingsllc.html.

[17] RGGI Inc., The Regional Greenhouse Gas Initiative, January 2023.

[18] Refinitiv Carbon Research, Carbon Market Year in Review 2022, February 2023.

[19] Western Climate Initiative 网站, The WCI Cap & Trade Program. http://westernclimateinitiative.org/index.php?option=com_content&view=article&id=32&Itemid=47(2023 年 7 月 8 日)。

[20] California Environmental Protection Agency, Air Resources Board, ARB Emissions Trading Program, September 2015.

[21] Center for Climate and Energy Solutions 网站,https://www.c2es.org/content/california-cap-and-trade/(2023 年 7 月 8 日)。

[22] California Air Resources Board, Cap-and-Trade Regulation Instructional Guidance-Chapter 1: How Does the Cap-and-Trade Program Work? September 2012.

[23] 美国能源部网站,https://afdc.energy.gov/laws/5831(2023 年 7 月 8 日)。

[24] Inflation Reduction Act of 2022.

[25] 美国能源部网站,https://www.energy.gov/eere/solar/homeowners-guide-federal-tax-credit-solar-photovoltaics(2023 年 7 月 8 日)。

[26] Clean Competition Act, Jun. 2022.

[27] Statista, Cumulative value of green bonds issued worldwide between 2014 and 2021 by country(Mar.23, 2022), https://www.statista.com/statistics/1284029/green-bonds-issued-worldwide-by-country/.

[28] "Statista, Green bonds market in the U.S.-statistics & facts"(Apr.1, 2022), https://www.statista.com/topics/9223/green-bonds-market-in-the-us/.

[29] Devashree Saha, Green Bonds Take Root in the U.S. Municipal Bond Market,

Brookings（Oct. 25，2016），https：//www. brookings. edu/blog/the-avenue/2016/10/25/green-bonds-take-root-in-the-u-s-municipal-bond-market/.

　[30] National Climate Bank Act，Feb. 2021.

　[31] California Environmental Protection Agency-Air Resources Board，Overview of ARB Emissions Trading Program，February 2015.

　[32] OECD，Pricing Greenhouse Gas Emissions：Key Findings for the United States，2022.

执笔：冯玲玲、王振（上海社会科学院信息研究所）、张铭浩

第四章　欧盟碳管理体系

　　欧盟是世界上经济实力强、一体化程度最高的国家联合体,也是全球温室气体排放最多的经济体之一。欧盟在 1979 年 CO_2 排放量达到峰值,为 46.56 亿吨,此后 CO_2 排放处于缓慢下降趋势。1997 年,欧盟承诺在 2008—2012 年期间将温室气体排放量减少 8%,并计划在 2050 年前实现碳中和。欧盟是《巴黎协定》的坚定维护者和履约者,更是全球率先提出碳中和计划的经济体之一。为积极采取多种方式进行碳管理,欧盟已经构建了较完善的碳管理体系框架。2005 年 1 月 1 日,欧盟建立了全球首个跨国、超大规模、最具示范意义的碳排放交易体系。此外,欧盟还制定了一系列的债券、基金、碳边境调节机制来支持欧盟的绿色发展。

第一节　碳管理体系建设的背景与进展

　　欧盟一直是应对气候变化的积极倡导者,也是推动全球气候治理的重要力量,在"京都时代"和"后京都时代"的国际气候治理中,欧盟试图并实际上发挥了"领导"作用。《京都议定书》生效后,欧盟率先采用市场机制工具应对气候变化。2003 年 10 月,欧盟发布了《建立温室气体排放配额交易计划指令》(Directive 2003/87/EA),[①]旨在建立欧盟碳排放交易体系(EU ETS)的总体制度框架,通过具有成本效益和经济效率的方式减少温室气体(GHG)排放来应对气候变化。此后,为了防止碳泄漏导致欧盟以外进口产品增加额外的高排放费用,2023 年 4 月,欧盟正式通过了碳边境调节机制(CBAM,也称碳关税)政策,CBAM 通过调节商品所含碳排放量平衡欧盟边界内外的定价差异。

---

① 　https://eur-lex.europa.eu/legal-content/EN/TXT/?uri＝CELEX%3A32003L0087(2023 年 7 月 8 日)。

一、碳管理体系的初创期

2005 年,欧盟建立了全球最早的碳排放交易体系,是其应对气候变化、有效减少碳排放的关键政策工具。欧盟碳排放交易体系是迄今全球最大的交易市场,纳入了 27 个欧盟成员国,以及冰岛、列支敦士登和挪威等国,覆盖了欧盟约 40％的温室气体排放量(包括二氧化碳、氧化亚氮以及全氟化碳)。

2007 年 3 月,欧洲理事会提出《2020 年气候和能源一揽子计划》(*The 2020 Climate and Energy Package*),[①]确定了欧盟 2020 年气候和能源发展目标,即"20-20-20"一揽子目标:将欧盟温室气体排放量在 1990 年基础上降低 20％;将可再生能源在终端能源消费中的比重增至 20％;将能源效率提高 20％。2008 年 12 月,欧洲议会正式批准这项计划,正式成为一整套具有法律约束力的可持续能源发展目标。

2008 年 11 月 19 日,欧盟通过《欧洲议会和理事会第 2008/101/EC 号指令》(Directive 2008/101/EC),修订了《建立温室气体排放配额交易计划指令》(Directive 2003/87/EC),[②]决定将国际航空业纳入欧盟碳排放交易体系并于 2012 年 1 月 1 日起正式实施。即从 2012 年 1 月 1 日起,所有在欧盟境内飞行的航空公司其碳排放量都将受限,超出部分必须购买。此项法案一经宣布便遭多国航空界的强烈反对。2012 年 11 月 12 日,欧盟官员表示,因为在有关全球减少碳排放问题上已经有所进展,将暂停实施一年。

2014 年 10 月,欧洲理事会通过了《2030 气候与能源政策框架》,[③]主要目标包括:到 2030 年欧盟温室气体净排放量与 1990 年的水平相比至少减少 40％;到 2030 年欧盟可再生能源占最终能源消费总量的比例至少达到 32％;到 2030 年欧盟能源效率至少提高 32.5％。一系列目标的提出旨在促进欧盟低碳经济发展,提高能源系统的竞争力,增强能源供应安全性,减少能源进口依赖以及创造新的就业机会。

---

① European Parliament, EU LEGISLATION ON CLIMATE CHANGE, EU(December 7, 2009), https://www.europarl.europa.eu/climatechange/doc/EU_Legislation_on_climate_change.pdf.

② European Commission, DIRECTIVE 2008/101/EC OF THE EUROPEAN PARLIAMENT AND OF THE COUNCIL, EUR LEX(November 19, 2008), https://eur-lex.europa.eu/legal-content/EN/TXT/?uri=CELEX:32008L0101.

③ https://climate.ec.europa.eu/eu-action/climate-strategies-targets/2030-climate-energy-framework_en(2023 年 7 月 8 日)。

21世纪初,ESG概念尚未出现,市场更多提及的是企业社会责任(Corporate Social Responsibility,CSR)。欧盟率先意识到企业的商业行为和发展模式应透明、负责任。2011年10月,欧盟制定了《2011—2014年欧盟CSR更新战略》(A Renewed EU Strategy 2011‑2014 for CSR),[①]并首次提议"以立法形式要求企业披露环境和社会信息"。随后,2014年10月22日,欧盟发布了《非财务报告指令》(Directive 2014/95/EU)(Non‑Financial Reporting Directive,NFRD),[②]要求所属成员国将相关实体披露非财务信息的义务转化为法律。

二、碳管理体系的发展期

欧盟高度重视应对气候变化和推动绿色转型,发布了一系列碳管理政策法规。2019年12月,欧盟委员会发布《欧洲绿色协议》(European Green Deal),提出了欧盟将在2030年前实现温室气体净排放量较1990年至少降低55%,在2050年前成为全球第一个实现气候中性大陆的目标。《欧洲绿色协议》排在本届欧盟委员会(2019—2024年)所提"六大优先任务"的第一位。[③]此后,欧盟理事会在2021年4月与欧洲议会将"2030目标"和"2050目标"写入《欧洲气候法》。

2021年6月,欧洲理事会正式通过了《欧洲气候法》(European Climate Law),[④]作为欧盟委员会新任主席乌尔苏拉·冯·德莱恩提出的《欧洲绿色协议》的核心部分,《欧洲气候法》成为指导欧盟未来30年绿色转型发展的"基本法",分别对气候中和目标、行动路径、适应气候变化、对欧盟进展措施以及评估成员国措施、公众参与、授权立法的制定等做出了规定。《欧洲气候法》的出台明确了欧盟通过达成气候中和成为全球气候行动领导者的雄心,这也

---

① ETUC网站,https://www.etuc.org/en/document/renewed-eu-strategy-2011-14-corporate-social-responsibility-csr(2023年7月8日)。
② EUR LEX网站,https://eur-lex.europa.eu/legal-content/EN/TXT/?uri=CELEX:32014L0095(2023年7月8日)。
③ 关于欧洲政策动向的整体情况,欧洲委员会提出了2019—2024年的优先事项,如下:欧洲绿色协议,为人民服务的经济、欧洲的数字时代、保护欧洲生活方式、世界上更强大的欧洲、欧洲民主新的推动力。
④ 欧盟委员会网站,https://climate.ec.europa.eu/eu-action/european-green-deal/european-climate-law_en(2023年7月8日)。

是欧盟自《京都议定书》通过后一直以来的自我定位,发挥全球气候行动模范作用。

2021 年 7 月,欧盟委员会"2021 工作项目"(2021 Work Programme)发布了"减排 55%一揽子计划"(即"Fit for 55")。Fit for 55 是一套修订和更新欧盟立法并实施新举措的提案,旨在确保欧盟政策符合理事会和欧洲议会商定的"2030 气候目标"。如图 4-1 所示,计划具体包括:第一,提出修订《碳排放标准和碳排放权交易》(*EU Emissions Trading System*,ETS)。欧盟委员会已提议对现有的欧盟排放交易体系(EU ETS)进行全面改革,2023 年 5 月 1 日,欧盟理事会宣布将航运纳入欧盟排放交易体系(EU ETS)的法律程序已完成,EU ETS 已正式成为法律,航运业被纳入 EU ETS 体系;第二,提出修订《能效指令》(*Energy Efficiency Directive*),主要目标是到 2030 年,欧盟的最终能源消耗比 2020 年减少 11.7%;第三,提出修订《可再生能源指令》(*Renewable Energy Directive*),该提案旨在将目前欧盟层面可再生能源占整体能源结构至少占 32%的目标提高到 2030 年至少占 40%;第四,提出修订《土地使用、土地使用变化和林业》(*Land use*,*Land Use Change and Forestry*,LULUCF),即到 2030 年至少减少 3.1 亿吨二氧化碳当量的温室气体净清除量;第五,提出修订《能源税》(*Energy taxation*),旨在通过更新能源产品范围和税率结构以

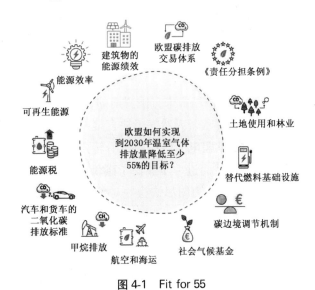

图 4-1 Fit for 55

资料来源:European Council,Fit for 55,https://www.consilium.europa.eu/en/policies/green-deal/fit-for-55-the-eu-plan-for-a-green-transition/(2023 年 7 月 8 日)。

及合理利用成员国的免税和减税来维护和改善欧盟内部市场活力;第六,提出修订《碳边境调节机制》(*Carbon Border Adjustment Mechanism*,CBAM),以确保欧盟的减排努力不会因将生产转移到非欧盟国家增加其境外排放量而被抵消等。该计划注重各领域政策建议间的协调性,采取基于场景的量化分析,确保欧盟绿色转型。

三、碳管理体系的完善期

2021 年 7 月 14 日,欧盟委员会提交了《关于建立碳边界调整机制》(CBAM)的法规提案。[①]CBAM 旨在激励非欧盟国家提高其气候雄心,并确保欧盟和全球所做出的气候努力不会因生产经营从欧盟转移到气候政策不太雄心勃勃的国家,而使气候受到破坏。2023 年 4 月 18 日,欧洲议会议员投票通过了 CBAM 法案,并于 2023 年 10 月开始实施,同时逐步取消免费配额,这将确保 CBAM 与国际贸易规则的兼容性。

尽管 NFRD 的出台,促进了欧洲地区的 ESG 气候信息披露的数量和质量,但随着欧盟及全球 ESG 发展取得新的进展,欧盟决定颁布更高标准的非财务信息披露法规。2022 年 11 月 28 日,欧盟理事会通过的《企业可持续发展报告指令》(CSRD)取代了 NFRD,旨在使企业可持续发展报告像财务会计和报告一样更加普遍、一致和标准化。CSRD 的实施标志着欧盟为其进一步引领全球 ESG 监管,奠定了坚实的法律和技术基础,更象征着欧盟和全球 ESG 信息披露迈入一个新的时代。

2022 年 2 月,俄乌冲突爆发后,来自俄罗斯的其他天然气管道供应也频频受阻,造成了欧盟的"气荒"。欧盟天然气短缺直接导致了能源价格的上涨,由于此轮天然气价格的上涨,欧盟电力供应商纷纷转向煤电,煤炭的高碳属性使得欧盟总体碳排放量增多,从而进一步驱使了碳价的上涨。为此,欧盟出台了一系列针对俄罗斯的制裁措施,力图尽快摆脱对俄罗斯能源进口的依赖。2022 年 5 月 18 日欧盟制定了"REPowerEU"计划,对自身能源战略进行了调整。[②]

---

① Directorate-General for Taxation and Customs Union, Carbon border Adjustment mechanism, European Commission(July 14, 2021), https://op.europa.eu/en/publication-detail/-/publication/68f4b4b9-0551-11ec-b5d3-01aa75ed71a1/language-en/format-PDF/source-225590230.

② https://commission.europa.eu/strategy-and-policy/priorities-2019-2024/european-green-deal/repowereu-affordable-secure-and-sustainable-energy-europe_en(2023 年 7 月 8 日)。

欧盟在碳管理体系的探索一直处于世界前列,具有以下特点:第一,较完善的政策框架。欧盟以提出目标、颁布立法、出台实施细则的形式搭建了自上而下的碳管理体系框架。第二,重点鲜明的关键行业减排措施。欧盟明确了优先脱碳的重点行业,通过发布关键行业碳排放标准,部署了重点行业的具体减排措施。第三,较完善的财政与金融保障措施。欧盟配套出台相应的大规模财政、税收、补贴、基金、债权,积极探索完善财政与金融保障措施,推动欧盟经济、社会与产业沿既定的方向发展。第四,不断完善的碳排放交易体系和碳边境调节机制。

如何在碳排放交易体系和碳边境调节机制之间寻找一个平衡点,在加大碳减排力度的同时,最大限度地降低对行业发展的约束,并寻求不同成员国、不同行业的公平公正转型,仍然是一个值得深入探讨的问题,欧盟碳管理体系仍处于不断的发展完善中。

第二节　碳排放与碳责任管理

欧盟作为一个欧洲多国共同建立的政治及经济联盟,现拥有 27 个成员国。欧盟的碳排放管理体系包括组织体系的欧盟管理机构和各成员国国内的欧盟管理机构、行业协会以及碳排放标准化体系。针对重点行业比如航空业、航运业、建筑物行业和汽车工业等,欧盟分别制定了相应的碳排放标准和管理模式。

一、碳排放管理的体系与制度

(一) 碳排放管理的组织体系

1. 欧盟管理机构

欧盟碳排放管理的组织主要包括:环境总司(DG ENV),气候行动总司(DG CLIMA),环境、公共健康与食品安全(ENVI),工业、研究和能源委员会(ITRE),环境委员会(ENV),以及权力下放机构,例如欧洲环境署(EEA)等(图 4-2)。

环境总司,是欧盟委员会负责欧盟环境管理的部门。[①]其职责在于提出

---

① 欧盟委员会网站,https://knowledge4policy.ec.europa.eu/organisation/dg-env-dg-environment_en ♯:～:text＝The％20Directorate-General％20for％20Environment％20is％20the％20European％ 20Commission，preserve％20the％20quality％20of％20life％20of％20EU％20citizens(2023 年 7 月 8 日)。

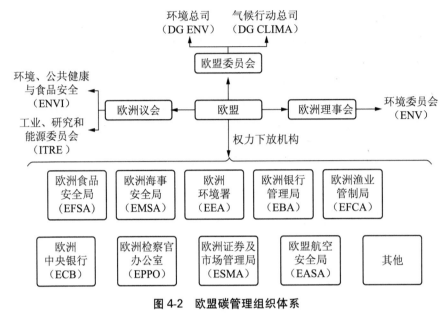

图 4-2　欧盟碳管理组织体系

资料来源：作者自制。

并实施一系列环境保护和提高欧盟公民生活质量的政策。2010 年，环境总司"气候变化"相关职责由新设立的气候行动总司负责，其主要使命是制定和实施欧盟气候政策和战略，推广创新脱碳技术以应对全球变暖。此外，气候行动总司在气候行动、保护臭氧层、全球碳市场等领域位于全球领导地位。

环境委员会，是欧洲理事会负责环境管理的部门。[①]其职责管理范围包括环境保护、审慎利用资源和保护人类健康，还涉及国际环境问题，特别是气候变化领域。环境委员会每年大约举行四次会议，2023 年 7 月 10 日至11 口举行的会议深入讨论循环经济、降碳减污、生物多样性、土壤和水等主题。

环境、公共健康与食品安全，是目前欧洲议会最大的委员会。[②]主要负责管理环境政策和环境保护措施、公共卫生和食品安全等领域。2023 年 2 月 9 日，ENVI 投票赞成欧盟修订后的碳排放交易体系法令和碳边境调整机制。工

---

① https://www.consilium.europa.eu/en/council-eu/configurations/env/（2023 年 7 月 8 日）。

② https://www.europarl.europa.eu/committees/en/envi/home/highlights（2023 年 7 月 8 日）。

业、研究和能源委员会，也是欧洲议会的委员会之一，①主要负责工业，特别是技术密集型制造业、信息技术和电信等领域。2023 年 5 月 23 日，ITRE 主席 Cristian-Silviu BUŞOI 主持召开关于《净零工业法案》(Net Zero Industry Act)的公共听证会，②探讨该法案存在扶持力度不足、运行效率亟待提升、价值链措施有待加强等问题。

欧洲环境署，又名"欧洲环境局"或"欧洲环境机构"，③是欧盟监测和分析欧洲环境的机构，职责包括：第一，帮助欧盟及其成员国改善环境并迈向可持续发展；第二，开发欧洲环境信息和观测网络(Eionet)，EEA 收集和开发有关欧洲环境的数据和信息，为成员国政策制定者提供建议。此外，2022 年 11 月 30 日，EEA 发布了《欧盟甲烷排放：立即采取行动应对气候变化的关键》(*Methane Emissions in the EU: the Key to Immediate Action on Climate Change*)的报告，对欧盟甲烷排放来源与趋势进行分析，梳理了全球降低甲烷排放的主要行动，并从能源、农业、废弃物领域提出甲烷减排的政策建议。

2. 行业协会

行业协会包括欧洲汽车制造商协会、国际民航组织、国际海事组织、欧洲建筑业联合会和欧洲工业气体协会等(表 4-1)。欧盟机构制定碳排放管理的整体政策框架，各个行业协会积极发布具体的减排标准和方案，助推欧盟实现绿色发展目标。

表 4-1 欧洲行业协会

欧洲汽车制造商协会 (ACEA)	成立于 1991 年，ACEA 在经济、社会、环境、技术以及与消费者相关的问题上，与欧盟、立法机构、媒体等进行积极广泛的沟通，并提供清楚和客观的行业资料。 2022 年 7 月 5 日，ACEA 发布了立场文件《重型车辆二氧化碳排放标准法规审查》(Review of CO$_2$ emission standards regulation for heavy-duty vehicles)，④ACEA 指出可以设定 2035 年和 2040 年的目标水平，但不支持设定 2030 年之前的中间目标。

---

① https://www.europarl.europa.eu/committees/en/itre/home/highlights(2023 年 7 月 8 日)。

② 《净零工业法案》于 2023 年 3 月 16 日正式提出，被普遍视为欧盟应对美国《通胀削减法案》的重要举措，意图通过推动本土制造来加强欧盟在风力涡轮机、太阳能电池板、热泵、碳捕获与封存等技术领域的竞争力，实施后将成为欧盟保护和扩大本地制造的单边经贸工具之一。

③ https://european-union. europa. eu/institutions-law-budget/institutions-and-bodies/search-all-eu-institutions-and-bodies/european-environment-agency-eea_en(2023 年 7 月 8 日)。

④ 2018 年 5 月 17 日，欧盟委员会提出建议，自欧盟有史以来设置第一个重型车辆二氧化碳排放标准法规。法规明确对新卡车平均二氧化碳排放量的要求：2025 年，比 2019 年低 15％；在 2030 年，至少比 2019 年低 30％。

国际民航组织(ICAO)	成立于 1944 年,ICAO 是联合国的一个专门机构。ICAO 的宗旨和目的在于发展国际航行的原则和技术,促进国际航空运输的规划和发展。 ICAO 建立了国际航空碳抵消和减排机制(CORSIA),①为全球航空业设定统一的减排目标以及实施方案、方法的市场化减排机制。CORSIA 从 2021—2023 年开启试点阶段,2024—2026 年为第一阶段,可自愿参加;2027—2035 为第二阶段,须强制参加。
国际海事组织 (IMO)	成立于 1959 年,IMO 是联合国的一个专门机构。IMO 的宗旨和目的在于促进各国间的航运技术合作,鼓励各国防止和控制船舶对海洋污染方面采取统一的标准,开展低碳和零碳航运未来燃料和技术项目。 2018 年,IMO 通过了《减少船舶温室气体排放的初步战略》,②到 2030 年,国际航运平均每项运输工作的二氧化碳排放量至少减少 40%,力争到 2050 年减少 70%,确认了 IMO 减少国际航运温室气体排放并尽快逐步淘汰的承诺,该战略预计将于 2023 年通过修订版。
欧洲化学工业理事会 (CEFIC)	成立于 1972 年,是欧洲大、中、小型化工企业的代言人,这些企业提供了 120 万个就业岗位,约占世界化学品产量的 15% 左右。CEFIC 致力于促进化学工业的蓬勃发展,并提供可持续、安全和资源高效的解决方案。 2016 年,CEFIC 通过了可持续发展宪章。该宪章将化学工业的愿景付诸实践,定义了可持续发展之路。它提供了针对当前和未来挑战的行动和对话框架,并包括有助于实现联合国 2030 年可持续发展目标和《巴黎协定》的路线图。
其他行业协会	欧洲造纸工业联合会(CEPI)、欧洲工会联合会(ETUC)、欧洲包装与环境组织(EUROPEN)、欧洲工会(Industrial All)、欧洲热泵协会(EHPA)等。

资料来源:作者自制。

3. 欧盟标准化体系

欧洲标准化组织主要包括欧洲标准化委员会(CEN)、欧洲电工标准化委员会(CENELEC)及欧洲电信标准协会(ETSI)、欧盟成员国标准化机构以及一些行业和协会标准团体。CEN、CENELEC 和 ETSI 是欧洲最主要的标准

---

① https://www.icao.int/environmental-protection/CORSIA/Pages/default.aspx(2023 年 7 月 8 日)。

② https://www.imo.org/en/MediaCentre/HotTopics/pages/reducing-greenhouse-gas-emissions-from-ships.aspx(2023 年 7 月 8 日)。

化组织,也是接受委托制定欧盟协调标准的标准化机构。

欧洲标准委员会,是欧盟和欧洲自由贸易联盟(EFTA)正式认可的三个欧洲标准化组织之一(另两个为 CENELEC 和 ETSI),负责在欧盟层面制定和定义自愿性标准。①欧洲标准委员会为制定各种产品、材料、服务和流程相关的欧洲标准和其他技术文件提供平台。欧洲标准委员会支持制定众多领域的标准化活动,包括:航空航天、化学品、建筑、消费品、国防和安全、能源、环境、食品和饲料、健康和安全、医疗保健、ICT、机械、材料、压力设备、服务、智能生活、运输和包装等。

1991 年,欧洲标准委员会与国际标准化组织(ISO)共同签署了《维也纳协定》,旨在防止重复工作并缩短制定标准的时间。因此,欧洲标准委员会与国际标准化组织共同规划了新的标准项目。只要国际标准(ISO)符合欧洲立法和市场要求,并且非欧洲的全球参与者也执行这些标准,那么欧盟将优先考虑与 ISO 展开合作。

(二) 碳排放管理的制度

1. 相关法规

欧盟碳排放管理制度主要基于国际、国内两个维度,涵盖国际层面、欧盟层面多个法律法规(表 4-2)。

表 4-2 欧盟碳管理体系的核心法规/计划

国际层面		联合国气候变化框架公约、京都议定书、巴黎协定
欧盟层面	法规/计划	气候和能源一揽子计划、2030 年气候与能源政策框架、欧洲绿色协议、欧洲气候法、REPowerEU 等
	项目机制	监测、报告和核查制度(MRV)、零排放和低排放车辆的监管激励机制(ZLEV)
	碳排放交易系统	建立温室气体排放配额交易计划指令(2003/87/EA)、Effort-sharing Regulation 条例等

资料来源:作者自制。

2. 碳排放数据核算

欧洲国家的产品采取的环境评价方法大相径庭,致使公司信息披露的成

---

① https://www.cencenelec.eu/about-cen/(2023 年 7 月 8 日)。

本攀升,也给消费者带来困惑。因此,2013 年 4 月 9 日,欧盟委员会发布了《建立绿色产品单一市场》公告和《更好地促进产品和组织环境绩效信息》建议案,提出了用"产品环境足迹(PEF)"和"组织环境足迹(OEF)"方法来衡量环境绩效,包括碳足迹核算与碳标签认证体系。2021 年 12 月,欧盟委员会通过了修订后的《关于使用环境足迹方法的建议》,帮助公司根据可靠、可验证和可比较的信息计算其环境绩效。[①]

产品环境足迹(PEF)方法基于产品生命周期评价(LCA)的方法框架,将取代近年来在欧盟各国普遍流行的产品碳足迹、产品水足迹等单项评价指标以及相关方法标准,评价范围涵盖从资源开采、初级原料和能源生产,以及产品生产、使用到废弃再生的产品生命周期全过程,评价指标包括 16 种资源环境影响类型(表 4-3)。

表 4-3　产品环境足迹(PEF)评价指标

	影响类型	说　明
1	气候变化	温室气体排放,致使全球平均气温升高和区域气候突变
2	臭氧消耗	可能增加人类皮肤癌患病率和损害植物生长
3	人体毒性(癌症)	空气、水和土壤中的物质可能对人体健康造成影响。目前尚无法评估产品对人类是否产生直接影响
4	人体毒性(非癌症)	
5	颗粒物	颗粒物(PM)及其前体化合物(例如 NO_X,SO_2)的排放对人体健康造成不利影响
6	电离辐射(人体健康)	暴露在电离辐射(放射性)中可能会对人体健康产生影响。PEF 仅考虑正常运行条件下的排放(不考虑核电厂发生事故)
7	光化学臭氧(人体健康)	对流层中的臭氧会损害动植物中的有机化合物,当城市中存在光化学烟雾时会增加呼吸道疾病的发病率
8	酸雨	酸污染对人类最严重的影响就是呼吸方面的问题,二氧化硫和二氧化氮会引起哮喘、干咳、头痛和眼睛、鼻子、喉咙的过敏
9	富营养化(陆地)	富营养化是由于氮(N)或磷(P)影响生态系统,导致藻类或特定植物的生长增加,从而对生态系统产生不利影响
10	富营养化(淡水)	
11	富营养化(海洋)	

---

① Directorate-General for Environment, Environmental footprint methods, European Commission (December 16, 2021), https://environment.ec.europa.eu/news/environmental-footprint-methods-2021-12-16_en.

续表

	影响类型	说　明
12	生物毒性(淡水)	对生态系统的潜在毒性影响,可能会破坏单个物种以及生态系统的功能
13	土地利用	用于农业、道路、住房、采矿或土地使用和改造。影响包括物种减少、土壤有机质含量的降低或土壤本身的侵蚀
14	水资源消耗	从湖泊、河流或地下水中抽取水会导致可用水枯竭
15	资源消耗 (矿物和金属)	地球包含有限的不可再生资源和化石燃料。当今过度使用资源将导致后代资源枯竭
16	资源消耗(化石)	

资料来源:作者自制。

二、重点行业碳排放管理

应对气候变化成为日益紧迫的全球性挑战,绿色转型是当前欧盟重点关注的政策方向,也将是未来几十年关系欧盟前途与命运的关键进程之一。欧盟在低碳转型道路上一直处于全球领先地位,除了制定整体的净零目标外,欧盟还为各行业制定了具体的净零措施和标准。

(一) 航空业

民用航空占欧盟交通运输 CO_2 排放总量的 13.4%,欧盟已采取措施通过碳排放交易体系(EU ETS)来减少航空排放。2012 年,航空业被纳入 EU ETS,在欧洲境内运营的航空公司,被要求购买碳排放配额以涵盖其 CO_2 排放量,但通常情况下欧盟会免费向其提供大部分配额,且碳排放交易体系目前仅适用于欧洲经济区内的航班(欧盟成员国以及冰岛、列支敦士登和挪威)。作为进一步强化"污染者付费"原则的一部分,严控航空业排放将被纳入欧盟碳市场改革。航空业的碳排放管理措施具体如下:

第一,修订航空排放交易体系。2022 年 6 月 8 日,欧洲议会投票赞成修订航空排放交易体系。[①]为了使航空部门的温室气体减排与《巴黎协定》保持一

① 欧盟委员会网站,https://climate.ec.europa.eu/eu-action/european-green-deal/delivering-european-green-deal/aviation-and-eu-ets_en(2023 年 7 月 8 日)。

致,欧洲议会议员呼吁排放交易体系适用于所有从欧洲经济区起飞的航班,包括降落在该地区以外的航班。欧洲议会希望在 2025 年之前逐步取消对航空业的免费分配,比欧盟委员会的提案早两年。欧洲议会还希望将航空配额拍卖产生收入的 75% 用于支持创新和新技术发展。2023 年 4 月 25 日,欧洲理事会投票决定自 2026 年起逐步取消航空领域免费排放配额,实行全面拍卖。到 2030 年 12 月 31 日,欧盟将保留 2 000 万配额,以激励飞机运营商从化石燃料过渡到清洁燃料,并还将建立非二氧化碳航空影响的监测、报告和核查框架。[1]

第二,制定 ReFuelEU 航空倡议。2022 年 7 月,欧盟委员会通过了该倡议。为此,提出了 6 个政策选择,分别从供应、需求、燃料运输等方面设定了提升可持续航空燃料比例的要求。[2]欧盟希望借此提升可持续航空燃料(SAF)的生产规模,保障对航空产业的供应能力并维持成本可控,同时加快可再生能源相关基础建设投资,形成有竞争力的可持续航空燃料市场,最终实现引导航空领域完成从化石燃料到可持续燃料的转变,降低 CO_2 排放并保持产业活力。

第三,加入"CORSIA"碳抵消计划。CORSIA 是国际民用航空组织(ICAO)于 2018 年通过的一项碳抵消全球计划,目的是在 2020 年之后抵消国际航空的 CO_2 排放,稳定这些排放的水平(CNG 2020)。[3]通过航空器运营者在全球碳市场购买和抵消碳排放单位来实现对 CO_2 排放的补偿。欧盟成员国承诺从 2021 年 1 月开始加入试点阶段,CORSIA 将适用于欧盟碳排放交易体系以外的航班。

(二) 航运业

虽然海上运输在欧盟经济中发挥着重要作用,是最节能的运输方式之一,但航运业也是温室气体排放的一个巨大且不断增长的来源。数据显示,2019年欧盟航运业排放量超过 1.44 亿吨 CO_2,占 CO_2 总排放量的 3% 至 4%。欧

---

[1] 欧洲理事会网站,https://www.consilium.europa.eu/en/press/press-releases/2023/04/25/fit-for-55-council-adopts-key-pieces-of-legislation-delivering-on-2030-climate-targets/(2023 年 7 月 8 日)。

[2] Re Fuel EU Aviation initiative: Sustainable aviation fuels and the fit for 55 package, European Parliament(December 8, 2022), https://www.europarl.europa.eu/thinktank/en/document/EPRS_BRI(2022)698900.

[3] https://www.icao.int/environmental-protection/Pages/default.aspx(2023 年 7 月 8 日)。

盟对国际航运业也提出了要求,明确要求航运企业在 2030 年之前,将所有船舶每单位运输活动的年均 CO_2 排放量减少至少 40％。到 2030 年,船舶停泊处必须实现零排放,以消除对欧洲港口城市的污染。此外,欧洲议会决定从 2022 年起,将国际航运业的温室气体排放纳入 EU ETS,将 5 000 吨级以上的船舶均纳入 EU ETS,基本覆盖集装箱船、油轮、干散货船等大多数从事国际航运的船舶。具体而言,欧盟通过以下政策路径减少航运业的碳排放。

第一,监测、报告和核实 CO_2 排放量(MRV)。自 2018 年 1 月 1 日起,5 000 吨以上大型船舶在欧洲经济区(EEA)港口装卸货物或载客时,需监测并报告其 CO_2 排放等相关信息,包括航行距离、海上时间和每次航次运载的货物。航运企业需收集并提交年度排放数据;自 2019 年起,在每年 4 月 30 日之前,航运企业应通过 THETIS MRV 向欧盟委员会和船舶注册国("船旗国")提交每艘船舶的排放报告,方可在欧洲经济区开展海上运输活动;自 2019 年起,在每年的 6 月 30 日之前,航运企业应确保拥有 THETIS MRV 签发的合规文件。该合规文件可能会受到成员国当局的检查。

第二,将海洋排放纳入欧盟排放交易体系(ETS)。2021 年 7 月 14 日,欧盟委员会通过了修订《欧盟排放交易体系指令》并将海运活动纳入欧盟排放交易体系的提案[①];2022 年 11 月 30 日,欧洲议会、欧盟委员会和欧洲理事会就海运业纳入 EU ETS 达成基本共识。在时间安排、航行排放量覆盖范围以及适用船舶吨位、排放物覆盖范围、资金用途等具体内容方面形成了初步协议;2022 年 12 月 17 日,欧洲议会和欧盟理事会关于"Fit for 55"欧盟碳市场改革达成初步协议。其中,该会议确定从 2024 年起将欧盟内部及出入欧盟港口的航运业纳入 EU ETS 管控;2023 年 4 月 25 日,欧洲理事会投票决定将海事部门的温室气体排放纳入排放交易体系。这意味着船舶在欧盟港口必须支付碳排放费用,也意味着涉及欧盟航线的航运公司将为其船舶碳排放支付履约成本。

第三,国际海事组织(IMO)制定温室气体减排短期措施。2018 年 4 月,国际海事组织通过了初步的温室气体减排战略。该战略包括以下目标:与 2008 年相比,航运业温室气体排放总量到 2050 年至少减 50％。2022 年 11

---

① https://eur-lex.europa.eu/legal-content/EN/TXT/? uri = CELEX:52021PC0551(2023 年 7 月 8 日)。

月 1 日,国际海事组织《船舶温室气体减排初步战略》新规定正式生效,并已于 2023 年 1 月 1 日全面实施。该规定从技术和营运两方面同时提高船舶能效,形成了包括现有船舶能耗数据收集、船舶能效指数(EEXI),年度营运碳强度指标(CII)评级以及船舶能效管理计划(SEEMP)的温室气体减排短期措施。

(三) 建筑物行业

建筑物行业对于实现欧盟的能源和环境目标至关重要。建筑物大约占欧盟能源消耗的 40%,约占欧盟能源温室气体排放的 36%。因此,建筑物是欧洲最大的单一能源消耗体。目前,欧盟约 35% 的建筑已超过 50 年,近 75% 的建筑存量能源效率低下。[1]然而,每年只有约 1% 的建筑进行翻新。为了提高建筑物的能源性能,欧盟建立了一个立法框架,包括《建筑物能源性能指令》(2010/31/EU)[2]和《能源效率指令》(2012/27/EU)。[3]这两项指令均于 2018 年和 2019 年进行了修订,表明欧盟致力于通过技术改进和建筑翻新实现建筑行业现代化减碳。具体而言,欧盟建筑行业主要通过以下路径减少碳排放。

第一,修订《建筑物能源性能指令》(EPBD)。2021 年 12 月,欧盟委员会提议再次对《建筑物能源性能指令》进行修订。新提案提出所有新建筑应从 2028 年起实现零排放。到 2028 年,在技术上合适且经济上可行的情况下,所有新建筑都应配备太阳能技术,而正在进行重大翻新的住宅建筑必须在 2032 年之前符合要求;到 2030 年,住宅建筑必须至少达到 EPC-E 级能源性能,到 2033 年达到 D 级;非住宅和公共建筑必须分别到 2027 年和 2030 年达到 F 和 E 级。[4]能效等级详见图 4-3。

---

[1] https://www.europarl.europa.eu/news/en/press-room/20230206IPR72112/energy-performance-of-buildings-climate-neutrality-by-2050(2023 年 7 月 8 日)。

[2] https://eur-lex.europa.eu/legal-content/EN/ALL/; ELX _ SESSIONID = FZMjThLLzfxmmMCQGp2Y1s2d3TjwtD8QS3pqdkhXZbwqGwlgY9KN! 2064651424?uri = CELEX:32010L0031(2023 年 7 月 8 日)。

[3] https://eur-lex.europa.eu/legal-content/EN/TXT/? qid = 1399375464230&uri = CELEX:32012L0027(2023 年 7 月 8 日)。

[4] 能效证书(EPC)和供暖和制冷系统检查是有助于提高建筑物能效的重要工具,在《建筑能效指令》(2010/31/EU)中发挥着核心作用。建筑的评级介于 A(非常高效)—G(低效)之间,EPC 还将提供提高房屋能源评级的最具成本效益的方法。许多国家都使用能效证书。

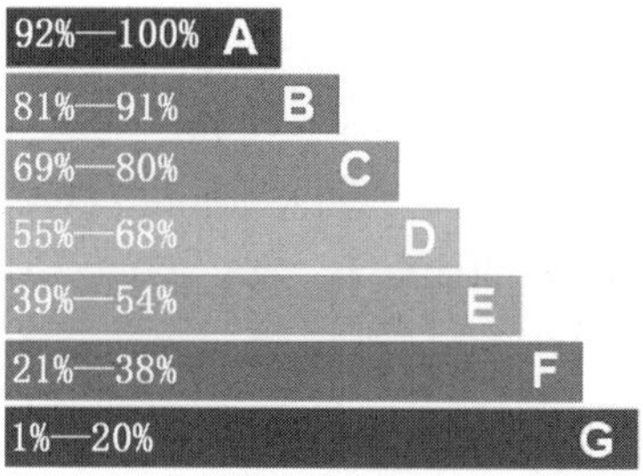

图 4-3　能效等级

资料来源：EU, energy efficiency, rating, https://d2xokewp4q7xcs.cloudfront.net/properties/1657895996_PDF_EPC.pdf(2023 年 7 月 8 日)。

新提案的主要措施包括：逐步引入最低能源性能标准，以启动对性能最差建筑的改造；制定新建筑的新标准和更雄心勃勃的建筑零排放愿景加强长期改造战略；提高能效证书的可靠性、质量和数字化程度；提高建筑物及其系统的现代化水平等。

第二，制定建筑物能源性能标准(EPB)。欧盟委员会制定了一套标准和随附的技术报告来支持《建筑物能源性能指令》。这些 EPB 标准由欧洲标准化委员会(CEN)管理。EPBD 中明确提到了五个 EPB 标准：ISO 52000-1 是首要的 EPB 标准，提供了 EPB 评估的总体框架，以整体方式评估新建和现有建筑的能源性能；ISO 52003-1 描述了 EPB 指标与 EPB 要求、EPB 评级之间的关系，并列出了建立 EPB 认证方案时要采取的不同步骤；ISO 52010-1 包含评估气候数据所需的程序，作为能源计算中许多元素的共同输入或边界条件；ISO 52016-1 提供了计算建筑物本身供暖和制冷的内部温度和能源需求的程序；ISO 52018-1 概述了在建筑物层面(建筑能源需求或建筑结构)启用特定 EPB 要求的指标选项。尽管 EPBD 不强制成员国应用 EPB 标准，但成员国需按照国家总体标准附件描述国家计算方法，这将提高各成员国对 EPB 标准集的认可度和推广度，并将对 EPBD 指令的实施产生积极影响。

第三，改善存量建筑的措施。《建筑物能源性能指令》还要求欧盟国家为新建筑、正在进行重大翻新的现有建筑以及供暖和制冷系统、屋顶或墙壁等建筑元素的更换或改造制定成本最优的性能要求。截至 2021 年，所有新建建筑都必须为近零能耗建筑(NZEB)。自 2019 年起，所有新建公共建筑都应为近零能耗建筑。出售或出租建筑物时，必须颁发能源性能证书，并制订供暖和空调系统的检查计划。此外，欧盟成员国必须至少对中央政府拥有和占用的建筑物总面积的 3% 进行节能改造。

第四,制定欧洲建筑产品标准。欧洲标准化委员会(CEN)、欧洲电工标准化委员会(CENELEC)积极制定统一的欧洲标准,规定建筑产品和材料的性能特征和评估方法,并提供必要的测试和/或它们的计算方法。主要措施包括:"结构性欧洲规范"(CEN/TC 250),它规定了建筑和土木工程结构和岩土工程设计规则的标准化。考虑到设计规则与所有主要材料、执行和控制的假设之间的关系,该规范同样适用于整个结构和结构(产品)的单个元素,广泛应用于全欧洲的建筑和土木工程行业。"建筑信息模型(BIM)"(CEN/TC 442),它制定了支持建筑行业数字化发展的标准,积极开发了一套结构化的标准、规范和报告,明确了定义、描述、交换、监控、记录和安全处理资产数据、语义和流程的具体方法,并链接到地理空间和其他外部数据。欧洲产品标准是统一标准的核心,是建筑行业所有利益相关者的重要工具。它们增强了内部市场,允许建筑产品在欧盟自由流动,并提高了该行业的竞争力。

(四) 汽车工业

公路货运是欧洲贸易和商业的基础,重型车辆占公路运输温室气体(GHG)排放量的四分之一多一点,占欧盟温室气体排放总量的 6% 左右。具体而言,欧盟汽车工业主要通过以下路径减少碳排放。

第一,汽车和货车的 CO_2 排放性能标准。汽车和货车("轻型商用车")分别占欧盟 CO_2 排放总量的 12% 和 2.5%。2020 年 1 月 1 日,《(EU) 2019/631 法规》正式生效,为汽车和货车制定了 CO_2 排放性能标准。2022 年 6 月,欧盟委员会就发布了《(EU) 2021/0197 法规》并更新了 CO_2 排放性能标准,欧盟理事会于 2023 年 3 月通过了修订后的法规。新法规设定了以下目标(图 4-4):与 2021 年的水平相比,从 2030 年到 2034 年,新车的 CO_2 排放量需减少 55%,新货车的 CO_2 排放量需减少 50%;从 2035 年起,新车和货车的 CO_2 排放量将减少 100%。此外,零排放和低排放车辆的监管激励机制(ZLEV)将于 2025 年到 2029 年底到位,即如果制造商在零排放和低排放车辆的销售方面达到某些基准,则可以获得较低的 CO_2 排放目标(汽车和货车的基准设定分别为 25% 和 17%)作为奖励。[1]

---

[1] 欧洲理事会网站,https://www.consilium.europa.eu/en/press/press-releases/2023/03/28/fit-for-55-council-adopts-regulation-on-co2-emissions-for-new-cars-and-vans/(2023 年 7 月 8 日)。

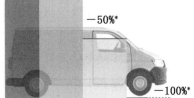

货车限值为147 g/km

—15%*

—50%*

汽车限值为95 g/km

—15%*

—55%*

—100%*

—100%*

2021—2024 2025—2029 2030—2034 2035年以后　　2021—2024 2025—2029 2030—2034 2035年以后

与2021年的目标相比较

图 4-4　预计新车和货车的 CO_2 排放量减少量

资料来源：European Council, Infographic-Fit for 55：why the EU is toughening CO_2 emission standards for cars and vans，https://www.consilium.europa.eu/en/infographics/fit-for-55-emissions-cars-and-vans/（2023 年 7 月 8 日）。

　　第二，提出卡车和公共汽车脱碳目标。2023 年 2 月 14 日，欧盟委员会公布了一项修订欧盟卡车、拖车和公共汽车 CO_2 标准的提案，以期到 2050 年减少碳排放并实现气候中和。[1]该提案设定了可实现的 CO_2 排放量减排目标，并打破目前的僵局，加速零排放转型。拟议的目标意义深远，到 2050 年卡车和公共汽车的排放量将显著减少。修订要求大多数新卡车的排放量在 2030 年减少 45％，在 2035 年减少 65％，在 2040 年减少 90％，要求零排放车辆的比例进一步升高。它还将受监管的车辆范围从欧洲重型车辆销量的 60％扩大到90％，设定了拖车的性能目标，并提出到 2030 年逐步淘汰内燃机巴士的销售。

　　第三，欧洲汽车协会呼吁采用整体方法使重型汽车行业脱碳。2023 年 2 月 9 日，欧洲汽车制造商协会（ACEA）[2]和供应商（CLEPA）[3]在一份联合声明中，呼吁建立一个循序渐进的监管框架，为汽车行业碳成功转型创造合适的市场条件。[4]

① 欧洲议会网站，https://www.europarl.europa.eu/news/en/press-room/20230210IPR74715/fit-for-55-zero-co2-emissions-for-new-cars-and-vans-in-2035（2023 年 7 月 8 日）。

② 欧洲汽车制造商协会（ACEA）代表欧洲主要的欧洲汽车、货车、卡车和公共汽车制造商。包括宝马集团、法拉利、福特、本田汽车、现代汽车、捷豹路虎、梅赛德斯奔驰等。

③ CLEPA 是总部位于布鲁塞尔的欧洲汽车供应商协会，代表 3 000 多家公司，为跨国公司及中小企业的安全、智能和可持续出行提供最先进的组件和创新技术，每年投资超过 300 亿欧元在研发方面。欧洲的汽车供应商在欧盟直接雇用了 170 万人。

④ CLEPA, Industry calls for holistic approach to decarbonising heavy-duty sector, ACEA（February 9，2023），https://www.acea.auto/files/ACEA-CLEPA_joint-statement-Industry-calls-for-holistic-approach-to-decarbonising-heavy-duty-sector.pdf.

协会建议在修订的重型车辆(HDV CO_2)目标中,考虑到关键有利条件方面持续存在的重大不确定性,欧盟委员会应设定一个确定的 2030 年、2035 年和 2040 年目标,同时确保在适当的时候再次评估审查这些目标,其中,充电站和加油基础设施的部署尤为重要。

三、企业碳责任管理

欧盟行业中的各大企业,在绿色转型中同样扮演了重要的角色,企业的碳责任管理对于实现零碳目标至关重要。欧盟拥有完善的 ESG 信息披露法律框架(企业可持续发展报告、可持续金融披露条例和欧盟分类法),使得公众能够通过公开渠道获取企业的 ESG 信息。

(一) 企业可持续发展报告

2023 年 1 月 5 日,《企业可持续发展报告指令》(CSRD)正式生效,替代了《非财务报告指令》(NFRD)。[①]CSRD 成为欧盟 ESG 信息披露核心法规,也让欧洲成为全球 ESG 投资的领跑者。与 NFRD 相比,CSRD 的创新之处在于:第一,适用主体范围的扩大。所有大型企业和上市公司(小微企业除外)都需要披露 ESG 报告。第二,ESG 报告需进行鉴证。CSRD 正式引入了独立鉴证机制,要求企业聘请审计师或其他独立机构对 ESG 报告进行鉴证。第三,具体细化了企业应报告的 ESG 信息,并应适用欧盟可持续发展报告标准(ESRS)。

(二) 可持续金融披露条例

2021 年 3 月 10 日,《可持续金融披露条例》(SFDR)正式实施。该条例旨在提高金融产品可持续性方面的信息披露和透明度,使机构投资者和个人能够了解、比较和监测不同金融产品和企业的可持续性,从而将私人投资真正导向可持续性发展,并且在这一过程中打击"漂绿"行为,以及确保欧盟内部有一个公平的竞争环境。

SFDR 将产品分为三类:第一,浅绿产品:含推动环境或社会因素的产品。

---

① 欧盟委员会网站,https://finance.ec.europa.eu/capital-markets-union-and-financial-markets/company-reporting-and-auditing/company-reporting/corporate-sustainability-reporting_en(2023 年 7 月 8 日)。

第二,深绿产品:以可持续投资为目标的产品。第三,普通产品:不以任何 ESG
因素为主要投资目标的普通产品("第 6 条"产品)。所有类型产品均需要进行
招募说明书披露、年报季报等定期信息披露和网站信息披露。以上要求中,企
业层面和产品宣传文件信息披露于 2021 年 3 月 10 日起实行,产品定期报告
和部分网站信息披露将在 RTS 生效后逐步开始实行。[①]

第三节　碳交易与碳信用管理

欧盟碳排放交易体系是欧盟应对气候变化政策的基石,也是有效减少温
室气体排放的关键工具。它是世界上第一个主要碳市场,并且仍然是最大的
碳市场。欧盟碳排放交易体系建立在《京都议定书》的基础上,建立欧盟碳排
放交易体系的最终目标是通过交易系统以最低成本节能减排,最终实现《联合
国气候变化框架公约》的目标。

一、碳交易市场特征

(一) 碳交易市场概况

2005 年 1 月 1 日,全球首个跨国且超大规模的欧盟碳排放权交易体系
(EU Emissions Trading System,EU ETS) 正式建立。欧盟碳排放权交易体
系一直是世界上参与国最多、规模最大、最成熟的碳排放权交易市场。"Fit for
55"一揽子计划修订和更新欧盟碳排放权交易体系,2022 年 6 月,理事会就
ETS 修订达成一致,下一步将与欧洲议会进行谈判。2023 年 4 月 18 日,欧洲
议会议员投票通过了碳排放交易体系修订法案。修订内容包括:到 2030 年,
EU ETS 覆盖的所有部门温室气体排放量须比 2005 年的水平减少 62%;从
2026 年到 2034 年将逐步取消对公司的免费配额发放;并为道路运输燃料和建
筑创建了一个单独的新交易体系(ETS II),将在 2027 年为这些行业的温室气
体排放定价。

自建立以来,欧盟碳排放体系走过了四个交易期(表 4-4)。英国脱欧之

---

① 2021 年 2 月,欧洲监管机构(ESA)发布了 SFDR 的监管技术标准(RTS)。RTS 主要规定了投资
公司及其产品和服务在 SFDR 规定下的金融公司、管理者和产品层面的披露内容、方法论和产
品介绍。

后,已经于 2021 年退出 EU ETS,实施单独的碳交易机制。

表 4-4　欧盟碳排放体系交易期

阶　段	时　间	特　点	内　容
第一阶段	2005—2007	1. 试运行; 2. 自下而上分配,欧盟成员国制定各自限额(NAPs); 3. 配额主要为免费发放; 4. 超排 1 公吨 CO_2 处罚 40 欧元	只覆盖来自发电厂和能源密集型工业的二氧化碳排放
第二阶段	2008—2012	1. 配额排放上限降低(较 2005 年低 6.5%); 2. 自下而上分配,欧盟成员国制定各自限额(NAPs); 3. 免费配额发放比例削减至 90%,部分采用拍卖; 4. 超排 1 公吨 CO_2 处罚 100 欧元	3 个国家新加入体系:冰岛、挪威和列支敦士登
第三阶段	2013—2020	1. 总量控制,排放上限在 2008—2012 年配额总量年均分配基础上每年以线性系数 1.74% 递减; 2. 逐渐以拍卖取代免费发放,2013 年拍卖比例约 50%	纳入碳捕集和封存设施、石化化工产品生产、有色和黑色金属冶炼等公司
第四阶段	2021—2030	1. 总量控制,配额总量发放上限将从逐年减少 1.74% 变为减少 2.2%,并于 2024 年起配额上限减少幅度会更大; 2. 欧盟碳市场于 2019 年初建立了市场稳定储备(MSR),来平衡市场供需,应对未来可能出现的市场冲击	从 2023 年起对欧盟港口内部、抵达、出发的船舶计算二氧化碳排放量

资料来源:作者自制。

(二) 碳交易市场参与主体与机构

欧盟碳排放交易体系的参与主体和机构包括交易主体、核查机构、服务机构。

交易主体。在欧盟碳排放交易体系的运行过程里,企业作为交易者主要参与配额分配(配额拍卖形成的一级市场)和配额交易(EUA、CER 及相关金融衍生品形成的二级市场)两个环节,碳配额现货定价以一级市场成交价为基准,二级市场中衍生品成交量远高于现货成交量(表 4-5)。欧盟委员会对不同环节参与者的要求有所区别。

核查机构。每年三月底,运营商都会确定上一年度其设施的温室气体排放量,该数据首先由国家认可的验证机构(例如 SG 集团、法国国际检验集团、德国莱茵 TUV 集团等)进行验证,这些公司在碳交易体系中主要负责对温室气体排放、温室气体减排项目提供审核查证服务,然后转发给联盟登记处(Union Registry)[①],以准确核算欧盟排放交易体系下发放的所有配额。

服务机构。欧盟碳交易体系中的服务机构主要包括清算服务机构、技术服务机构、金融服务机构。清算机构主要包括洲际交易所、欧洲环境交易所,负责对现货交易和期货交易进行清算,交割买卖双方的 EUA。技术服务机构主要是为参与碳交易的企业提供减碳技术咨询、交易咨询、战略咨询、管理咨询等服务。金融服务机构主要是提供碳金融服务,包括绿色贷款、碳交易咨询等服务。

表 4-5　一级市场和二级市场

一级市场	欧盟碳交易系统(EU ETS)以拍卖或免费发放的形式向市场投放欧盟碳配额(EUA)及欧盟航空业碳配额(EUAA),拍卖价格为碳配额现货的基准价格,EU ETS 通过拍卖的方式控制碳配额总量的供给。EU ETS 第四阶段自 2026 年起不再发放免费的碳配额,2030 年碳配额上限计划控制在 13 亿吨
二级市场	各参与方出于风险管理或投机的目的,在交易所进行碳产品现货及衍生品交易。EU ETS 自 2021 年进入第四阶段,数据显示,2021 年 2 月至 2021 年 7 月期间,碳现货主要交易所欧洲能源交易所(EEX)累计成交 692 万吨 EUA,碳期货主要交易所伦敦洲际交易所(ICE)累计成交 47 亿吨 EUA 期货

资料来源:作者自制。

(三) 碳交易所

截至目前,欧盟碳交易体系的交易场所主要包括洲际交易所(ICE)和欧洲能源交易所(EEX)。早期,欧盟碳交易体系的交易场所还包括欧洲气候交易所(ECX)、欧洲环境交易所(BlueNext)、北欧电力交易所(Nordpool)等,经历多年发展后,欧盟最终形成了洲际交易所和欧洲能源交易所并行的格局。

ICE 成立于 2000 年,在 2010 年时将 ECX 的业务并入自身,形成了欧洲最大的能源期货交易所。其服务范围包括衍生品交易、场外交易、清算服务、数

---

① 联盟登记处是一个在线数据库,保存固定装置(从 2012 年之前使用的国家登记处转移)和飞机运营商(自 2012 年 1 月起纳入欧盟排放交易体系)的账户。

据服务。目前,ICE 在碳交易方面的产品主要包括一级市场的碳排放配额拍卖,二级市场的 EUA、EUAA 期货等相关金融衍生品。此外,ICE 还提供北美洲地区的碳交易服务,如加州碳配额、美国区域减排计划碳配额以及碳配额相关的金融衍生品。

EEX 成立于 2002 年,由莱比锡能源交易所和法兰克福欧洲能源交易所合并而成,目前是欧洲核心能源交易所之一。EEX 服务范围与 ICE 类似,但是较 ICE 多了现货交易,因此 EEX 的交易产品包括一级市场的碳排放配额拍卖,二级市场的 EUA 和 EUAA 现货、EUA 和 EUAA 期货等金融衍生品,其中以现货交易为主。此外,EEX 还与北京绿色交易所、广州碳排放权交易所、上海环境能源交易所达成了战略合作伙伴关系,欧盟也与我国共同探索碳排放权交易市场的建设。

(四) 交易规则

总量设定和配额分配制度。欧盟碳交易市场是一个对范围内履约企业实行绝对总量控制的市场。欧盟将决定碳排放配额总量的权利赋予各成员国,各成员国制订国家分配方案,决定本国区域内纳入 EU ETS 企业的碳排放配额总量,并提交欧洲委员会批准。即由各个成员国选取碳排放量较大的企业设置总量控制目标,相当于各成员国将其总量控制目标拆分成两个部分,第一部分分给纳入 EU ETS 改革的履约企业,第二部分由成员国政府进行管理。

履约和考核制度。第二交易期时,欧盟要求各成员国对在 EU ETS 内的企业履约情况实施年度考核,规定履约企业每年须在规定时间内提交上年度第三方机构核实的排放量及等额的排放配额总量,否则视为未完成。未完成的企业将面临成员国政府处罚,处罚主要包括三个方面:第一,经济处罚,对每吨超额排放量罚款 100 欧元;第二,公布违法者名单;第三,要求违约企业在下年度补足本年度超排额等量的碳排放配额。此外,第三交易期时,欧盟新增了对成员国政府违约行为的处罚,要求违约的成员国政府须在下年度补交超额排放量的 1.08 倍配额数量。

配额登记记录机制。第二阶段时,为了有效监管碳市场交易,欧盟各成员国均建立了各自的国家注册登记系统,旨在追踪和记录碳配额交易。同时,欧盟层面则建立了独立交易日志(CITL),既实现了与各成员国国家登记系统连接,又与联合国国际独立交易日志相连接。在第三阶段,为了控制和统一交易记录标准和保证体系安全,欧盟建立了统一的欧盟注册登记系统(UR)及相应的欧盟交易日志(EUTL),取消了原有的国家登记系统。由欧盟交易日志负责各成员国开设账户的维护工作,及配额的发放、转让、清除等工作(图 4-5、4-6)。

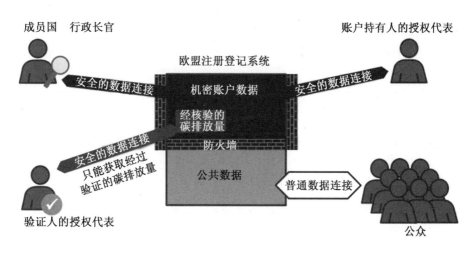

图 4-5　欧盟注册表运作流程

资料来源:European Commission,EU ETS Handbook,https://climate.ec.europa.eu/system/files/2017-03/ets_handbook_en.pdf(2023 年 7 月 8 日)。

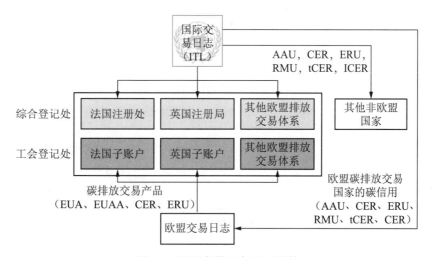

图 4-6　国际交易日志(ITL)结构

资料来源:European Commission,EU ETS Handbook,https://climate.ec.europa.eu/system/files/2017-03/ets_handbook_en.pdf(2023 年 7 月 8 日)。

(五) 交易流程

洲际交易所(ICE)和欧洲能源交易所(EEX)交易流程为:开立账户、产品交易和交易清算。在开立账户时,两个交易所均实行会员制,要求参与碳交易的主体开立账户,并每年提交会员费。一些大型企业,如 BP、壳牌等企业很早就取得了交易所的会员资格。同时,一些体量相对较小、企业内部碳管理制度不完善的企业为了降低成本,通过银行和经纪人以"订单传递"的方式参与到碳交易中,自己不作为会员来参与交易,避免了缴纳会员费;在交易清算中,ICE 和 ECC(EEX 的清算机构)作为中央清算机构进行服务,一方面将卖方的配额划转至自身账户,另一方面将等量配额划转至买方账户,降低了交易主体面临的风险。

值得注意的是,尽管两个交易所的产品结构和交易流程较为一致,但还是存在一定区别。在一级市场上,ICE 主要对英国碳配额进行拍卖,EEX 对欧盟碳排放配额、德国碳排放配额、波兰碳排放配额进行拍卖。在二级市场上,ICE 主要开展 EUA 期货等金融衍生品的交易,EEX 则是 EUA 现货、期货均有交易,但是以现货为主。

(六) 碳价格

2022 年,全球碳市场总交易规模已达到 8 650 亿欧元。其中,欧盟的碳市场交易规模目前位居全球首位,欧盟的碳交易额达 7 514.59 亿欧元,占全球总

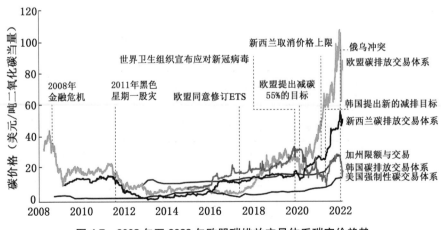

图 4-7　2008 年至 2022 年欧盟碳排放交易体系碳定价趋势

资料来源:worldbank, State and Trends of Carbon Pricing 2022, https://openknowledge.world-bank.org/entities/publication/a1abead2-de91-5992-bb7a-73d8aaaf767f(2023 年 7 月 8 日)。

图 4-8　2022 年 1 月至 2023 年 4 月,欧盟碳排放交易体系碳定价趋势

资料来源:statista, European Union Emission Trading System (EU-ETS) carbon pricing from January 2022 to June 2023, https://www.statista.com/statistics/1322214/carbon-prices-european-union-emission-trading-scheme/(2023 年 7 月 6 日)。

量的 87%[1](图 4-7)。[2]2023 年以来,能源价格尤其是天然气价格下跌,欧洲经济增长前景回暖,经济复苏推动碳配额需求量增长,促使欧盟碳价连续上扬。2023 年 2 月 21 日,欧盟碳排放价格首次突破 100 欧元/吨[3](图 4-8)。

二、碳交易信用管理

(一) 碳信用评级

欧盟碳交易市场活跃,与金融业快速融合,投资银行、对冲基金、私募基金、证券公司等金融机构以及私人投资者竞相加入碳交易,碳排放管理成为欧洲金融服务业中发展最为迅速的业务之一,并提出了将碳交易产品纳入信用评级的必要性,也展示了其可行性。2008 年 6 月 25 日,全球首家独立的碳减排信用评级机构"碳评级机构"(Carbon Rating Agency)在英国伦敦证券交易

---

[1]　https://www.refinitiv.com/perspectives/market-insights/global-carbon-market-value-hits-new-record/(2023 年 7 月 8 日)。

[2]　https://openknowledge.worldbank.org/handle/10986/37455(2023 年 7 月 8 日)。

[3]　https://www.ft.com/content/7a0dd553-fa5b-4a58-81d1-e500f8ce3d2a(2023 年 7 月 8 日)。

所正式启动。该机构为参加清洁发展机制(CDM)、联合履行(JI)和自愿市场的企业和项目提供详细的信用评级服务,内容主要涉及项目框架、实施环境、参与方和项目自身情况。"碳评级机构"通常通过四个步骤开展评级工作。第一,收集整合相关企业或项目的信息并录入数据库,这些信息在后续分析中将用于生成评估工作所需要的参数。第二,采用具体的数据分析方法,分别开展针对项目注册风险的评估和项目取得减排绩效所面临主要风险的识别。第三,在此基础上开展对企业或项目的评估,形成评级。第四,发布最终的评级结果。

道琼斯可持续发展指数(The Dow Jones Sustainability Indexes,DJSI)于1999 年推出,是首个追踪全球领先的可持续发展驱动型公司财务绩效的指数。全球第一大指数公司标普全球已于 2019 年底宣布收购瑞士资产管理公司 RobecoSAM 的 ESG 评级业务,即 DJSI 年度企业可持续发展评估(Corporate Sustainability Assessment,简称 CSA)。标普每年定期邀请目标企业填写问卷,涵盖经济、环境、社会等多项议题,结合问卷采用 CSA 方法论和媒体与利益相关方分析(Media and Stakeholder Analysis,MSA)开展评价。可以用三个词汇概括道琼斯可持续发展指数:聚焦头部、影响广泛、权威性高。

(二) 欧盟碳信用额度的取消

碳信用(carbon credit),指在经过联合国或联合国认可的减排组织认证的条件下,国家或企业以增加能源使用效率、减少污染或减少开发等方式减少碳排放,因此得到可以进入碳交易市场的碳排放计量单位。碳信用是一个基于"污染者付费"而产生的概念,是向那些导致全球变暖的温室气体排放的国家颁发的证书,是可交易的温室气体排放许可证的通用术语,代表排放一吨二氧化碳的权利。《京都议定书》正式确立了碳信用体系,发展中国家可通过清洁发展机制(CDM)获得"碳信用额度",发达国家与发展中国家可通过这一项目实现"碳交易",用于抵消在《京都议定书》中承诺的碳排放指标。

欧盟碳市场对于国际碳信用的限制措施是分阶段调整的,且截至 2023 年4 月,EU ETS 内已不允许使用国际碳信用抵消机制。在 2005—2007 年,EU ETS 仅以质量标准限制国际减排指标的使用;2008 年以后,EU ETS 开始逐步设立针对不同行业控排实体使用的数量限制标准;2021—2030 年,欧盟禁止

CDM 和 JI 等国际碳信用在 EU ETS 内的使用。[①]

三、碳交易市场监管

为应对气候变化和控制温室气体催生了碳交易体系,同时形成了碳交易市场。碳交易市场作为一种特殊的新兴市场,兼具环保市场、能源市场和金融市场的特点,这些特性导致各国政府需要对该市场进行严格的监管,以防止市场滥用、价格操纵、市场欺骗等现象,保障温室气体减排行为和市场行为健康发展。

(一) 监管机构

金融监管机构。碳交易市场属于金融市场及能源市场的一部分,也受金融市场和能源市场管理机构的监管。2008 年金融危机后,欧盟加速金融监管改革进程,现已形成了完备的欧洲金融监管体系(ESFS),具体监管机构包括欧洲系统性风险委员会(ESRB)、欧盟银行业管理局(EBA)、欧盟证券市场管理局(ESMA)、欧盟保险和职业养老金监管局(EIOPA)以及联合委员会(Joint Committee)。

欧盟成员国的监管机构。通常为各国的环保和金融管制机构。例如,德国碳交易市场的管理机构包括:一是德国排放交易管理局(DEHSt),负责分配排放配额、对德国排放配额的拍卖过程进行监督以及评估年度排放报告等。二是监测、报告及和核查制度的公共/私营机构以及金融管理机构。

(二) 风险管理

为了更好地监督碳交易行为和防止市场滥用和其他市场不正当行为的发生,2014 年 6 月 12 日,欧盟理事会和欧洲议会共同通过了对《金融市场工具指令》(MiFID)和《反市场滥用指令》(2003/6/EC)的修订案,旨在将碳市场纳入透明和严格的金融监管范畴中。根据现有规则,监管机构可以综合性的、跨界的在碳市场中对市场滥用和违规行为进行监管,将高标准的市场透明和投资者保护制度适用于碳市场监管过程中,确保 EU-ETS 构建指令(Directive

---

① https://climate.ec.europa.eu/eu-action/eu-emissions-trading-system-eu-ets/use-international-credits_en(2023 年 7 月 8 日)。

2003/87/EC)、碳配额拍卖条例和金融市场监管立法的连续性,使得市场参与主体能够在统一的市场监管下,进入一级市场和二级市场,以及现货市场和衍生品市场。

同时,欧盟委员会委托欧盟证券市场管理局(ESMA)对碳排放配额交易进行分析。2022 年 3 月 28 日,ESMA 发布了《欧盟碳市场交易》的最终报告,根据报告,ESMA 认为欧盟碳市场稳定运作,目前并未存在任何异常。[1] ESMA 还对欧盟的碳市场提出了多项建议,以提高市场透明度和监管力度。例如,应跟踪 MiFIR 监管报告中的交易链明细、应为 ESMA 进入一级交易市场提供途径等。

第四节　碳管理政策

世界各国日益重视绿色低碳发展,将应对气候变化行动纳入社会经济发展的主流,欧盟通过财政、税收、金融、低碳创新技术和碳资产管理五个政策维度,促进整个社会经济向高能效、低能耗和低碳的模式转型。

一、碳管理财政政策

实现气候、环境和社会可持续发展的目标,需要大量的私人和公共投资。欧盟及其成员国是世界上最大的公共气候融资提供者之一,仅 2021 年就提供了 230.4 亿欧元。欧盟已在 EU budget for 2021—2027 和 Recovery instrument Next Generation EU 中获得了超过 5 500 亿欧元的资金用于气候转型,拍卖 ETS 的碳配额所获得的部分收入也将用于气候行动(图 4-9)。[2]除此之外,欧盟还通过"不让任何人掉队"[3]"促进创新和研发""保护环境"和"超越欧盟"四个主题项下的一系列基金和行动计划为实现气候中和过渡提供资金。

---

[1] https://www.esma.europa.eu/press-news/esma-news/esma-publishes-its-final-report-eu-carbon-market(2023 年 7 月 8 日)。

[2] 欧盟委员会网站,https://commission.europa.eu/business-economy-euro/economic-recovery/recovery-and-resilience-facility_en(2023 年 7 月 8 日)。

[3] 不让任何人掉队(LNOB)是 2030 年可持续发展议程及其可持续发展目标(SDG)的核心变革承诺。它代表了所有联合国会员国对消除一切形式的贫困,结束歧视和排斥,减少使人们落后并破坏个人和全人类潜力的不平等和脆弱性的明确承诺。

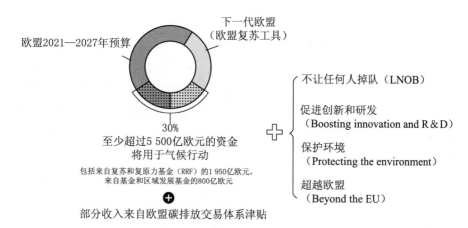

图 4-9　欧盟碳管理财政政策框架

资料来源:作者自制。

(一) 不让任何人掉队(LNOB)

1. 社会气候基金(Social Climate Fund)

作为"Fit for 55"立法方案下 EU ETS 修订的一部分,欧盟委员会提议将碳排放交易扩展至建筑和道路运输部门,但这些部门的碳排放将不包含在现有的 EU ETS 中,而是包含在一个全新的、独立的碳排放交易系统中。为了降低弱势家庭、小微企业和运输用户的成本,欧盟委员会提议建立社会气候基金。该基金将在 2026 年至 2032 年,向成员国提供高达 650 亿欧元的资金,以提高建筑物能效和供暖水平,整合可再生能源,并提供更佳的零排放和低排放的运输工具。2023 年 4 月 25 日,欧盟理事会投票通过了社会气候基金。①

2. 公正过渡机制(Just Transition Mechanism,JTM)

公正过渡机制是《欧洲绿色协议》的一项关键行动计划,其目的是确保碳密集型产业以公平的方式向气候中性经济过渡。该机制提供了有针对性的支持,将帮助受影响最大的领域筹集至少 550 亿欧元资金。公正过渡机制包括 3 个主要的筹资来源:公正过渡基金、投资欧洲的公正过渡计划、欧洲投资银行的贷款机制。

---

① 欧盟理事会网站,https://www.consilium.europa.eu/en/press/press-releases/2023/04/25/fit-for-55-council-adopts-key-pieces-of-legislation-delivering-on-2030-climate-targets/(2023 年 7 月 8 日)。

（1）公正过渡基金（Just Transition Fund，JTF）

公正过渡基金是 JTM 的第一筹资来源。公正过渡基金是欧盟减少地区差异和稳定欧盟能源结构变化的主要工具。该基金将动员超过 250 亿欧元的投资用于以下领域：第一，对中小企业的生产和新公司的创建进行投资；第二，研发、数字创新和互联互通；第三，清洁和可再生能源；第四，加强循环经济和恢复土地；第五，工人和求职者的再培训；第六，教育和社会包容性的活动。

（2）投资欧洲的公正过渡计划（Just Transition Scheme within Invest EU）

投资欧洲的公正过渡计划是 JTM 的第二筹资来源。它将在 Invest EU 基金下实施。[1]这意味着 Invest EU 可以在领土公正过渡计划（TJTP）框架内投资更多的项目，例如能源和交通基础设施项目、天然气基础设施和区域供热项目、脱碳项目、经济多元化和社会基础设施项目。[2]投资欧洲的公正过渡计划可在受影响最严重的地区动员高达 150 亿欧元的资金。欧盟委员会将为实施伙伴提供预算保证，以支持获得 TJTP 批准的项目发起人获得资金。

（3）欧洲投资银行（EIB）的贷款机制

公共部门贷款机制是公正过渡机制的第三大支柱。它将结合欧盟预算提供的 15 亿欧元赠款和欧洲投资银行（EIB）提供的 100 亿欧元贷款，动员 25 亿至 300 亿欧元的公共投资。该机制将专门针对公共实体，为无法产生足够的自有资源流以进行商业融资的项目提供资金支持。具体项目包括：对公共基础设施的投资，例如能源和交通领域、区域供热网络、能源效率（包括建筑物翻新）以及社会基础设施，但不包括对化石燃料相关投资的支持。

3. 现代化基金（Modernisation Fund）

现代化基金是《欧洲绿色协议》的重要组成部分，旨在通过帮助实现能源系统现代化和提高能源效率。2021 年至 2030 年间，约 480 亿欧元分配给 10 个低收入成员国实现 2030 年能源目标，现代化基金通过拍卖 EU ETS 下的碳

---

① Invest EU 基金提供的担保是与选定的金融合作伙伴或"实施合作伙伴"合作实施的。主要合作伙伴为欧洲投资银行和欧洲投资基金，负责执行 75% 的欧盟担保。2022 年 3 月与 EIB 集团签署担保协议，企业和项目发起人可以启动根据 Invest EU 授权申请融资。

② "领土公正过渡计划"（The territorial just transition plans）旨在帮助四个关键地区：北莱茵-威斯特法伦州、勃兰登堡、萨克森和萨克森安哈尔特，向气候中和过渡。

配额获得资金。具体针对以下领域投资：再生能源、能源效率、储能、能源网络和碳依赖地区的公正转型。

为了获得融资，受益成员国必须满足以下条件：第一，证明该投资符合ETS指令和实施条例中规定的现代化基金要求；第二，在其现代化基金账户上有足够的可用资金；①第三，提供投资建议符合国家援助规则的证据；第四，确认投资符合欧盟和国家法律的任何其他适用要求；第五，确认不存在与另一联盟或国家对相同成本的双重资助。②

（二）促进创新和研发(Boosting innovation and R&D)

创新基金是世界上最大的创新低碳技术示范资助计划之一。创新基金通过拍卖 EU ETS 碳配额获得资金，根据碳价（按 75 欧元/吨 CO_2 计算），创新基金将在 2020 年至 2030 年期间提供约 380 亿欧元，用于支持创新低碳技术的商业发展，旨在为市场提供工业脱碳解决方案并支持欧洲向气候中和过渡。创新基金具体包括以下领域（图 4-10）：第一，能源密集型行业的创新低碳技术

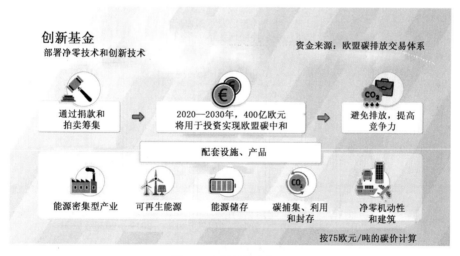

图 4-10　创新基金框架

资料来源：European Commission, What is the Innovation Fund? https://climate.ec.europa.eu/eu-action/funding-climate-action/innovation-fund/what-innovation-fund_en(2023 年 7 月 6 日)。

---

① 10 个低收入欧盟成员国包括：保加利亚、拉脱维亚、克罗地亚、立陶宛、捷克共和国、波兰、爱沙尼亚、罗马尼亚、匈牙利和斯洛伐克。
② https://modernisationfund.eu/(2023 年 7 月 8 日)。

和工艺(包括替代碳密集型产品的产品);第二,可再生能源;第三,储能;第四,碳捕集、利用和封存(CCUS)建设与运营。①

(三) 保护环境(Protecting the environment)

LIFE 环境和气候行动计划(LIFE programme for the environment and climate action)于 1992 年启动,是欧盟环境和气候资金的先锋之一。②LIFE 环境和气候行动计划旨在通过资助具有欧洲附加值的项目,为欧盟环境和气候政策以及立法的实施、修订和完善做出贡献。新的 LIFE 环境和气候行动计划,将在 2021 年至 2027 年期间拨款 55 亿欧元,用于支持以下项目和行动:第一,自然与生物多样性;第二,循环经济与生活质量;第三,减缓和适应气候变化;第四,清洁能源转型。

(四) 超越欧盟(Beyond the EU)

气候变化不止步于国界,也不错过任何一国。对内而言,欧盟通过制定雄心勃勃的气候中和目标,在气候行动方面树立了榜样。由于欧盟的碳排放量

图 4-11 欧洲对气候融资的贡献(单位:10 亿欧元)

资料来源:European Council, Infographic-Europe's contribution to climate finance (€ bn), https://www.consilium.europa.eu/en/infographics/climate-finance/(2023 年 7 月 8 日)。

---

① 欧盟委员会网站,https://climate.ec.europa.eu/eu-action/funding-climate-action/innovation-fund/what-innovation-fund_en(2023 年 7 月 8 日)。

② 欧盟委员会网站,https://www.efsa.europa.eu/en/funding/programmes/life-programme-environment-and-climate-action(2023 年 7 月 8 日)。

仅占全球排放量的 8%,并且其份额正在逐步下降,仅靠雄心勃勃的内部政策是不够的。对外而言,欧盟与全球伙伴合作,加强国际社会对气候的参与,推进国际努力和倡议。欧盟一直处于气候政策国际协议的前沿,例如,《巴黎协定》的实施需要大量财政资源,发达国家承诺每年动员 1 000 亿美元(约合 840 亿欧元)支持发展中国家绿色转型。2021 年,欧盟支出 230.4 亿欧元用于帮助发展中国家减少碳排放,并帮助其提高抵御气候变化影响的能力(图 4-11)。①

二、碳管理税收政策

(一) 能源税

税收占欧盟各地消费者为能源支付的终端价格的很大一部分,并且可能对消费和投资模式、消耗的能源类型及其使用产生巨大影响。欧盟各成员国在不同能源上有着不同的税率,例如在家庭和工业用途之间,不同能源、柴油和其他运输燃料之间存在重大差异,并且税率与能源含量或外部性几乎没有关系。能源税可以通过鼓励向更清洁的能源和更绿色的工业过渡来帮助欧盟实现其气候和环境目标。在"Fit for 55"一揽子计划的框架内,欧盟计划修订现有的《能源税指令(ETD)》(2003/96/EC),以使能源产品税收与欧盟当前的能源和气候政策保持一致。②拟议的 ETD 修订案将侧重于两个主要领域:税率结构和扩大税基。

在能源税征收范围方面,逐步取消欧盟在航空业、航运业对化石燃料的免税政策,将海运、航空、渔船、家庭供暖、电力供应所使用的化石燃料重新纳入课税范围,并设定最低税率;同时,允许对汽车燃料、取暖燃料和电力征收不同的最低税率,推广环保能源的使用。如传统化石燃料在用作汽车燃料时,将采用较高费率(即 10.75 欧元/GJ)进行征税;在电力行业各个应用领域中使用先进的可持续生物质燃料和非生物质的可再生燃料(如绿氢),可按照最低的最低费率(即 0.15 欧元/GJ)进行征税。拟议的 ETD 修订案有利于推广环保能源的使用,减免税政策的取消还有助于减少各国能源税竞争的有害影响,为企业带来更多的法律确定性,降低合规成本。

---

① 欧盟理事会网站,https://www.consilium.europa.eu/en/infographics/climate-finance/(2023 年 7 月 8 日)。
② 欧盟理事会网站,https://www.consilium.europa.eu/en/infographics/fit-for-55-energy-taxation/(2023 年 7 月 8 日)。

（二）碳关税

气候变化是一个全球性问题，需要全球性的解决方案。欧盟拥有世界上最大的碳定价系统，即碳排放交易系统 EU ETS。EU ETS 可以激励行业脱碳，但也存在"碳泄漏"的巨大风险，即总部设在欧盟的公司可能会将碳密集型生产转移到国外，或者欧盟产品可能被碳密集度更高的进口产品所取代，"碳泄露"将严重破坏欧盟和全球气候努力。2019 年 7 月，欧盟首次在进出口贸易中增加碳边界调节机制（亦称"碳关税"，简称 CBAM），用以平衡国内产品和进口产品之间的碳价格。CBAM 是欧盟"Fit for 55"减排计划的核心部分之一，旨在对来自碳排放限制相对宽松国家和地区的进口商品征收边境碳税，包括铝、钢铁、水泥、肥料、电力和氢气等，以使让欧洲工业产品更加绿色化，符合欧盟气候标准。

2021 年 7 月 14 日，欧盟委员会正式公布《欧盟关于建立碳边境调节机制的立法提案》，正式启动立法进程。①2022 年 3 月 15 日，CBAM 在欧盟理事会获得通过。2022 年 12 月 13 日，欧盟理事会和欧洲议会就实施新的 CBAM 达成政治协议。2023 年 4 月 18 日，欧洲议会议员投票通过了包括 CBAM 法案。②2023 年 4 月 25 日，欧盟理事会投票通过了 CBAM 法案，标志着 CBAM 正式走完了整个立法程序。2023 年 5 月 16 日，CBAM 法规案文在《欧盟官方公报》上公布，正式成为欧盟法律，并于 5 月 17 日生效。CBAM 于 2023 年 10 月 1 日在过渡阶段生效，在 2027 年全面生效，欧洲将成为全球首个推出碳边境税的区域。

CBAM 在实践中与 ETS 共同协作，CBAM 依赖于进口商购买证书，证书的价格将根据 ETS 配额的每周平均拍卖价格计算，货物进口商必须单独或通过代表在国家当局注册，并购买 CBAM 证书。国家主管部门将授权申报人在 CBAM 系统中注册，以及审查和验证申报，国家主管部门还将负责向进口商出售 CBAM 证书。为了将 CBAM 涵盖的商品进口到欧盟，货物进口商必须在每年 5 月 31 日之前申报上一年进口到欧盟的商品数量和这些商品隐含的碳排放量。同时，货物进口商必须交出提前从当局购买的 CBAM 证书。通过确保进口商支付与欧盟排放交易体系下的国内生产商相同的碳价格，CBAM 将确保欧盟制造的产品和从其他地方进口的产品受到平等对

---

① 欧盟委员会网站，https://taxation-customs.ec.europa.eu/green-taxation-0/carbon-border-adjust-ment-mechanism_en（2023 年 7 月 8 日）。

② 欧洲议会网站，https://www.europarl.europa.eu/doceo/document/TA-9-2023-0098_EN.pdf（2023 年 7 月 8 日）。

待，并避免碳泄漏(图 4-12)。

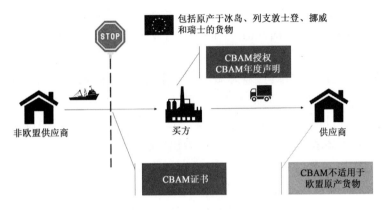

图 4-12　CBAM 流程

资料来源：CLIMATALK，European Union：Carbon Border Adjustment Mechanism，https://climatalk.org/2021/09/27/european-union-carbon-border-adjustment-mechanism/(2023 年 7 月 8 日)。

三、碳管理金融政策

在欧盟的政策背景下，可持续金融被理解为支持长期经济增长，同时减少环境压力并考虑社会和治理方面的金融。当涉及可能对金融体系产生影响的 ESG 因素相关风险时，可持续金融还包括透明度，以及通过对金融和企业参与者进行适当治理来缓解此类风险。具体而言，环境方面的考虑包括减缓和适应气候变化，以及更广泛的环境，例如保护生物多样性、污染预防和循环经济；社会方面的考虑包括平等性、包容性、劳资关系、人力资本和社区投资以及人权问题；治理方面的考虑包括公共和私营机构、管理结构、员工关系和高管薪酬。

(一)《欧盟可持续活动分类法》(EU Taxonomy)

全球绿色和可持续金融市场在过去几年取得了长足发展。2020 年 7 月 12 日，《欧盟可持续活动分类法》(简称《欧盟分类法》)正式生效，该法案是推动资金流向应对气候变化和可持续项目的关键。①欧盟分类法为投资者创造安全，保护私人投资者免遭洗绿，帮助公司变得更加气候友好，缓解市场分化，并

---

① 欧盟委员会网站，https://finance.ec.europa.eu/sustainable-finance/tools-and-standards/eu-taxonomy-sustainable-activities_en(2023 年 7 月 8 日)。

帮助将投资转移到最需要的地方。2022 年 3 月 9 日,欧盟委员会通过了一项补充法案——《欧盟分类法:补充气候授权法案以加速脱碳》,在严格的条件下将特定的核能和天然气能源活动纳入《欧盟分类法》涵盖的经济活动清单,该补充法案于 2023 年 1 月起适用。[①]

《欧盟分类法》对"绿色"概念做出了基本定义,它描述了什么可以被认为是"绿色"的,什么不能,从而通过定义筛选、确定对环境可持续的活动清单。基于该定义,可持续的经济活动必须满足以下三个标准:第一,对欧盟分类法中列出的六个环境目标中的至少一个做出"实质性贡献"(substantial contribution);第二,对任何其他五个环境目标"不造成重大损害"(do no significant harm);第三,遵守"最低保障措施",即符合一系列国际基本人权和劳工的标准,包含但不仅限于《经合组织跨国企业准则》《联合国工商企业与人权指导原则》、国际劳工组织的工作基本权利和原则、八项 ILO 核心公约以及《国际人权法案》的宣言。作为全球首个官方性质的可持续活动分类,《欧盟分类法》为各个国家和地区,以及国际性的金融合作经济组织制定可持续经济活动分类提供了参考依据,如表 4-6 所示。

表 4-6 《欧盟分类法》

适用主体	欧盟及其成员国	欧盟 27 个成员国
		1. 当制定金融产品法规时,必须采用此种分类方法 2. 欧盟及其成员国参考了绿色金融产品或绿色(公司)债券的分类标准或标签
	金融市场参与者 (FMPs)	在欧盟,具有养老金和资产管理、保险以及企业和投资银行产品的金融市场参与者需要与该分类法保持一致
		1. 分类法是如何用于评估投资的 2. 该投资的环境目标是什么 3. 与分类法一致的投资在整个产品中的比例是怎样的
	大公司	大型公共利益公司在发布非财务报表时,需要与分类法保持一致
		1. 大型公益类公司参考分类法:必须确定分类法对齐营业额的比例 2. 符合分类法的资本支出和运营支出

---

① 欧盟委员会网站,https://finance.ec.europa.eu/publications/eu-taxonomy-complementary-climate-delegated-act-accelerate-decarbonisation_en(2023 年 7 月 8 日)。

续表

环境目标	1. 减缓气候变化	相关技术标准已制定,2022 年 1 月 1 日起,要求进行披露
	2. 适应气候变化	
	3. 水和海洋资源的可持续利用和保护	相关技术标准正在制定,2023 年 1 月 1 日起,要求进行披露
	4. 向循环经济转变	
	5. 污染防治	
	6. 生物多样性和生态系统的保护和恢复	

资料来源:作者自制。

(二) 欧盟绿色债券(EU Green Bonds)

1. 下一代欧盟绿色债券(Next Generation EU Green Bonds)

下一代欧盟绿色债券是欧盟在新冠肺炎疫情的背景下,为促进经济复苏和发展制订的计划,其全部资金由欧盟直接从金融市场发债筹集。[①]2021 年 10 月,欧盟委员会着手发行第一只下一代欧盟绿色债券,通过这张 15 年的债券,欧盟委员会筹集了约 120 亿欧元,这将使欧盟委员会成为世界上最大的绿色债券发行人。

针对下一代欧盟绿色债券的发行,欧盟委员会根据既定的市场惯例,制定了下一代欧盟绿色债券框架,该框架围绕四个主要支柱建立,具体包括:第一,所得款项的使用。这些资金将用于九大类支出,包括能源效率、清洁能源和适应气候变化等。第二,支出评估和选择过程。这些投资将根据复苏计划中 37% 的气候支出来确定,复苏计划的支出路线图是下一代欧盟恢复工具的核心。第三,收益管理。欧盟委员会将跟踪相关支出。第四,报告。欧盟委员会将使用两种类型的报告来显示资金的使用情况(分配报告)和取得的成果(影响报告)。2022 年底,欧盟委员会发布了第一份分配报告。[②]整体而言,该框架符合国际资本市场协会(ICMA)的绿色债券原则,这是国际绿色债券认定的主

---

① 欧盟委员会网站, https://commission. europa. eu/strategy-and-policy/eu-budget/eu-borrower-investor-relations/nextgenerationeu-green-bonds _ en # importance-of-nextgenerationeu-green-bonds (2023 年 7 月 8 日)。

② 欧盟委员会网站, https://commission. europa. eu/system/files/2022-12/SWD _ 2022 _ 442 _ F1 _ STAFF_WORKING_PAPER_EN_V4_P1_2417689.PDF(2023 年 7 月 8 日)。

要标准。根据该标准做法,它已由第二方意见提供者 Vigeo Eiris(穆迪 ESG 解决方案的一部分)进行了审查。

2. 绿色债券标准

(1) 欧盟标准

为应对广受诟病的"漂绿"(greenwashing)现象,2020 年 1 月 14 日,欧盟委员会在《欧洲绿色交易投资计划》(*The European Green Deal Investment Plan*)中宣布将建立欧盟绿色债券标准(European Green Bond Standard, GBS)以维护绿债市场。①新标准将与国际现有的绿色债券市场标准兼容,但其总体目标是创建一个"黄金标准",使得其他市场标准能够与之趋合。新的绿债标准旨在充当绿色债券自愿性黄金标准,遵循该标准将使得发债机构更容易为气候与环境友好型投资筹集大规模资金,同时保护投资者免受漂绿行为困扰。GBS 是自愿性标准,但它向所有欧盟和非欧盟的债券发行人开放,包括企业、主权国家、金融机构以及担保债券和资产支持证券等。

2023 年 2 月 28 日,欧盟议会和欧盟理事会就 GBS 达成政治协议,这些规则将使投资者能够识别高质量的绿色债券和公司,从而减少"洗绿"现象或夸大的环保声明。使用这套绿色债券标准的公司必须符合欧盟关于可持续项目的分类标准或指南。不过,在分类标准框架完全建立和运行前,欧洲议会允许将绿色债券收益的 15% 投资于规则尚未覆盖的活动。此外,所有选择在营销绿色债券时使用该标准的公司将被要求披露许多关于债券收益如何使用的信息。

(2) 国际标准

国际绿色债券认定标准主要有两套标准。一是国际资本市场协会(International Capital Market Association, ICMA)于 2014 年 1 月 31 日发布的《绿色债券原则》(*Green Bond Principles*,GBP);二是气候债券倡议组织(Climate Bond Initiative, CBI)于 2019 年 12 月 11 日发布的最新的气候债券标准 V3.0。该版本基于绿色金融市场利益相关方的反馈,对现有的 CBI 气候债券标准 V2.1 做出更新升级。

《绿色债券原则》并未界定具体的绿色债券是什么,而是规定任何将募集资金用于绿色项目(包括项目、资产或产业)并具备其提出的四个核心要素

---

① 欧盟委员会网站,https://ec.europa.eu/commission/presscorner/detail/en/fs_20_48(2023 年 7 月 8 日)。

(core components，又称四项原则)的债券都是绿色债券，为此总结了四种绿色债券结构，由此体现出一种开放的态度。绿色债券的四项原则为：原则一，募集资金用途。发行人应在募集说明书等法律文件中适当描述募集资金用途，确保所投资的绿色项目能够产生积极的环境效益，这种效益应可被评估并在可能的情况下被量化。原则二，项目评估和筛选流程。发行人应披露募集资金所投项目符合适格绿色债券标准的依据及其具体决策过程。原则三，募集资金管理。发行人应建立募集资金追溯管理制度，通过设立专门账户或以适当方式追溯募集资金的使用，并建立正式的内部流程验证相关资金被用于绿色项目的投资与运作。发行人可将闲置资金进行适当投资，但应向投资者披露。原则四，报告和披露。发行人应至少一年一次对外披露募集资金使用情况报告，内容应包括募集资金投向的绿色项目清单、项目的简要描述、募集资金的支出总额以及项目的预期影响。

　　气候债券标准 V3.0 下的气候债券认证将为发行人和投资者提供保证，确保绿色债券产品符合全球主要司法管辖区的监管要求，并符合《巴黎协定》将全球变暖控制在 2 ℃以内的目标。同时为投资者提供了一个平台，可以比较和分析来自任意国家的绿色债券产品，包括披露要求、气候影响和低碳证书。气候债券标准 V3.0 是对现有气候债券标准的一次重大升级，例如与国际框架接轨，包括拟议中的欧盟绿色债券标准。气候债券标准 V3.0 与最新版本的绿色债券原则(GBP)、绿色贷款原则、欧盟绿色债券标准(GBS)、东盟绿色债券标准、日本的绿色债券指引和印度的绿色债券披露及上市要求完全一致。①

四、低碳创新技术政策

(一) 地平线欧洲计划(Horizon Europe)

　　欧盟低碳科技创新政策自 1984 年以来已实施八期，2021 年 1 月正式实施第九期低碳创新计划——地平线欧洲(2021—2027)。地平线欧洲是迄今世界上最大的跨国研究和创新项目之一，旨在帮助欧盟站在全球研究与创新的前沿，发现和掌握新的、更多的知识和技术，强化卓越科学，促进经济增长、贸易

---

① https://cn.climatebonds.net/％E6％B0％94％E5％80％99％E5％80％BA％E5％88％B8％E6％A0％87％E5％87％86v30(2023 年 7 月 8 日)。

和投资,积极应对重大社会和环境挑战。[①]2021—2027 年,地平线欧洲的预算为 955 亿欧元,预算主要包括三大支柱:"卓越科学""全球挑战与欧洲产业竞争力"和"创新型欧洲",将惠及欧盟 27 个成员国和 10 多个国家的上万名科研人员,以及一些致力于应对人类健康、气候变化和数字革命等重大社会挑战的国际合作组织。

"全球挑战与欧洲产业竞争力"支柱中的"气候、能源和交通"板块预算约为 151.23 亿欧元,整合了"地平线 2020"社会挑战支柱中的气候、能源与交通三个板块。"气候、能源和交通"板块旨在应对气候变化,通过科学研究更好地理解气候变化的原因、演变、风险、影响和机遇,让能源和交通行业对气候和环境更友好、更高效、更智慧、更安全、更具竞争力、更富有弹性。具体适用领域包括:气候科学与解决方案,能源供给,能源系统与电网,建筑业和产业辅助设施的能源转型,社区与城市,交通运输行业,清洁、安全、便利的交通与运输,智能交通,能源存储,等等。

(二) 碳捕集、利用与封存技术(CCUS)

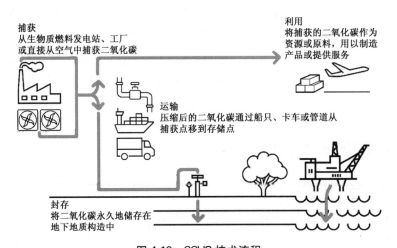

图 4-13　CCUS 技术流程

资料来源:European Commission, "Why do we need carbon capture, use and storage?" https://climate.ec.europa.eu/eu-action/carbon-capture-use-and-storage/overview_en(2023 年 7 月 8 日)。

---

① 欧盟委员会网站,https://research-and-innovation.ec.europa.eu/funding/funding-opportunities/funding-programmes-and-open-calls/horizon-europe_en(2023 年 7 月 8 日)。

　　2021 年 3 月 3 日,联合国欧盟经济委员会(UNECE)发布《碳捕集、利用与封存(CCUS)》(*Carbon Capture,Use and Storage*)报告,旨在向成员国介绍 CCUS 技术、帮助政策制定者评估 CCUS 技术的优势以及推动在经济转型期部署 CCUS 技术。报告称,到 2050 年,欧洲经委会的国家既需要将对化石燃料的依赖度从 80％以上减少到 50％左右,又要实现负碳排放。到 2050 年,欧洲经委会地区的国家需要减少或捕获至少 90 Gt 的 CO_2 排放量,以保证实现 2 ℃的目标。由于化石燃料对欧盟成员国仍具有重要影响,因此,实现碳中和需要部署 CCUS 技术(图 4-13),以减少碳排放。此外,欧盟对 CCS 和 CCUS 项目的支持力度很大,并通过地平线欧洲项目部和创新基金组织进行资金扶持。

参考文献

　　[1] https://eur-lex. europa. eu/legal-content/EN/TXT/? uri ＝ CELEX％ 3A02018R2067-20210101(2023 年 7 月 8 日)。

　　[2] 欧盟委员会网站,https://op. europa. eu/en/publication-detail/-/publication/68f4b4b9-0551-11ec-b5d3-01aa75ed71a1/language-en/format-PDF/source-225590230(2023 年 7 月 8 日)。

　　[3] 欧洲议会网站,https://www.europarl. europa. eu/thinktank/en/document/EPRS_BRI(2022)698900(2023 年 7 月 8 日)。

　　[4] https://www.icao.int/environmental-protection/CORSIA/Pages/CORSIA-Eligible-Fuels.aspx(2023 年 7 月 8 日)。

　　[5] 欧洲理事会网站,https://www. consilium. europa. eu/en/press/press-releases/2023/03/28/fit-for-55-council-adopts-regulation-on-co2-emissions-for-new-cars-and-vans/(2023 年 7 月 8 日)。

　　[6] CLEPA, Industry calls for holistic approach to decarbonising heavy-duty sector, ACEA(February 9, 2023), https://www. acea. auto/files/ACEA-CLEPA_joint-statement-Industry-calls-for-holistic-approach-to-decarbonising-heavy-duty-sector.pdf.

　　[7] European Parliament and the Council, corporate sustainability reporting, EURLEX(December 14, 2022), https://eur-lex. europa. eu/legal-content/EN/TXT/? uri ＝ CELEX：32022L2464.

　　[8] Elizabeth Zelljadt, Global carbon market value hits new record, REFINITIV(Feb. 16, 2023), https://www. refinitiv. com/perspectives/market-insights/global-carbon-market-value-hits-new-record/.

　　[9] World Bank, Publication：State and Trends of Carbon Pricing 2022, OKR(May 24, 2022), https://openknowledge. worldbank. org/entities/publication/a1abead2-de91-5992-bb7a-73d8aaaf767f.

［10］https：//www.ft.com/content/7a0dd553-fa5b-4a58-81d1-e500f8ce3d2a（2023 年 7 月 8 日）。

［11］Ian Tiseo，European Union Emission Trading System（EU-ETS）carbon pricing from January 2022 to April 2023，Statista（April 17，2023），https：//www.statista.com/sta-tistics/1322214/carbon-prices-european-union-emission-trading-scheme/.

［12］Directorate-General for Climate Action，EU Carbon Market Report：driving emis-sion reductions and enabling climate and energy investment，European Commission （December 14，2022），https：//climate.ec.europa.eu/news-your-voice/news/eu-carbon-mar-ket-report-driving-emission-reductions-and-enabling-climate-and-energy-investment-2022-12-14 _en.

［13］https：//www.esma.europa.eu/press-news/esma-news/esma-publishes-its-final-re-port-eu-carbon-market（2023 年 7 月 8 日）。

［14］https：//www.efsa.europa.eu/en/funding/programmes/life-programme-environment-and-climate-action（2023 年 7 月 8 日）。

［15］European Commission，COMMISSION STAFF WORKING DOCUMENT Next Generation EU Green Bonds Allocation Report，EU（December 16，2022），https：//commis-sion.europa.eu/system/files/2022-12/SWD_2022_442_F1_STAFF_WORKING_PAPER_ EN_V4_P1_2417689.PDF.

执笔：张梁雪子、彭峰（上海社会科学院法学研究所）

第五章　日本碳管理体系

作为世界经济强国的日本,也是一个能源消费大国和能源进口大国。由于对国外能源依赖较大,日本一方面大力布局国外能源资源开发,另一方面持续推进节能技术创新和产业结构调整,在能源利用效率方面位居世界前列。2020 年 10 月,日本宣布在 2050 年实现碳中和长期目标,并表明 2030 年的温室气体排放量拟较 2013 年减少 46％的中期目标。2021 年,日本的可再生能源发电占比首次超过 20％,但仍低于占比超过 40％的欧洲主要国家。严重依赖火力发电的局面仍在持续,应对碳中和的挑战,将给日本社会带来产业结构和经济社会的巨大变革。

第一节　碳管理体系建设的背景与进展

2020 年 10 月,日本菅义伟首相提出到 2050 年实现碳中和的方针。为了实现这一目标,日本经济产业省和环境省发挥了核心作用,经济产业省设立了一项高达 2 万亿日元(约合人民币 1 172.4 亿元)的基金以促进实现碳中和技术的开发。基金的扶持对象涵盖燃料氢和氨的实用化、碳回收等各种各样的主题。环境省一边致力于创造示范性地区和国民生活方式的转变,一边从创造碳中和需求的角度出发,推进政府和民间的共同努力。此外,碳交易机制、国内外碳税的相应举措也在探讨中。这些措施不仅影响到日本国内产业的发展,也将影响到日本的进出口贸易、投资以及国际合作的方向。

一、碳管理体系建设的背景

联合国环境规划署(UNEP)发布的《2021 年排放差距报告》显示,2019

年全球人为温室气体总排放量约为 581 亿吨,尽管在报告发布之时,尚无 2020 年全球温室气体总排放量的数据,但由于新型冠状病毒感染的蔓延,由化石燃料产生的二氧化碳排放量比上一年下降 5.4%。该报告预计 2021 年出现明显反弹,初步估计排放量将略低于 2019 年。报告还指出,尽管 2020 年排放量有所下降,但大气中的温室气体浓度仍在上升,因此需要快速、持续地减排,以应对气候变化。另一方面,2020 年日本的温室气体排放量(确定值)为 11 亿 5 000 万吨(换算成 CO_2),自 2014 年以来连续 7 年下降。其主要原因包括能源消耗的减少(节能等)、电力的低碳化(可再生能源扩大、重启核电站)等。此外,与上一年度的总排放量(12 亿 1 200 万吨 CO_2)相比,减少了 5.1%,其主要原因是,随着新型冠状病毒的感染扩大,能源消耗量减少。2020 年度森林等吸收源对二氧化碳的吸收量约为 4 450 万吨,减去森林等吸收源后,为 11 亿 600 万吨,与 2013 年度的总排放量(14 亿 900 万吨)相比,减少了 21.5%。

二、碳管理体系建设的进展

1997 年日本出台《关于促进新能源利用措施法》、2002 年发布《电力相关新能源利用的措施法实施令》,均是日本政府为实现节能减碳目标而采取的相关措施。同时,日本政府也出台了碳排放和经济方面的相关政策,如 2008 年 5 月发布《面向低碳社会的十二大行动》,以及 2009 年发布《绿色经济与社会变革》。2021 年 5 月,日本国会参议院正式通过了修订后的《全球变暖对策推进法》,首次将温室气体的减排目标写进法律,以法律的形式确定了到 2050 年实现碳中和的目标,并于 2022 年 4 月开始实施。根据这部新法,日本的各地方政府有义务与中央政府合作,设定利用可再生能源的具体目标,并对民间及企业的减排措施提供补给与奖励。

日本在 20 世纪 90 年代开始积极推进国家气候变化应对政策,逐渐建立起自己的碳排放管理体系。国家层面的碳交易市场主要由环境省和经济产业省推动,2 个部门所设立的系统各有侧重。环境省于 2005 年设立了日本第一个国内排放量交易制度——JVETS(Japan's voluntary emissions trading scheme,自主参加型国内排放量交易制度),目的是积累日本国内的排放量交易制度的知识与经验,并对温室气体排放量进行确实且有效率的削减。2008 年,环境省又推出了 J-VER(Japan-verified emission reduction,自身排出量用其他地方消减量来弥补的制度），通过应用节能设备，综合考虑林业的碳吸收，以及农业、畜牧业的各种减碳措施，对难以进行削减的碳排放部分进行抵消。经济产业省从 2005 年起就开始对中小型企业的减排措施进行认证与补贴，也在 2008 年建立了国内信用制度，通过大企业等提供的资金，推动中小企业的减排，并促进大企业达成自主指定的减排目标。2013 年，为消除国内信用制度与 J-VER 制度并存易导致混淆的情况，环境省、经济产业省联合农林水产省，共同制定了 J-Credit 制度，统一了国家层面的碳交易制度，共同推进减排措施，扩大日本的碳交易市场。日本作为制造业大国和煤炭消耗大国，经历了 GDP 和碳排放同步快速增长期，并在经济增速放缓后，在 2013 年实现碳达峰。2020 年日本出台了《2050 年碳中和绿色成长战略》，为日本低碳发展提供了法律依据，提出到 2050 年实现碳中和的目标，并在其中描述了相关行业的减排路线，为未来实现"零碳社会"指明道路。

自 2020 年 10 月日本政府发布 2050 年碳中和宣言以来，公布了各项战略、计划和法律法规。2020 年 12 月策定绿色成长战略，从产业政策、能源政策两方面，对期待成长的 14 个重要领域制订实施计划，在展示具体前景的同时推动企业的积极挑战。2021 年 4 月宣布 2030 年的温室气体排放量较 2013 年减少 46％的中期目标，并挑战削减达到 50％。2021 年 6 月，公布了《全球变暖对策推进法》（修正案）以及制定了地区脱碳线路图，以 2050 年碳中和为基本理念，以法律的形式法定化。该法设立了推进地区可再生能源事业的计划、认定制度，促进企业排放量的数字化、开放化、数据化。同年 10 月，日本内阁会议通过了《全球变暖对策计划》，提出到 2030 年要将温室气体排放量在 2013 年的基础上削减 46％，并挑战削减 50％的目标；此外，还制定了第 6 次能源基本计划，修改了巴黎协定下的长期战略，并制定了能源、交通运输、制造业、生活住宅等重点领域的减排规划，新能源、电动汽车、氨燃料和建筑节能等行业将迎来长期发展机遇。日本面临的主要挑战在于短期内难以摆脱对传统化石能源的依赖问题。日本宣布 2050 年实现碳中和的大事件时间进展计划如下所示（表 5-1）：

表 5-1　日本关于脱碳相关的法律、战略和计划等的进展

2020 年 10 月	日本宣布 2050 年实现碳中和
12 月	策定《绿色成长战略》

续表

2020 年 10 月	日本宣布 2050 年实现碳中和
2021 年 4 月	表明 2030 年排放的温室气体的目标,要比 2013 年削减 46%,并向削减 50%的高位挑战
6 月	1. 修改《绿色成长战略》 2. 制定《地区脱碳地图》 3. 公布修改后的《全球变暖对策推进法》
8 月	公布 IPCC,AR6 第 1 工作部报告《气候变化·自然科学的证据》
10 月	1. 修改《全球变暖对策计划》 2. 策定《第六次能源基本计划》 3. 修改以《巴黎协定》为基础的长期发展战略 4. 修改《气候变化适应计划》
11 月	COP26 开幕(10 月 31 日—11 月 13 日)
2022 年 2 月	1. 公布 IPCC,AR6 第 2 工作部报告《气候变动·影响·适应·脆弱性》 2. 向第 208 次国会提出地球温暖化对策推进法部分的修正案
4 月	公布 IPCC,AR6 第 3 工作部报告《气候变动·缓和策略》
2030 年	2030 年目标削减 46%,并向削减 50%的高位挑战
实现 2050 年碳中和	

资料来源:根据日本环境省公布信息汇总。

第二节　碳排放与碳责任管理

根据修改后的《全球变暖对策推进法》,从平成十八年(2006 年)4 月 1 日起,大量排放温室气体的人(特定排放者)有义务计算自己的温室气体排放量,并向政府相关部门报告。政府汇总并公布报告的信息。为了抑制温室气体排放,各经营者首先需要计算因自身活动而排放温室气体的量。由此可以制定和实施抑制排放的对策,检验对策的效果,随后制定和执行新的对策。日本的碳排放管理体系组织及实施机构包括中央管理机构、地方管理机构、行业管理机构。国家层面的碳管理机构主要为环境省和经济产业省,2 个部门各有侧重。日本的碳排放管理制度分为国内的碳排放量交易管理制度和国与国之间的国际碳排放管理的交易制度。

一、碳排放管理的体系与制度

（一）碳排放管理的体系

1. 国家管理机构

日本国家层面的碳管理机构主要由起司令塔作用的日本首相内阁直属的全球变暖对策推进本部、日本环境省和经济产业省组成，日本环境省内设立了中央环境审议会掌管环境基本计划、保护环境的重要事项的调查审议等。为了审议有关保护地球环境的重要事项，设置了地球环境部会。在中央环境审议会地球环境部会的小委员会中，与经济产业省合作，研究有助于成长战略的碳定价。

1997 年 12 月 19 日，为了综合推进全球变暖相关具体有效的对策，日本内阁会议决定设立"全球变暖对策推进本部"。2005 年 2 月 16 日，随着京都议定书的生效，全球变暖对策推进本部作为制定和推进全球变暖对策的机构，负责全球变暖对策相关法律的修改和实施。

此外，日本的经济产业省和环境省在碳管理中也发挥核心作用。2021年经济产业省与相关省厅合作制定了"2050 年碳中和绿色增长战略"。经济产业省表示通过一般的努力是无法实现 2050 年碳中和的，因此，需要最大可能加速能源、产业部门的结构转换，通过大胆投资、积极创新等举措来共同实现。在绿色增长战略中，从产业政策、能源政策两方面，对期待成长的14 个重要领域制订了实施计划。另一方面，日本环境省在致力于创造脱碳示范性新地区和推动国民生活方式转换等同时，从创造碳中和的需求角度出发，推进公众与政府共同努力实现 2050 年碳中和目标。为此，环境省制定了相关法律和脱碳路线图，如地区脱碳路线图和全球变暖对策推进法修正案。

2. 地方管理机构

根据《全球变暖对策计划》，日本各都道府县和市町村根据该区域的自然社会条件，努力制定并实施减少温室气体排放等综合且有计划的措施，被称为地方公共团体实行计划。以东京都为例，东京都的地方公共团体实行计划中，既有《零排放都厅行动计划》《东京都环境基本计划》，也有每个市町村的基本计划。2002 年东京都制定的《东京都环境基本计划》中，削弱"城市热岛"是其中最为重要的一项内容。东京采取了以下三种方法用于应对"城市热岛"。

(1) 削弱"城市热岛"。还原城市的绿化是一项重要的手段,为此东京都在 2002 年通过了《环境保护条例》,条例规定建筑面积超过 1 万平方米的建筑物,在建设申请阶段有义务提交与环保相关的计划书。2005 年 3 月以后更是追加了"削减热岛"的项目,规定 1 千平方米以上的建筑物无论是改造还是新建都必须保证 20% 以上的绿化面积。

(2) 导入新技术。在技术层面,用于降低建筑物表面温度的高反射率涂料的开发正在紧锣密鼓地进行。2004 年武藏野大学研制出了能使建筑物表层温度降低 15 度的纳米涂料,现在该涂料已经运用于市场。

(3) 建设城市风道。为使市区密集地带的热能得以迅速的散发,日本一些城市利用靠近海洋的有利条件,积极疏通城市的风道,使被污染的空气和热能得以快速释放。诸如在高层建筑的周围设置对应的绿地、在建筑群的上风处建设大型绿地公园,还有对河流周围的风向进行测量计算后再规划建筑配置等。

3. 行业管理机构

一般社团法人日本经济团体联合会(简称"经团联")及日本 115 个行业的业界团体,通过制定二氧化碳减排目标等的《低碳社会实行计划》,每年稳步推进应对全球变暖的对策。经团联及产业界自 1997 年制订自主行动计划后,持续实施应对全球变暖的措施。2012 年自主行动计划结束后,汇总了低碳社会实行计划,展示了日本产业界的进一步挑战。政府为了确保自主行动计划和低碳社会实行计划的实施,通过审议会进行评价和验证。各产业界策定的低碳社会实行计划都围绕着四点展开:(1)日本国内企业活动中排放的二氧化碳在 2020 年、2030 年的削减目标;(2)通过低碳产品、服务等支持其他部门削减碳排放;(3)推进向发展中国家的技术转移等国际贡献;(4)创新技术的开发、导入。

(二) 碳排放管理的制度

日本采用《温室气体排放量的计算·报告·公示制度》,根据修订后的《全球变暖对策推进法》,从 2018 年 4 月 1 日起,排放大量温室气体的人员(特定排放者)有义务计算自己温室气体的排放量并向国家报告,相关政府部门汇总和发布报告的信息(表 5-2)。

表 5-2 温室气体的类型和排放企业资格

温室气体的类型	资 格
能源衍生的二氧化碳	特定企业排放者 所有营业场所的总能耗为 1 500 kl/年或以上的企业 ●《合理使用能源法》规定的特定经营者 ●《节能法》规定的指定连锁经营者 ● 根据《节能法》认证的企业或所有事业所的总能耗在 1 500 kl 以上的经营相关企业 ● 除上述以外的所有营业场所的总能耗为 1 500 kl/年以上的企业 特定运输排放者 ●《合理使用能源法》规定的特定货运代理经营者 ● 节能法规定的特定客运经营者 ●《合理使用能源法》规定的特定航空运输经营者 ●《合理使用能源法》规定的特定托运人 ● 受《节能法》授权和监督的托运人或货物运输量为 3 000 万吨或以上的与管理相关的托运人 ● 根据《节能法》监督货运和客运业务经营者或总运输量为 300 辆或以上的与管理相关的货运和客运业务经营者的授权管理部门
除上述内容外温室气体	特定企业排放者 符合以下要求的企业 ● 所有事业所的每种温室气体的总排放量为 3 000 吨或更多的二氧化碳当量 ● 在任何给定时间使用整个业务的员工超过 21 人

资料来源：日本环境省《温室効果ガス排出量の算定・報告・公表制度》。

以下的企业活动需要计算其温室气体的排放量（表 5-3）：

对于符合要求的特许经营连锁店以及所有的加盟店，其活动也都被视为特许经营连锁店的经营活动。

表 5-3 需要计算温室气体排放量的企业

能源衍生的二氧化碳：
● 使用燃料
● 使用他处提供的电力
● 使用他处提供的热量

非能源衍生的二氧化碳：
● 原油或天然气的勘探钻井和生产
● 水泥生产
● 生石灰的生产
● 生产钠钙玻璃或钢

- 纯碱的生产
- 纯碱用途
- 氨的生产
- 碳化硅的生产
- 电石生产
- 乙烯的生产
- 电石乙炔的用途
- 使用电炉生产粗钢
- 干冰的使用
- 喷雾器的使用
- 使用废燃料焚烧或制造废物

甲烷：
- 在使用燃料燃烧的设施和设备中使用燃料
- 电炉用电
- 采煤
- 原油或天然气的勘探钻井和生产
- 原油精炼
- 城市燃气生产
- 炭黑等化学产品的制造
- 喂养牲畜
- 牲畜排泄物管理
- 米
- 农业废弃物焚烧
- 垃圾填埋场处理
- 工厂废水处理
- 污水、人类排泄物等的处理
- 使用废燃料焚烧或制造废物

全氟化碳：
- 铝的生产
- 全氟化碳的制造
- 全氟化碳在半导体元件等加工工艺中的干法蚀刻中的应用
- 全氟化碳在溶剂应用中的应用

三氟化氮：
- 生产三氟化氮
- NFs 在半导体元件加工过程中的干法蚀刻中的应用等

氢氟碳化物：
- 生产二氟氯甲烷
- 氢氟碳化物的生产
- 将氢氟碳化物纳入氢氟碳化合物封装产品(如家用电冰箱)的制造中
- 商用制冷空调设备开始使用时封装氢氟碳化合物

续表

- 商用制冷空调设备维护中氢氟碳化物的回收和封装
- 在处置家用电冰箱等氢氟碳化合物封装产品时回收氢氟碳化合物
- 在塑料生产中使用氢氟碳化合物作为发泡剂
- 在喷雾器和灭火剂制造中封装氢氯碳化合物
- 喷雾器的使用
- 氢氟碳化物在半导体元件等加工工艺中的千法蚀刻中的应用
- 氢氟碳化合物在溶剂应用中的应用

一氧化二氮：
- 在使用燃料燃烧的设施和设备中使用燃料
- 原油或天然气的勘探和生产
- 己二酸等化学产品的制造
- 麻醉剂的使用
- 牲畜排泄物管理
- 在耕地中使用肥料
- 用作耕地物残茬的肥料
- 农业废弃物焚烧
- 工厂废水处理
- 污水、人类排泄物等的处理
- 使用废燃料焚烧或制造废物

六氟化硫：
- 镁合金铸造
- 六氟化硫的制造
- 六氟化硫在变压器等电气机械和设备的制造和开始使用中的封装
- 使用变压器等电气机械和设备
- 在变压器等电气机械和设备检查中回收六氟化硫
- 在处置变压器等电气机械和设备时回收六氟化硫
- 六氟化硫在半导体元件等加工工艺的干法蚀刻中的应用

　　除了计算与用电相关的二氧化碳外，每个排放活动的计算方法与之前的计算方法相同。每种排放形式的计算方法都公布在网站上。当计算能源产生的二氧化碳排放量时，使用以下排放因子来更准确地计算排放量。

　　（1）如果使用的是电力公司提供的电力：基于政府公布的各电力公司的排放系数；

　　（2）使用电力公司以外的人供电时：基于实际测量值等的适当系数；

　　（3）如果无法根据（1）和（2）进行计算：日本环境省和经济产业省将公布相关系数（政府原则上公布所有电力公司的排放系数）。

　　特定企业的排放报告期限为每年 7 月的最后一天，特定运输企业的排放为每年 6 月的最后一天。不进行报告或在报告中作假，将被处罚最高 20 万日元的罚款。

二、重要行业的碳排放标准与管理

这里梳理日本重要行业的碳排放情况、排放标准以及排放管理方式。需要关注的是电力部门，这是日本碳排放量最大的部门，近年来排放占比始终维持在40%上下，其碳排放变化趋势和日本整体排放走势高度一致（表5-4、5-5）。电力部门在2013年实现了碳达峰，而制造业和运输业分别在1996年和2001年达到历史排放峰值。[①]

（一）制造业碳排放

2020年制造业产生的二氧化碳排放量达3亿5600万吨二氧化碳，日本的制造业中来自能源的二氧化碳的排放量在2008—2009年度大幅减少，2010年度以后连续4年增加。2014年度以后连续7年减少，2020年度比上年减少8.1%，比2013年度减少23.3%。与2019年和2013年度相比，来源于焦炭、电力的排放量有了大幅度的降低。

1. 行业碳排放标准

根据日本2021年修改后的《全球变暖对策计划》，到2030年，日本制造业温室气体排放量不得超过2.89亿吨二氧化碳，削减率达到38%以上，比修改前的计划高出7%。

表 5-4 主要行业温室气体的排放量·吸收量

温室气体排放量·吸收量 （单位：亿吨二氧化碳）		2013 年 排放成绩	2030 年 排放量	削减率	之前的目标
		14.08	7.60	▲46%	▲26%
从能源衍生的二氧化碳		12.35	6.77	▲45%	▲25%
各个部门	产业	4.63	2.89	▲38%	▲7%
	业务其他	2.38	1.16	▲51%	▲40%
	家庭	2.08	0.70	▲66%	▲39%
	运输	2.24	1.46	▲35%	▲27%
	能源转换	1.06	0.56	▲47%	▲27%

---

① 2020年日本各行业二氧化碳排放量，见 https://www.jccca.org/download/65477。

续表

温室气体排放量·吸收量 （单位：亿吨二氧化碳）	2013 年 排放成绩	2030 年 排放量	削减率	之前的目标
非能源衍生的二氧化碳、 一氧化二氮、甲烷	1.34	1.15	▲14%	▲8%
HFC 等 4 种气体（氟碳化合物）	0.39	0.22	▲44%	▲25%
吸收源	—	▲0.48	—	（▲0.37 吨二氧化碳）
两国间信用制度（JCM）	2030 年之前通过官民合作累计削减 1 亿吨二氧化碳的国际排放量·吸 收量			—

2. 行业管理政策

（1）经团联的碳中和行动计划

根据 2022 年日本经团联碳中和行动计划，在制造业中，为彻底减少二氧化碳而采取了一系列措施。尤其在钢铁行业，其排放二氧化碳占日本二氧化碳总排放量的 12.4%。因此，钢铁业需要为 2050 年实现碳中和做出贡献，实现零碳钢，目前正在努力推进 COURSE50 项目，包括富氢还原和高炉煤气中二氧化碳捕集回收两项主要技术。前者是以焦炉煤气和水的重整技术为基础，采用新型焦化技术生产高强度、高反应性焦炭；后者是基于一种利用废热的高效二氧化碳吸收技术。在氢还原炼铁过程中，用氢气代替部分焦炭，可以减少高炉冶炼过程中的二氧化碳排放。

在化学行业，通过显化"化学"的潜力，解决全球规模的课题，为可持续社会发展做出贡献，原料炭被用于实现基本循环（二氧化碳的原料化、生物质原料利用、废弃塑料利用等）、实现节能的技术革新（膜分离过程等）等。

在电子、电机行业中，从"技术开发""共创/协创""复原力"的角度出发，通过各公司在多领域解决气候变化、能源限制的社会课题，推动下一代节能、脱碳，鼓励技术创新（分散电源＋下一代蓄电池、智能电网、CCUS、水电解氢制造、功率半导体、快速充电、无线充电等）以及高度信息利用解决方案（自动驾驶支援系统、按需交通系统、智能工厂、按需制造、物流系统、高精度气象观测等）。

（2）低碳社会实施计划

日本产业界自 1997 年制订经团联环境自主行动计划以来，自愿且长期持续采取应对全球变暖的对策。2013 年起，从环境自主行动计划过渡到低碳社会实施计划,展现日本产业界对全球变暖对策的进一步挑战。此外,2015 年发表了面向 2030 年低碳社会实施计划的第二阶段内容,继续通过自主努力减少二氧化碳排放。计划强调,不仅在产品的制造阶段,而且通过包括原材料供应、运输、使用阶段等在内的整个价值链来减少二氧化碳的排放。在国内外推广有助于减少二氧化碳的低碳产品和服务,是产业界应对全球变暖的重要举措。为使产业界利用自身优势,在减排方面做出进一步的贡献,实施定量评价,将其贡献"可视化"显得尤为重要。

(二) 运输行业碳排放[①]

2020 年度日本二氧化碳排放量为 10 亿 4 400 万吨,运输部门的排放量 (1 亿 8 500 万吨)占 17.7%。汽车整体排放占运输部门的 87.6%(日本整体排放的 15.5%),其中旅客汽车排放占运输部门的 48.4%(日本整体排放的 8.6%),货运汽车排放占运输部门的 39.2%(日本整体排放的 6.9%)。

1. 行业碳排放标准

根据日本 2021 年修改后的《全球变暖对策计划》,到 2030 年,日本运输行业温室气体排放量不得超过 1.46 亿吨二氧化碳,削减率达到 35% 以上,比修改前的计划高出 8%。

2. 行业管理政策

2001 年以后运输行业的排放量有下降的趋势,为了使其减排成果更加稳定,国土交通省正在推进道路交通对策、物流效率化、促进利用公共交通等综合对策。

(1) 经团联的碳中和行动计划

在运输部门的相关方面,显示了移动、运输中碳中和的举措。汽车行业致力于电动车(HV、PHV、EV、FCV 等)的普及和氢社会的实现(FC 移动性的扩大等)等。海运业界不仅需要船舶,还需要应对新燃料、燃料供给设施等运输链的整体情况,并致力于通过碳回收甲烷、氨、氢等新燃料转变为零排放船。航空业界将致力于引进新型器材、改善航运方式、引进和扩大可持续航空燃料(Sustainable Aviation Fuel,SAF)的使用。在铁路行业中,为了在从"制造"到"使用"的所有阶段中将二氧化碳排放量实际减少为零,加速可再生能源电源的开发、推进和导入,实现供求一体的"能源管理"。

---

① 日本国土交通省交通运输相关统计资料,见 http://www.mlit.go.jp/k-toukei/index.html。

（2）针对汽车的对策

由于汽车部门占了运输部门能源消耗的大部分，作为针对汽车的对策，日本产业界希望通过世界最高水平的油耗技术进一步改善油耗性能。正在推进汽车和清洁能源汽车的普及等对策和措施。具体而言，根据节能法制定油耗标准，要求汽车制造商等达到标准，加快普及油耗性能高的下一代汽车。另外，日本主导制定与下一代汽车相关的国际标准，有望发展电动汽车和燃料电池汽车等电动化技术，提高本国汽车的安全、环境性能，以及国际竞争力。此外，还设置了以下一代汽车为对象的税制优惠制度，根据环境性能实施减免汽车重量税的环保车减税等措施。此外，促进环境可持续的交通（EST），为了减少旅客运输领域的二氧化碳排放量，抑制对私家轿车的过度依赖，鼓励使用公共交通等的措施十分重要。在采取这些举措时，必须以地区为主体，携手相关人员共同推进以应对各地区的具体情况。

（3）物流的效率化

通过货主和物流企业的协作，推进可持续的物流体制，构建绿色物流伙伴关系。为了促进物流体系整体的全球化，强化货主和物流企业的合作，扩大生产、提高性能、构建可持续的物流体系等相关举措是很重要的应对全球变暖的对策。

（4）鼓励地区公共交通

随着很多地区人口的减少，利用公交车等公共交通出行的服务需求降低，出现了公共交通的经营恶化、司机短缺等严峻状况。此外，老年人驾照的返还数量逐年增加，确保交通出行的灵活便利成为重要的课题。考虑到这种情况，2020 年 11 月，日本政府对《地区公共交通活性化再生法》进行了部分修改，以能够细致应对地区移动需要的市町村等为中心，通过地区公共交通的总体规划（地区公共交通计划）改善现有的公共交通服务，同时在人口稀少地区开展私家车有偿旅客运输、校车、福利运输等地区运输方式，最大限度地促进资源利用。

（三）能源转换部门的碳排放

能源转换部门是将煤炭、原油、天然气等一次能源转换为电力、天然气、柴油、重油等二次能源的部门，该部门的减排非常重要。这一部门排放削减方法主要是将能源转化为二氧化碳排放量较少的燃料和提高能源效率两种。

日本以煤炭和天然气发电为主，近些年两者发电量占比稳定在 70％左右。油电在 2012 年达到发电峰值后,在日本减少对石油依赖的政策导向下,占比持续下滑至目前的 5%。清洁能源中,2011 年之前核电占比保持在 25% 的高位,随着核反应堆大规模关闭一度降至 0,近两年陆续重启后开始回升;除水核电外的其他可再生能源(太阳能、风能、潮汐能等)发展迅速,在新能源政策的促进下,2019 年发电规模已上升至 2013 年的 2 倍,占比也提升至 15%。

1. 行业碳排放标准

日本经济产业省表示将敦促电力行业继续努力提高电力行业的自主框架,提高实效性和透明度,促进更多的公司加入此框架,同时在 2030 年为实现二氧化碳排放系数 0.37 kg/kWh 的目标而努力。

2. 行业管理政策

根据节能法,要求电力公司对新设的发电设备,以发电设备为单位,满足发电效率的标准。另外,对于现有的发电设备,要求以发电业者为单位,满足发电业绩的效率标准。此外,为了稳步实施 2030 年计划,淘汰低效率煤炭火力发电,对于拥有煤炭火力发电设备的电力公司,以最先进的 USC(超超临界)相当的发电效率(企业单位)为基准。届时,关于氢、氨等,承认这些物质在计算发电效率时混合烧分的扣除,促进面向脱碳化的技术导入。

根据高度化法案,对零售电力企业销售的电力,要求非化石电源占据一定基准以上的比例。此外,考虑到 2030 年之后,日本将根据《能源基本计划》和《基于巴黎协定作为成长战略的长期战略》(2021 年 10 月 22 日内阁会议决定)等进行 CCS 的计划。在引入发电设备时,表明将通过竞争,不断促进有助于实现脱碳化的发电技术的进步,在电力发电行业中维持和提高技术优势,提高日本的国际竞争力和加速世界的脱碳化进程,并考虑今后发电技术的方向,促进采用 BAT 的发电技术。

三、企业的碳责任管理

日本企业整体的能源使用量(原油换算值)为 1 500 kl/年以上,被指定为特定企业或特定连锁化企业的与指定企业的认定方式相同,被认定为管理统筹的企业以及被指定为能源管理指定的工厂、事业单位等需要完成以下义务和目标(表 5-5、5-6)。

表 5-5　日本企业需要履行的义务

年度能源使用量 （原油换算值:kl）	1 500 kl/年以上	未满 1 500 kl/年
企业的区分	特定经营者、特定连锁经营者及认证管理综合经营者 （与管理相关经营者）	—
企业的义务｜负责企业	能源管理负责人以及能源管理企划推进人	—
企业的义务｜需要提交的文件	能源使用状况申报书（仅指定时） 能源管理综合经营者等的选解任申报书（仅选解任时） 定期报告书（每年）及中长期计划书（原则上每年）	—
企业的义务｜需要处理的事项	判断标准实践措施（设定管理标准、实施节能措施等） 指导方针中规定的实际措施（转换燃料、运行时间的变更等）	
经营者的目标	中长期来看每年平均 1% 以上的能源消费原单位或电力需求均衡 化评价原单位	
行政检查	应对指导、建议、征收报告、企业检查、合理化制定	回应指导 和建议

表 5-6　能源管理指定工厂等的义务

年度能源使用量 （原油换算值:kl）	3 000 kl/年以上	1 500 kl/年— 3 000 kl/年	1 500 kl/ 年以下
指定区分	第一种 能源管理指定工厂等	第二种 能源管理指定工厂等	无指定
经营者的区分	第一种特定经营者	第二种特定经营者	—
行业	制造业等 5 种行业（矿业、制造 业、电力供给业、天然气供给业、 热供给业）	全行业	全行业
负责人	能源管理负责人	能源管理负责人	—
应当提出的文件	定期报告书（需要填入指定表）		—

四、碳信息披露制度

日本的碳信息披露制度分为日本政府出台的相关指南以及国际公认可持续信息披露标准的碳信息披露制度。自 2001 年开始，日本环境省出台了多项环境披露相关指南。其中包括《环境报告指南》《环境会计指南》《商业机构环境绩效》等,其中最为重要的披露指南为《环境报告指南》。此外,日本环境监管的相关法律也规定企业在环境方面的信息披露要求。例如,《全球变暖对策推进法》要求某类企业经营者披露有关温室气体排放的信息。

日本政府主要参考的国际标准包括 CDP(Carbon Disclosure Project)和TCFD(Task Force on Climate-Related Finance Disclosures)建议的气候变化披露框架等。CDP 成立于 2000 年,总部位于英国,每年都会要求世界上的大企业公开碳排放信息及为气候变化所采取措施的细节,已发展成为碳排放披露方法论和企业流程的经典标准。碳排放披露项目为全球市场提供了重要的气候变化数据,众多发达国家的组织都开始通过碳排放披露项目对其温室气体排放和气候变化战略进行测量和披露,以设立减排目标并不断改进其绩效表现。此外,日本政府在鼓励企业采纳 TCFD 方面一直发挥积极作用。TCFD 框架目前已成为日本监管框架的一部分。2017 年 12 月,日本交易所集团(Japan Exchange Group, JPX)加入了旨在促进各证券交易所可持续发展的联合国可持续证券交易所倡议(UNSSE),并成立了可持续发展委员会以支持TCFD 框架的落地。TCFD 财团(TCFD Consortium)于 2020 年 7 月编制了《TCFD 指引 2.0》继续促进 TCFD 建议的实施。2021 年,JPX 和 TSE 出版了《ESG 披露实用手册》,明确支持在日本实施 TCFD,该手册同时介绍了其他国际标准,如 SASB、GRI、IIRC 等。为帮助企业实践《ESG 披露实用手册》,JPX 于 2020 年 11 月推出了 ESG 知识中心,上市公司可在该平台上找到由机构投资者、监管机构、日本政府等多个相关方提供的有关 ESG 披露的信息和指导。

第三节　碳交易与碳信用管理

2021 年 2 月开始,日本经济产业省设立了"为了实现全球碳中和的经济方法的研究会",作为实现"有助于成长的碳定价"这一目标的具体方向。首先,以 2050 年碳中和为目标的企业,根据国家指导方针设定二氧化碳减排目标,并通过碳信用交易等方式实现减排。其次,建立国际通用碳信用市场,满足企业在本国内能够采购到国际通用的碳信用额度。在此背景下,东京证券交易所受经济产业省委托开展"碳信用市场技术实证等业务",于 2022 年 9 月在东京证券交易所开设交易市场并启动实证项目。

一、碳交易市场概况

当前,日本国内并未形成统一的碳市场,大部分地区仍在实行自愿碳市场制度。2010 年 4 月,世界上第一个城市级的强制排放交易体系在日本东京构建(东京都排出量取引制度,Tokyo Cap-and-Trade Program,TCTP)。TCTP是一个强制性的二氧化碳排放控制体系,其对建筑物设置了约束性减排目标,涉及 1 400 个办公楼、商业建筑和工厂,覆盖商业和工业两个行业。在第一个履约期(2010—2014 年),市场参与者的总量管制排放上限设为比基准排放水平(2002 和 2007 年之间连续 3 年的平均值)低 6%;第二个履约期(2015—2019 年)则设定为比基准排放水平低 17%;到 2020 年,最终达到 1 044 万吨二氧化碳的绝对总量管制上限。

埼玉县在 2011 年建立排放权交易体系,该体系是《全球变暖战略促进条例》的一部分。埼玉县的排放权交易体系主要是对东京都 ETS 的复制。埼玉 ETS(Emission Trade System)和东京都 ETS 在设计上十分相似,该市场建立于 2011 年 4 月,通过兼容的减排配额和东京都 ETS 进行了连接。2015 年,这些减排配额在两个市场开始交易。该市场是由埼玉县政府进行运行管理。埼玉 ETS 和东京都 ETS 具有相同的履约期、纳入门槛、配额分配和排放基准线。这一系统在 2013 年就实现了比基准水平低 22% 的减排量。

2022 年 9 月,日本交易所集团(JPX)和日本经济产业省(METI)建立了一个新的二氧化碳排放交易试点市场,此举标志着日本首个此类市场的建立。该市场在东京证券交易所(TSE)内设立,并在 2022 年 9 月作为一个技术性示范项目开始运作。它的目标是在 2023 年 4 月开始的财年全面投入运营。此前,日本经济产业省联合致力于碳中和的企业推出了一项名为绿色转型联盟(GX)的框架。目前,共有 440 家公司同意加入绿色转型联盟,这些公司预计将参与新的碳交易市场。绿色转型联盟的成员必须遵循日本 2050 年达成碳中和的目标。根据国家目标,这些企业将发布自己的 2030 年碳减排目标,并披露其每年从制造到处置过程的二氧化碳排放量。完成减排目标的公司将由政府根据他们的额外减排量授予对等的碳信用额度。未能达标的公司可以在碳交易市场上购买信用额度以填补缺口。然而,日本并未实施强制碳排放交易市场制,对未能达到碳减排目标的企业也不实施罚款。因此,该机制与欧盟的碳市场规定不同,欧盟强制发电厂和工厂在排放污染时购买排放配额,并严格控制许可证的供应。

二、碳交易市场的运行规则

(一) 地球温暖化对策税

地球温暖化对策税简称碳税,是指对使用化石燃料造成二氧化碳的排放进行征税。按照计税依据,国际上常见的碳税可以分为以燃料为依据的碳税和以排放为依据的碳税。前者以化石燃料的消耗量作为计税依据,后者以二氧化碳或者温室气体的排放量作为计税依据。日本的碳税属于以燃料为依据,按照化石燃料的种类分别设置税率,并最终统一折合为每吨二氧化碳排放量的价格。2012 年 10 月,日本正式引入地球温暖化对策税作为日本国内的碳税。为避免对企业造成过重负担,地球温暖化对策税的税率分三个阶段进行调整。第一个阶段是在 2012 年 10 月设定碳税时,石油(包括原油和石油产品)的税率为 250 日元/千升,气态烃(包括液化石油气和液化天然气)的税率为 260 日元/吨,煤炭的税率为 220 日元/吨;第二个阶段是从 2014 年 4 月开始,石油、气态烃、煤炭的税率分别提高至 500 日元/千升、520 日元/吨、440 日元/吨;第三个阶段是从 2016 年 4 月开始,石油、气态烃、煤炭的税率再次提高至 760 日元/千升、780 日元/吨、670 日元/吨。调整完成后,按排放系数折合成二氧化碳排放量的税率统一为 289 日元/吨。

(二) 碳排放权交易

碳排放权交易是指政府对企业等各个排放主体配置一定的排放量上限即排放权,企业可以根据实际排放量和拥有排放权的情况在市场上进行排放权交易,碳价格由碳排放权的供给和需求关系决定。对企业来说,如果排放权有剩余,可以在市场上出售给有需求的企业,也可以留作将来使用;如果排放权不足,则可以在市场上购买排放权,或者使用后述的信用交易进行抵消。该制度旨在促使企业主动减少碳排放量,或者帮助短时间内减排有困难的企业通过市场交易实现减排目标。目前,日本碳排放权交易主要在东京都和埼玉县应用,还未形成覆盖全国的市场交易体系。其中,东京都于 2010 年正式引入,适用对象为上年度燃料、热、电的使用量按原油换算达到 1 500 千升以上的单位,约为 1 400 家;埼玉县以东京都为模板,于 2011 年正式引入,适用对象为能源使用量按原油换算连续 3 年达到 1 500 千升以上的单位,约为 600 家。

(三) 信用交易

信用交易是对企业等排放主体削减的二氧化碳排放量赋予一定的价值，并允许企业通过市场进行交易。目前日本国内使用的信用交易制度主要包括适用于电力行业的非化石电源认证制度和适用于所有行业的 J 信用制度。J信用制度由日本经济产业省、环境省以及农林水产省共同管理运营。该制度与前述的碳排放权交易设置排放量上限有所不同，是对企业、农业从业者、森林所有者等设置基准排放量，即假设企业等如果不采取改进措施的情况下产生的排放量。在此基础上，对企业等通过引入设备或者改善生产流程和经营管理水平等方式减少的排放量或者增加的吸收量进行认证，并向其发放相应的信用额度（以碳排放量吨为计量单位），这些信用额度可以在市场上出售，购买者需支付资金，碳价格也由此决定。该制度 2013 年引入，2016 年日本的《全球变暖对策计划》将 J 信用制度作为减排目标的支持政策。市场对于信用额度的需求量大幅增加，J 信用的累积认证量由 2013 年度的 3 万吨增长至 2016年度的 242 万吨，并迅速增长至 2020 年度的 697 万吨，预计到 2030 年度将达到约 1 300 万吨。J 信用制度旨在鼓励企业等主动采取措施减少排放量，并将减少的排放量的价值显性化，使其具有市场流通性，同时满足购买方的多样化需求。

(四) 两国间双边信用制度

除了上述国内定价机制外，日本还与亚洲、非洲等区域内的发展中国家开展两国间双边信用制度（JCM）。在该制度下，日本通过向对象国提供脱碳技术、产品、系统、服务、基础设施建设等，对所产生的温室气体减排效果进行定量测算并在两国间分配信用额度，其中属于日本的部分可以计入向《联合国气候变化框架公约》提出承诺的国家自主贡献，作为日本的减排成果。日本自2011 年开始陆续与各个国家签订联合信用制度协议，到 2021 年发展至 17 个合作对象国，包括印度尼西亚、埃塞俄比亚、柬埔寨、肯尼亚、哥斯达黎加、沙特阿拉伯、泰国、智利、帕劳、孟加拉国、菲律宾、越南、缅甸、墨西哥、马尔代夫、蒙古国以及老挝。JCM 项目由日本企业和合作企业共同向两国政府层面设立的联合委员会提出申请，经审定后按项目实施产生的减排量和吸收量发放信用额度。为了鼓励日本企业积极参与，日本政府在融资和设备投资方面设置了一系列支持政策。在融资方面，日本国际协力机构（JICA）、国际协力银行（JBIC）、亚洲开发银行（ADB）等金融机构为项目的实施提供资金支持。在设备投资方面，日本环境省设立"JCM 设备资助计划"，对企业初期投资费用最高提供 1/2 的资助。

第四节 碳管理政策

日本政府制定的碳管理政策包括财政政策、税收政策、金融政策、技术创新等,为建立完善的碳管理体系奠定了政策基石,也有助于激励个人及各大企业参与减排生活,共建零碳社会。

一、碳管理财政政策

(一) 绿色创新基金

2021 年日本政府在新能源产业技术综合开发机构(NEDO)中设立了 2 万亿日元的绿色创新基金,支持对象是在绿色成长战略中制订执行计划的 14 个重点领域,对于迈向碳中和社会的过程中不可缺少、作为产业竞争力基础的重点领域,从技术开发、实证到社会实证,连续支持 10 年。

绿色创新基金分为三个关键领域,分别是绿色电力(海上风力发电、下一代太阳能电池等的开发)、能源结构转换(大规模氢能供应链的构建、水电解制氢的推广、钢铁锻造工艺中氢的应用、燃料氨供应链的构建、二氧化碳的分离和回收等技术开发、废弃物处理中的减排技术开发等)以及产业结构转换(包括新一代蓄电池和电机的开发,新能源汽车普及伴生供应链技术变革的开发和实证、智能出行、下一代数字基础设施的建设、新一代飞机和船舶的开发、农林水产业二氧化碳削减和吸收技术的开发等)。2021 年 3 月,该基金正式成立,并开始招标。2021 年 8 月,旭化成、日挥、东京电力、新日石、日本氢能源等企业的水电解装置技术开发及电力多元化转换实证项目、国际氢供应链技术及氢能发电技术开发项目获得审批。

此外,日本政府于 2022 年度新设 1 000 亿日元规模的基金,用于支援脱碳领域的大学研究人员一事展开协调,对象为新一代燃料电池、蓄电池、生物技术三个领域,投资时间为 10 年。计划从日本国内的大学召集相同领域的研究人员,组成团队推进技术开发。向每个团队每年发放 10 亿日元左右的资金。设想用于引入最新设备的设备投资及实证实验等。对于研究人员来说,可以轻松引入最新设备,通过这种方式为基础研究走向实用化架起桥梁。为了实现日本 2050 年的脱碳目标,将为有助于实现技术革新的基础研究提供支持。

表 5-7　绿色创新基金支持的部分项目

项　目	主　题	项目预算（亿日元）	期　限
钢铁行业利用氢项目	高炉氢还原技术 氢直接还原低品位铁矿石技术	1 935	2021—2030 年
氨燃料供应链建设项目	低成本绿色制氨技术 燃煤电厂混氨/纯氨发电技术	598	2021—2030 年
下一代蓄电池和电机开发	高性能电池及材料研发	1 510	2022—2030 年
	电池回收利用技术开发		
	高效、高功率密度电机系统开发		
化学领域碳回收技术开发	采用无碳热源开发石脑油裂解炉技术	233	2021—2030 年
	利用废塑料、废橡胶生产化学品技术	589.8	2021—2030 年
	利用二氧化碳生产功能化学品技术	310.2	2021—2028 年
	利用醇生产化学品技术	428.7	2021—2030 年
CO_2 分离和回收技术开发	天然气发电废气大规模 CO_2 分离捕集技术开发与示范	382	2022—2030 年
	工厂废气中小规模 CO_2 分离捕集等技术开发与示范		
	建立 CO_2 分离材料标准评估通用基础		

（二）政府补贴

日本政府为了实现 2050 年碳中和目标，在太阳能、海上风力、地热等可再生能源的引进、清洁能源汽车的引进等与脱碳相关的领域中，已划拨了大量预算，为积极努力的企业建立了补贴和支持制度。以下为 2022 年度预算案中关于脱碳补贴的主要项目（表 5-8）。

表 5-8　2022 年度预算案中脱碳补贴的主要项目

节能·减少 CO_2 排放相关项目				
省厅	主要补助金名称	2022 年预算案	补助率等	补助金上限
经济产业省	先进节能补助金（先进的节能投资促进支持项目费补助金）	253.2 亿日元	大企业等：1/2、1/3 以内、定额中小企业等：2/3 以内、1/2 以内定额	先进项目：15 亿日元/年度
	大型 ZEB（住宅·建筑物供需一体型节能投资促进项目）	80.9 亿日元	独栋：定额综合住宅：2/3 以内	未确定

节能·减少 CO_2 排放相关项目				
省厅	主要补助金名称	2022年预算案	补助率等	补助金上限
环境省	SHIFT 补助金	37亿日元	脱碳化促进计划支持：1/2以内 设备更新补助：1/3以内	
	ESG 租赁（为构建脱碳社会促进 ESG 租赁项目）	13.25亿日元	总租赁费用的 4% 以下 特别优质的租赁设备提供企业在此基础上增加 1%，及其先进的情况可以再增加 2%	
	（新设）绿色恢复中小企业	10亿日元	以下①②中较低的一项 ① 总项目费用的 1/2 ② 一年的 CO_2 削减量×法定使用使用年数×5 000 日元/tCO_2	5 000 万日元
	ZEB 相关补助金	55亿日元	新建 ZEB：1/2—2/3 以内，1/3—3/5 以内 既存 ZEB：2/3 以内	新建 ZEB：5 亿日元 既存 ZEB：5 亿日元
国土交通省	既存建筑物节能化推进项目	66.29亿日元	1/3 以内	未确定

可再生能源·太阳光·氢能源相关项目				
省厅	主要补助金名称	2022年预算案	补助率等	补助金上限
环境省	家用太阳能补助金	38亿日元	3/4、2/3、1/2、1/3、定额	无
	氢相关补助金（为构建脱碳社会而进行的可再生能源等衍生氢利用推进项目：部分经济产业省、国土交通省联合事业）	65.8亿日元	1/3 以内、1/2 以内、2/3 以内	无
经济产业省	（新设）用户主导的太阳能发电（由用户主导的太阳能发电导入加速化补贴）	125亿日元	2/3 以内，1/2 以内	无

BCP·韧性产业相关				
省厅	主要补助金名称	2022年预算案	补助率等	补助金上限
环境省	BCP（Business Continuity Plan，商业存续计划）相关天然气补助金（帮助提高灾害时的韧性天然气利用设备导入支援事业费补助金）	6.7亿日元	1/3以内、1/2以内等	无
	BCP（Business Continuity Plan，商业存续计划）相关紧急用天然气发电机补助金（为发生灾害时的社会重要基础设施进行燃料储备的项目补助金）	37.5亿日元	2/3以内、1/2以内等	无

其　他				
省厅	主要补助金名称	2022年预算案	补助率等	补助金上限
环境省	两国间JCM补助金（旨在促进脱碳过渡的双边信用制度）	125亿日元	1/2以内、2/3以内	无
	冷冻设备自然冷却机器补助金	73亿日元	1/3以内	无
	资源循环利用设备补助金	50亿日元	1/以内、1/2以内	未确定
经济产业省	货车运输/行驶记录仪补助金（利用AI·IoT等进一步促进运输效率项目的补助金）	62亿日元	1/2以内、1/3以内	无

资料来源：根据日本经济产业省、环境省、国土交通省等网站发布内容制作而成。

二、碳管理税收政策

日本现行的碳税名为"地球温暖化对策税"，对使用化石燃料而造成的二氧化碳排放征税,每吨二氧化碳排放量折合征收 289 日元,在国际上已经征收碳税的国家中处于较低水平。随着减排目标提高,发挥税收政策的调控作用更加重要。为此,日本环境省力推新型碳税,并设置专门机构对碳税的税率和征收环节进行探讨和设计,预计逐步提高每吨二氧化碳排放量的征收额,并扩展税收征收环节。

2012 年 10 月,日本正式引入"地球温暖化对策税"作为日本国内的碳税。日本"地球温暖化对策税"的税收收入每年度约为 2 600 亿日元。除"地球温暖化对策税"之外,日本还有石油煤炭税、挥发油税·地方挥发油税、液化石油气税、飞机燃料税、轻油交易税等针对各种能源的课税,这些税收也可以纳入广义的对碳排放征税的范围。如果加上这些能源课税,与碳排放相关的税收总收入可以达到每年度约 4.3 万亿日元,碳价格则由只计算"地球温暖化对策税"时的 289 日元/吨上升至约 4 000 日元/吨。

环境税方面,除了国家规定的环境税外,还有地方自治体独自规定的环境税(也称为地方环境税)。如:产业废弃物税(产废税),作为对产业废弃物等(对最终处理场等的产业废弃物的搬入征税)的征税措施,在全国 28 个地区征收了产业废弃物税等(也称为产废税)、森林环境税、水源税等。税的名称和内容因各地方政府而异,森林环境税和水源税是以保护森林和水源环境为目的的环境税,日本在全国 38 个地区引进。除此之外,在观光地还规范了"游渔税"(对河口湖的游渔行为征税)、"环境合作税"等用于对旅游景点的环境美化,以及保护等为目的。"可再生能源发电促进赋税""垃圾收费化""入山费""道路定价"等也以减轻环境负荷和保护环境等为目的,但被视为与环境税不同的经济措施。

从 2024 年(令和六年)日本开始征收国税的"森林环境税"。该税是为了从全球变暖对策(减少温室效应气体排放)和灾害预防等观点出发,稳定地确保森林整备等所需的财源而设立的。在日本国内居住的个人将被征税,每人每年将征收 1 000 日元的森林环境税。

三、碳管理金融政策

2022 年 12 月 22 日,日本首相办公室召开第五次绿色转型(Green Transformation, GX)的专门会议,会议提交了一系列文件,包括《实现 GX 的基本政策——未来十年的路线图》等。日本政府的目标是发行绿色债券作为过渡债券,不仅可以用于可再生能源的投资,还可以用于不同类型的投资。其目的是筹集资金,帮助各个企业过渡到一个绿色的企业,从而使日本过渡到一个脱碳化的社会,实现 2050 年碳中和的最终目标。日本政府估算今后 10 年需要官民合计超过 150 万亿日元(约合人民币 7 万亿元)的脱碳投资,其中约 20 万亿日元力争通过绿色经济转型债券进行筹措,为民间投资提供助力。预计必要的投资领域,包括可再生能源方面约 31 万亿日元、新型反应堆等核能领域的研发领域约 1 万亿日元、推进新一代汽车领域约 17 万亿日元等。这是鼓励企业技术创新,在实现脱碳化社会中发挥企业作用的一种态势。从资本市场的角度看,绿色低碳发展的企业比传统模式的企业具有更大的可持续发展潜力,能够获得更高的估值。

日本邮船是第一个在本国内发行转型债券的企业,2021 年 7 月日本邮船为筹措购买 LNG 燃料船的资金等发行了转型债券。2022 年以后扩大到各行各业。出光兴产 2022 年 7 月发行了 200 亿日元的转型债券,推进炼油厂支持新一代能源。JFE 控股也于 2022 年 6 月筹集了 300 亿日元,用于炼铁工艺的节能等。温室气体排放量多的企业筹集脱碳资金的"转型债券"(Transition Bond)的发行在日本国内不断增加。在企业被迫脱碳的背景下,日本政府通过强化信息公开等推动发行,投资者也作为 ESG(环境、社会、公司治理)的一环,更容易投资转型债券。

可以说转型债券发行增加的背景是日本政府的推动和投资者理解加深的产物。日本企业在发行转型债券方面全球领先,据瑞穗证券统计,从 2021 年 1 月到 2022 年 7 月全球转型债券发行额约为 60 亿美元,日本占四成,其中 2022 年 1—7 月的发行额为 2 850 亿日元,已达到 2021 年总发行额的 14 倍。

四、低碳技术创新政策

日本作为世界上较早提出低碳技术创新战略的国家,高度重视绿色低碳发展,制定了《低碳技术创新战略与路线图》,并从资金、人才、信息、市场等方面分担低碳技术创新成本,鼓励企业、大学、科研机构等积极参与低碳创新与低碳社会建设。

日本制铁和 JFE 钢铁将在"氢气炼铁"的实用化方面展开合作。这被视为脱碳王牌的炼铁工艺是用氢气代替煤炭从铁矿石中提炼铁,使二氧化碳排放量比高炉减少 50% 以上,其目标是在 2050 年之前实现实用化。鹿岛及竹中工务店等将开发可封存二氧化碳的混凝土。这些技术的开发均由多家企业组成的联盟来共同推进。为了在脱碳时代生存下去,日本各钢铁企业在脱碳技术方面展开合作(位于千叶县的 NEDO 的氢气炼铁设备)。氢气炼铁联盟还将共同开发使用可减排二氧化碳的电炉来生产高级钢材的技术,并将共享相关经验,力争在脱碳技术方面领先海外企业。

东芝及电装等公司开发负责供电和控制的功率半导体节能技术。到 2030 年前,东芝及电装等公司拟开发出使电压变换时产生的电力损耗减半的新一代半导体并投入使用。新一代半导体的用途广泛,包括可用于可再生能源相关设备及电动车等设施,能实现较好的脱碳效果。日本政府也扶持该技术开发,争取到 2030 年前把日本企业的全球份额由目前的两成以上提高到四成。日本新能源产业技术综合开发机构(NEDO)决定今后 10 年内,从日本政府支援脱碳技术研发的 2 万亿日元基金中支出约 305 亿日元扶持这一技术创新。东芝正在开发铁路、海上风力发电及面向数据中心等的产品,提出的目标是到 2023 年将碳化硅功率半导体的产量提高到 2020 年的 3 倍以上,到 2025 年提高到 10 倍以上。电装公司也致力于碳化硅功率半导体,该公司的产品耐热性出色,还被丰田的新款氢燃料电池车(FCV)"未来"采用。

伊藤忠商事及日本造船等共同开发氨燃料船。氨气作为燃烧时不产生二氧化碳的燃料备受关注,国内外都在开发燃料船。目前世界上还没有使用氨气做燃料的船,伊藤忠商事及日本造船计划在 2026 年建造燃料船。中韩造船企业在脱碳技术领域走在前列,正在抢占全球份额,日本船企的目标是实现赶超。获得批准的氨燃料船是用于运输铁矿石等的载重量 20 万吨左右的大型散货船,船上配置有存储燃料氨气的储罐。这是已被日本国立研究开发法人新能源与产业技术综合开发机构(NEDO)采纳的业务之一。氨燃料船的国际新规则尚未制定,但这一项目已证明能够确保跟现有规则要求的安全性相同,预期将取得日本国土交通省承认的"代替设计许可"。伊藤忠商事等企业正在关注作为新一代燃料的氨气。伊藤忠商事将和川崎汽船建立合资企业,建造的氨燃料船,制订持有和用船计划。

旭化成开发出以二氧化碳为原料制造锂电池的技术。欧盟自 2027 年起将禁止进口二氧化碳排放量大的纯电动汽车(EV)用电池等,世界各地的脱碳要求也将越来越高。日本制造业素来以成本和品质见长,瞄准"零碳"时代、把脱碳技术当作竞争力源泉的产品制造动向不断扩大。旭化成以二氧化碳为原料生产电解液用的化合物,这一技术将于 2023 年实现实用化,预期可实现的减排效果将高于生产时的二氧化碳排放量。此次,旭化成开发出了电解液使用的溶媒的生产技术。溶媒主要使用化石原料来生产,新技术可以把相当于溶媒重量一半的二氧化碳作为原料添加进去。比如,如果生产 10 万吨溶媒,将使用 5 万吨的二氧化碳。生产 10 万吨溶媒时,会排放 1 万吨二氧化碳,因此抵扣之后,二氧化碳减排量为 4 万吨左右。这项技术计划不会封闭起来,而是对外提供授权,接受授权的化工企业将于 2023 年使其实用化。据悉,由于工序简单等,设备的初始费用可比现有技术降低约三成,生产成本也相对较低。制造时不排放二氧化碳的零碳材料越来越多。日本制铁旗下企业开始供应特殊钢,三菱化学控股(HD)将面向汽车零部件进行开发。汽车企业等准备实现整个采购网的净零排放,各家材料企业也在加快应对这一要求。虽然企业纷纷在生产中减少二氧化碳排放,但真正实现零碳还很少见。目前还有很多使用可再生能源的例子,但日本面临的课题是可再生能源的电费较贵,这有待进一步解决。

参考文献

[1]『環境・循環型社会・生物多様性白書』(令和 3 年版)。

[2] 企業の脱炭素経営への取組状況(https://www.env.go.jp/earth/datsutansokeiei.html,2023 年 2 月 20 日)。

[3] 税制のグリーン化(環境税等)(日本环境省网站主页,https://www.env.go.jp/policy/tax/kento.html,2023 年 1 月 14 日)。

[4]『地球温暖化対策推進法』の成立・改正の経緯(日本环境省网站主页,2023 年 1 月 10 日)。

[5]『地球温暖化対策計画』,2021 年 10 月 22 日。

[6] 太陽光発電の導入支援サイト(https://www.env.go.jp/earth/post_93.html,2023 年 2 月 11 日)。

[7] カーボンプライシング(https://www.env.go.jp/earth/ondanka/cp/index.html,2023 年 1 月 13 日)。

[8] 日本环境省:"排出量取引制度"(https://www.env.go.jp/seisaku/list/ondanka_haishutsu.html,2023 年 3 月 1 日)。

[9] 日本环境省:《2020 年度(令和 2 年度)温室气体排出量确保值全体版》(https://www.env.go.jp/earth/ondanka/ghg-mrv/emissions/)。

[10] 日本环境省:脱炭素ポータル(https://ondankataisaku.env.go.jp/carbon_neutral/road-to-carbon-neutral/,2023 年 2 月 17 日)。

[11]《2022 年日本能源白皮书》(《令和 3 年度(エネルギー白書 2021)》)。

[12] 李清如:《实现双碳目标的财税政策工具——以日本为例的分析》,《中国社会科学

报》2022 年 7 月 14 日。

　　[13] 李清如:《碳中和目标下日本碳定价机制发展动向分析》,《现代日本经济》2022 年第 3 期。

　　　　　　　　　　执笔:金琳、王振、陈秋红(上海社会科学院信息研究所)

第六章　德国碳管理体系

德国作为发达的工业化国家,能源开发和环境保护一直走在欧洲乃至世界前列,保护环境、减少碳排放的具体指标也列入了其可持续发展的总指标体系中,并明确规定了具体的实现时间和目标,在国内全面实施了碳排放权的分配和交易制度。

第一节　碳管理体系建设的背景与进展

不可否认的是,碳管理体系与工业化、城镇化、农业现代化、信息化、智能化的"串联式"发展过程高度相关。多年来,德国在能源、工业、交通、食品和农业等重要领域,通过立法、引导等多种举措持续推进,碳管理体系日趋成熟。

一、碳管理体系建设的背景

自 1990 年以来,德国凭借着其雄心勃勃的目标和一系列的监管措施,出台了诸如《可再生能源法》《能源工业法案》《热电联产法案》等各种法案。尔后,欧盟于 2005 年成立碳排放交易体系,德国即加入其中,德国国内绝大部分工业和能源行业排放受其约束,但由于"责任共担"政策对于"不达标"并没有强制性的经济惩罚,减排效果不甚理想。结合《德国适应气候变化战略》《适应行动计划》《气候保护规划 2050》《联邦气候保护法》等一系列国家长期发展战略、规划和行动计划,德国于 2021 年成功启动了全国碳市场。总体来说,德国碳管理体系基于环境管理体系,以预防、污染者付费和合作为主要原则,将碳排放管理问题嵌入所有环境政策领域。

表 6-1　德国环境管理体系对应的法律条款

维　度	法案及法规名称
气候保护	温室气体排放交易法、可再生能源法
资源保护	德国资源效率"ProgRess"、循环经济法
废物管理和循环经济	废弃物运输法、电气和电子设备法、包装法、废弃物收集商、运输商和贸易商的通知和许可程序条例、处置场地和长期贮存条例、污水污泥条例、生物废弃物条例、废弃物管理人员条例、商业废弃物条例
空气质量控制	联邦排放控制法、大型燃机厂条例、中小型燃机厂条例、空气质量标准和国家排放上限条例、减少某些大气污染物排放的国家义务条例、空气质量控制技术指南
能源转型	国家氢能战略、可再生能源法修正案、海上风电法修正案、节能建筑联邦资助计划、2050 能效战略路线图、减少和终止燃煤发电并修改法律的法案、联邦电网需求规划法、系统服务市场采购法
自然和景观保护	联邦自然保护法、环境影响评价法、联邦森林法、联邦建筑法、各州建筑法规
综合环境保护	联邦排放控制法、联邦自然保护法、联邦空间规划法、环境影响评价法

资料来源:作者自制。

二、碳管理体系建设的进展

德国以排放权交易制度为核心的碳管理体系建构始于 2002 年初,目前已形成了较全面的法律体系和管理制度,在排放权取得、交易许可、费用收取等方面奠定了碳管理体系在德国的法律地位。

(一) 起步阶段

作为工业领先并在环境治理上较早提出方案的德国,早在 20 世纪 80 年代开始,便着手制定及发布了各种适应气候变化的发展战略、规划和行动计划。特别是德国从 2002 年初就开始了温室气体排放许可证交易的基础工作,其基本原则是企业设备的经营者通过获得二氧化碳排放许可证,以取得定量的二氧化碳排放权限;2004 年,德国排放交易管理局成立,同年 7 月,德国正式颁布了《温室气体排放交易法》,2005 年对国家气候保护计划进行了修订。

表 6-2　德国碳管理起步阶段的标志性事件

时　间	代表性事件
1987	成立大气层预防性保护委员会
1990	"二氧化碳减排"跨部工作组
1992	签署联合国《21 世纪议程》
1995	柏林世界气候框架公约大会
1997	签署《京都议定书》
1999	《生态税改革法》
2000	《国家气候保护计划》《可再生能源优先法》
2002	《热电联产促进法》《节约能源条例》
2004	《温室气体排放交易法》
2005	《国家气候保护计划》再修订

资料来源:作者自制。

(二) 成长阶段

从 2006 年起,德国提出排放权管理的主要任务:一是建立健全排放权交易的管理和监督体系,调整和规范各管理部门的职能;二是对法律法规进行评估,即对现有排放交易的法律法规的效果进行评价,必要情况下进行补充和修改;三是加强与欧盟合作,即加强与其他欧盟国家在政策制定、排放交易等方面的合作与交流。此阶段,大量碳管理法规及条款出台,如:2013 年,德国立法通过《工业排放指令实施法》,对《联邦排放控制法》《循环废物管理法》和《联邦水法》进行了修订。

(三) 成熟阶段

2018 年 10 月,欧委会在卡托维兹联合国气候变化大会上做进展报告时提出,如继续现行措施,预计到 2030 年德国与其既定目标的差距将超过 10%,基于此,2019 年 3 月德国联邦政府专门成立"气候内阁",并颁布了"气候保护一揽子计划",同年 12 月,《联邦气候保护法》出台,提出到 2030 年,德国碳排放总量较 1990 年至少减少 55%,到 2050 年实现碳中和,其核心工具之一就是对排放量大但未被纳入欧盟碳排放交易体系的交通和建筑供暖领域征收排放费用。[1]基于《温室气体排放交易许可法》《温室气体排放权分配法》《排放权交易收费规定》等主要法律规章,2020 年 12 月 29 日,德国宣布将于 2021 年 1 月 1

---

[1]　李卓亚:《德国国家碳排放权交易体系初探》,《全球科技经济瞭望》2021 年第 2 期,第 6—10 页。

日启动全国燃料排放交易体系,该交易体系旨在帮助减少供暖和运输部门的二氧化碳排放,计划将汽油、柴油、燃料、液化石油气和天然气将首先成为国家排放交易体系的一部分,其他燃料则将逐步纳入,以保证德国在 2050 年之前实现碳中和的发展目标。

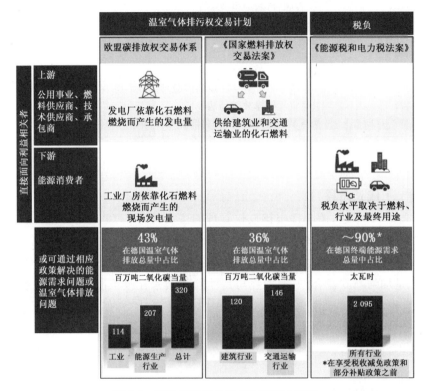

图 6-1 德国燃料排放交易体系核心架构

资料来源:《碳中和背景下德国能效政策研究报告》(中德能源与能效合作伙伴,2022)。

第二节 碳排放与碳责任管理

国家碳排放交易与管理体系是德国碳中和目标实现的重要抓手,也是对现有管理体系及行动计划的反思和补充,政策设计及推进步骤相对温和,特别是引入阶段的固定配额体系,进而为企业应对新变化留有足够的空间和时间,平稳地实现转型升级。[①]

[①] 李卓亚:《德国国家碳排放权交易体系初探》,《全球科技经济瞭望》2021 年第 2 期,第 6—10 页。

一、碳排放管理的体系与制度

德国一直是欧盟气候政策和碳排放制度创新和实施的推动者和先行者，其碳排放的管理体系与制度的核心要素包括由管治主体、交易机构、碳排放配额以及配额价格，并辅以具体的目标、战略、措施和方案。

（一）碳排放管理体系

作为一个联邦国家，德国的行政管理体系包括国家政府、州政府以及地级市、县、农村组成的两级地方政府体制，并结合碳排放管理体系涉及行业管理机构、社会第三方机构以及企业等重要形成主体，进而形成了一个权责分明的层级式管理系统。

1. 中央管理机构

德国碳排放交易管理和执行机构主要包括气候内阁、德国环境保护自然资源与核安全部、德国环境保护署以及下属德国碳排放贸易管理局。

表 6-3　德国碳排放管理中央相关机构及核心工作

部门机构	核心工作
气候内阁	监测新措施的有效性、和准确性；制订行动计划
德国环境保护、自然资源与核安全部	相关法律事务；环境能源和气候保护；碳排放贸易
德国环境保护署	制定法律法规；与德国联邦政府、欧盟委员会/工作组气候变化委员沟通；监管交易管理局工作
德国排放交易管理局	管理工业、能源、航空业以及气候变化项目（清洁发展机制/联合履约）的碳排放交易，并为企业、核查机构以及政府提供服务和沟通平台

资料来源：作者自制。

其中，德国排放交易管理局（Deutsche Emissionshandelsstelle，DEHSt）成立于 2004 年，共包括 3 个领域及 21 个细分职能部门，主要职责包括：(1)碳排放配额分配、拍卖、监督，审批《京都议定书》框架下的气候保护项目；(2)对欧盟排放交易体系登记处和《京都议定书》国家登记处的德国账户进行管理，为独立核查机构核查排放数据，协助德国联邦环境部和欧盟分析和改进欧盟排放交易体系，与国际级欧盟各类机构开展国际合作；(3)发放排放许可证，管理并核实企业排放报告（必要情况下实行制裁）。

2. 地方管理机构

德国各州（Bundsland）、县（Landkreise）、不属于县的非县辖市（Kreisfreie Städte）、乡镇和市（Städte und Gemeinden）涉及环境保护重要部门主要包括城镇规划部门、环境保护监测和督察部门、建筑部门、绿地园林森林建设部门，利用规划工具和实施方案，并辅之以各市政当局行政区域内的主要经济活动和公民能源消费的详尽潜力分析和情景分析。

表 6-4　德国碳管理体系地方政府层面的体系架构

	核 心 工 作
州	州级碳管理的执行部门、金融部门、能源机构等，也拥有自主管理的预算及决策权力
县、非县辖市	排放控制、废弃物管理、水保护和土壤保护方面的发放许可和监督；自然保护区的划定和管理；公众意识培养
乡镇和市	利用城市土地使用规划，对辖区碳排放进行管理和干预；公众参与

资料来源：《德国环境管理体系概览》（德国环境保护署）。

3. 行业管理机构

德国通过行业协会与利益相关方互动进行碳管理的传统由来已久，分为协会、联盟两种形式，前者又可以分为特定行业协会和综合协会两种类型，后者则是行为主体自愿协议的机构，涉及多个行业。总体来说，行业管理机构在供应链碳足迹计算方法与标准、碳标签、培训与碳管理制度建设方面，持续推动制度的完善及从行业角度为碳管理体系提供技术保障。其中，碳交易德国工作组在欧盟的框架下，于 2000 年成立，其创始成员包括主要工业和能源企业、联邦政府（由环境部代表）以及环境类非政府组织，其核心在于讨论所有关于碳排放交易的议题，同时是检查其他气候政策工具相互作用的平台，实行独立预算（由环境部和参与企业共同出资），设有联合秘书处，全体会议每年召开七次。

表 6-5　德国碳管理体系行业管理机构的类型及代表

类型	典 型 代 表
联盟	德国环境与自然保护联盟、碳工程技术联盟、未来清洁技术建筑联盟、德国气候联盟
协会	海德堡石灰协会、德国设施管理协会、纺织和时装业协会、汽车工业协会

资料来源：作者自制。

4. 社会第三方机构

德国碳排放管理体系,特别是排放贸易的发达,在一定程度上促进了核证服务为代表的社会第三方机构的发展和完善。第三方机构通常既不是受监管的企业,也不是政府机构,它们根据 ISO 14065 和 ISO 14064-3 验证温室气体平衡,并在欧洲排放交易计划和德国排放交易管理局(DEHSt)框架内进行验证,其过程包括原材料、设计研发、生产过程直至产品回收等各个环节,为汽车、化工、光伏、电子电气、地产、电池、建材等行业提供整个生命周期的耗能和碳排放数据收集、建模量化指标以及评估等服务,以获得德国国家认证委员会(DAkkS)或德国认证协会和环境专家委员会(DAU)认证。

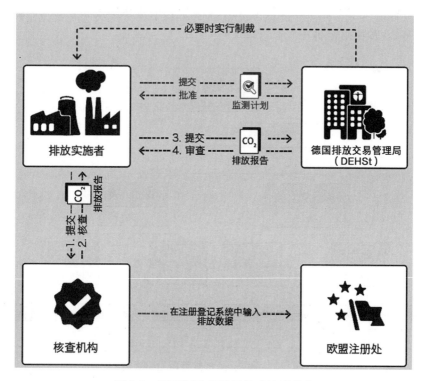

图 6-2　德国监测、报告及核查流程简介

资料来源:《碳排放交易基本原理以及欧洲和德国的实践经验》(德国联邦环境、自然保护、建筑与核安全部)

5. 大企业内部管理机构

第一,企业应编制年度排放报告,提交官方认可的独立核查机构进行核查。报告通过核查后,交由德国排放交易管理局进行审核和审计(包括针对所有报告的自动审核和针对部分报告的详细审核），一旦发现违规行为，违规者或将受到处罚。第二，德国碳排放控制、水保护等相关法案要求企业雇用并任命"环境专员"，并对其进行监管，"环境专员"包括排放控制专员（Immissionsschutzbeauftragter）、危险事故专员（Störfallbeauftragter）、水保护专员（Gewasserschutzbeauftragter）、废弃物专员（Abfallbeauftragter）、辐射防护专员（Strahlenschutzbeauftragter）、危险品专员（Gefahrgutbeauftragter）等，以此形成气候经理—运营管理—附属机构联系人—地点经理和数据负责人的层级管理体系，负责企业内部流程监督。第三，企业基于国家及各州层面碳排放管理监测和报告的"硬性"要求，特别是能源工业、密集的化学工业以及大型污水处理厂在内的大型工业企业和其他组织，必须要按时提供年度报告、环境数据专业报告，并积极出台各类气候管理策略。

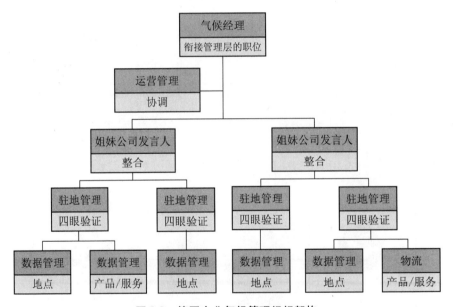

图 6-3 德国企业气候管理组织架构

资料来源：联合国和德国全球网络，引入气候管理逐步实现企业的有效气候管理。

（二）碳排放管理的制度

作为《联合国气候变化框架公约》和《京都议定书》的缔约方，德国已承诺会大幅减少其温室气体排放。此外，德国还主张严格执行《巴黎协定》规定的目标和协议。

1. 法规与规章

德国碳排放管理体系主要基于国际、欧洲以及国家三个维度，以项目机制、国家排放交易系统为核心，涉及国际和国内多个层面的法律规制体系。

表 6-6 德国碳管理体系的核心法规与条例

维度		法案名称
国际层面		柏林授权协议、马拉喀什协议、气候变化框架公约、京都议定书、巴黎协定
欧洲层面		认可和验证条例、基准决议、负担分担、碳泄漏决定、CORSIA 委托监管、分享规则、欧盟排放交易指令、欧盟注册条例（EU-RegVO）、欧盟分配条例（EU-ZuVO）、监察条例（MVO）、RICE 监管
国家层面	条例	数据收集条例（DEV）、特别费用条例（BMUBGebV）、排放交易条例（EHV）、国家分配计划（NAP）、温室气体排放交易法（TEHG）、分配法（ZuG）
	项目机制	项目机制法（ProMechG）、上游减排条例（UERV）
	国家排放交易系统	燃料排放交易法（BEHG）、燃料排放贸易条例（BEHV）、2022 年排放报告条例（EBeV 2022）、BEHG-碳泄漏条例（BECV）

资料来源：作者自制。

2. 碳排放数据核算

联邦环境署早在 2009 年就委托弗莱堡生态研究院全面深入研究碳足迹核算方法，并将其记录于《产品碳足迹备忘录》中。除此之外，德国还推行"蓝色天使"环境标志，并在图标里附注"保护环境"，消费者便可轻松识别节能环保的产品及服务。2010 年，联邦环境署与德国工业协会，在备忘录基础上宣布将为有意向使用产品碳足迹核算的企业提供一套完整精准的碳足迹核算与宣传方案。近年来，根据《国家排放交易体系：背景文件》《燃料排放交易法案》，德国碳排放数据核算的基本原则、覆盖范围与责任方、流程与运行模式更加明确，在数据库、指南/准则、计算标准、计算软件和工具等应用和操作方面也逐渐成熟。

表 6-7 德国碳核算指标体系与数据库来源

	来源/供应商（网址）
数据库	● 欧盟能源生产的排放因素因子（www.bit.ly/EU-THG） ● 化石燃料的能源生产排放系数（www.bit.ly/EmissionenIEA） ● 公司工艺排放系数（www.bit.ly/FactorsUK） ● 标准燃料排放系数（www.bit.ly/DEHST）

续表

	来源/供应商(网址)
指南/ 准则	● 可持续发展:德国市场的温室气体排放自愿抵消(www.bit.ly/Kompensation) ● 联邦政府:企业社会责任报告义务(www.bit.ly/CSR-Berichtspflichten) ● 联邦政府:节约能源条例(www.bit.ly/Einsparverordnung) ● 绿色电力采购的范围 2 排放指南(www.bit.ly/CDPTech) ● 全球价值创造的未来(www.bit.ly/Zukunft-WSK) ● 可持续发展:CCF 指南的打印稿(www.bit.ly/PrintCCF) ● 绿色电力采购的范围 2 排放指南(www.bit.ly/GHGScope2) ● 范围 3 技术指导文件(www.bit.ly/Scope3Calc) ● 根据 ISO 50001 高效能源管理系统的指导文件(www.bit.ly/LeitfadenEnMS) ● 全球报告倡议组织(www.bit.ly/GlobalReportingInitiative) ● 德国可持续发展准则(www.bit.ly/DeutscherNachhaltigkeitskodex) ● 碳定价领导执行指南(www.bit.ly/CarbonPricingLeadership)
标准	● ISO 14064-I(www.bit.ly/ISO14064-1) ● ISO TC 207(www.bit.ly/ISOTC207) ● PAS 2050(www.bit.ly/PAS2050)
软件 供应商	● Avanti 绿色软件(www.bit.ly/AvantiGreen) ● CR 指针(www.bit.ly/CR-Kompass) ● CRedit360(www.bit.ly/cr360) ● SAP 可持续绩效管理(www.bit.ly/SAPsustainability) ● Verso(www.bit.ly/VersoFuture)
工具/ 模板	● 经济输入输出全周期管理系统评估(www.bit.ly/EIOLCA) ● 气候报告范本(www.bit.ly/Vorlagenheft) ● 气候目标制定(www.bit.ly/ToolSBT)

二、重要行业的碳排放标准与管理

作为落实《德国联邦气候保护法》的重要行动措施和实施路径,《气候保护计划 2030》将减排目标在能源、工业、运输等关键部门进行了目标分解,形成了部门减排措施、减排目标调整、减排效果定期评估的法律机制。

(一) 制造业碳排放

2021 年,德国制造业部门温室气体排放量,约占总排放量的 7.2%,相较1990 年减少近 41%。作为传统的优势行业部门,德国制造业聚焦工业 4.0 及数字经济背景下,通过低碳技术科技创新和数字经济转型,预计到 2040 年可以实现碳中和。

1. 行业碳排放标准

德国《气候变化法案》规定,到 2030 年,德国工业部门温室气体排放量不得超过 1.4 亿吨,并规定了每年最低减排幅度。今后十年之内完成德国基础行业(特别是钢铁工业)50%的生产设施的更新换代,能源供应向以氢气为主、天然气为辅的结构转换;大规模推行碳捕集与封存技术(CCS/BECCS)应用,投资循环材料产业链,提高二级原料的比例;水泥行业第一批 CCS 工厂最早于2030 年投入使用。

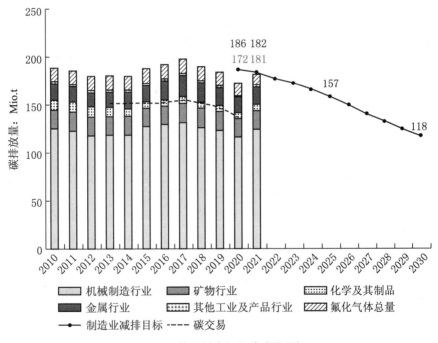

图 6-4　德国制造行业碳减排目标

资料来源:德国联邦环保局(数据截至 2022 年 3 月 15 日)。

2. 行业管理政策

德国拥有一整套行业全方位政策,包括碳定价与碳交易、补贴计划、气候网络、计划审计与管理以及创新工具,以确保德国制造业的国际竞争力。总体来说,对应的关键举措主要包括以下三点:

表 6-8　德国制造行业管理政策汇总

政策及法规	行动范围	时间
中小企业能源补贴	将有补贴的能源建议与实施措施的低息投资、贷款相结合	2008 年
欧盟排放交易	用排放证书进行交易（上限和交易），关注能源密集型产业	2010 年
能源和电力税	电力和其他能源的税收（许多工业过程被免除或获得优惠）	2010 年
峰值补偿	电力和能源税的优惠与能源管理系统和行业自愿承诺的效率进步挂钩	2010 年
最低效率标准——欧盟生态设计指令	基于实施措施或最低生命周期成本的耗能产品的最低标准	2010 年
德国复兴信贷银行能源效率计划	为能源效率措施投资提供低息贷款	2012 年
中小企业倡议能源转型和气候保护	在能源效率和气候保护领域支持来自各行各业的中小型企业	2013 年
能源效率和气候保护网络倡议	建立能源效率和气候保护网络	2014 年
非中小型企业的能源审计义务（执行 EED 第 8 条）	对非中小型企业进行强制性能源审计（执行第 8 条能源效率指令）	2015 年
节能电表的试点计划	推动创新的数字系统和基于这些系统的商业模式	2016 年
能源效率的资助赠款和贷款	促进能源效率和气候保护技术	2019 年
减少 EEG 征税	用国家排放交易的资金减少/限定 EEG 的征收范围	2021 年
工业去碳化的支持方案	促进对能源密集型产业的投资，这些投资的目的是根据目前的技术水平，尽可能地、永久性地减少无法避免或只能避免的温室气体排放	2021 年
国家氢能战略	对大规模使用氢气进行二氧化碳中性工业生产的投资支持	2021 年
初级产业中的二氧化碳减排和利用方案	促进第一产业中减少二氧化碳的创新项目，重点是工业层面的 CCS 和 CCU	2021 年
欧盟 ETS 创新基金：NER300 延伸计划	用于工业部门的创新低二氧化碳制造工艺	2021 年
碳泄漏法规	防止高碳企业生产活动的转移，有利于跨国竞争公司的经济补偿	2021 年
试点二氧化碳差价合同	碳差额合同（CCfDs）通过补偿与化石工艺相比的额外成本，使关键的低二氧化碳技术能够被引入市场	2022 年

资料来源：作者自制。

第一,降低生产过程中的碳排放,特别是利用可再生能源替代高碳能源和材料,并逐步将绿色氢纳入能源体系之中。例如,联邦政府实施了"在工业生产中使用氢"(Wasserstoffeinsatz in der Industrieproduktion)计划,并提供专门的国家资金,助力德国成为世界领先现代氢技术供应商;成立于2019年11月的能源密集型行业气候能力研究中心(Kompetenzzentrum Klimaschutz in energieintensiven Industrien, KEI),重点支持气候友好型生产工艺的发展。

第二,注重可再生能源技术的推广,特别是移动和固定储能电池的工业化生产,巩固和提升德国电池行业及其整个价值链的层级。

第三,打造节约型制造行业的解决方案,除了为研究和创新提供资金外,通过轻质结构技术转让计划(Technologietransfer-Programm Leichtbau),推进创新技术以及建筑材料的市场应用水平,从产品设计及生产制造的初始环节,就加入碳减排和绿色循环的部署。

(二) 运输行业碳排放

德国交通运输行业是仅次于能源部门和工业的第三大温室气体排放源,占比约为20%,其主要原因是化石燃料的主导地位、乘用车数量的增加、客运中更重的车型以及客运和货运量的上升。

1. 行业碳排放标准

根据欧盟"减碳55%"一揽子计划,并随着机动车税(年度机动车税)和燃料税连年上调,交通运输行业碳排放标准亦不断收紧,同时进一步加大将化石燃料汽车淘汰的步伐。

2. 行业管理政策

德国交通运输行业的管理政策包括轻型与重型车辆标准(在全欧洲范围内高度协调)、税收与定价方案、可再生能源在交通运输中的份额等多个方面,并涉及国际、欧盟和德国三个维度。总体来说,对应的关键举措主要包括以下三点:

第一,提升新能源电动汽车占比。加速转换,联邦政府和汽车行业提高了购买者溢价,即电动汽车的"环境红利"(Umweltbonus):购买电动或燃料电池汽车最高可获得6 000欧元;购买带有可外部充电电池的混合动力电动汽车的买家可获得高达4 500欧元的补助金。联邦政府的目标是到2030年有至少100万个充电桩,注册电动汽车和卡车占比分别达到19%和11.7%。

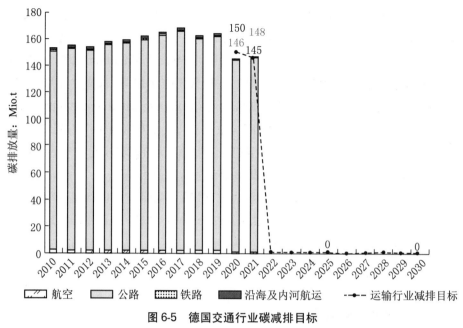

图 6-5 德国交通行业碳减排目标

资料来源：德国联邦环保局（数据截至 2022 年 3 月 15 日）。

第二，碳定价机制、能源税、汽车税等关键举措并行，特别是 2020 年 10 月 16 日，德国第七项《机动车税法修正案》（《联邦法律公报》I 第 2184 页）规定，从 2021 年起，交通运输领域的开始生效，将通过逐步递增的税率，为低排放车辆提供更大的激励。具体而言，95—115 克/千米为 2 欧、116—135 克/千米为 2.2 欧、136—155 克/千米为 2.5 欧、156—175 克/千米为 2.9 欧、176—195 克/千米为 3.4 欧、超过 195 克/千米为 4 欧。

表 6-9 德国现有政策工具的评价分析

政策工具	近期		中远期		对公共投融资是否存在积极作用
	运输需求	交通方式	车辆效率	驱动技术	
碳定价	×	×	×	×	×
能源税	×	×	×	×	×
车辆标准			×	×	
企业汽车税改革	×	×	×	×	
减少/取消距离津贴	×	×			

续表

政策工具	近期		中远期		对公共投融资是否存在积极作用
	运输需求	交通方式	车辆效率	驱动技术	
重型货车通行费碳定价	✕	✕	✕	✕	✕
促进铁路货物运输		✕			
电动汽车配额				✕	
高速公路限速			✕		

资料来源:《二氧化碳定价在运输部门转型工具组合中的作用》,https://www.umwelt-bundesamt.de/publikationen/die-rolle-der-co2-bepreisung-im-instrumentenmix-0。

第三,倡导绿色出行,提升公共交通的吸引力。诸如:自2020年1月1日起,火车票的增值税降至7%;联邦政府和国家铁路公司德国铁路公司将在铁路网络上投资860亿欧元,提升铁路运力和效率及安全技术的数字化水平;扩大自行车基础设施,从2020年到2023年,总共将提供约14亿欧元用于自行车交通,推广示范项目并扩大综合自行车路线网络。

(三) 能源行业碳排放

目前,全德868家能源工厂,占碳排放总量的三分之二。能源系统中约97%的排放是由大型燃烧厂造成的,即发电厂、热电联产厂和热输出超过50兆瓦的供热厂。德国能源行业中主要政策是温室气体排放总量管制和交易制度以及针对电力和化石燃料的征税制度。

1. 行业碳排放标准

基于煤炭的逐步淘汰、可再生能源的发电量的增加以及氢气在发电和热电领域的尝试性应用,加之其他相关部门电气化程度不断提高,预计碳排放将在2030年减少至108百万吨。此外,明确提出可再生能源发电量占总用电量的比重在2050年达到80%。

2. 行业管理政策

第一,加速可再生能源的发展。2022年7月8日,德国政府通过了几十年来最大规模的能源政策法案修订,该一揽子法案修订提案超过了593页,其中包括以下五项修订法案(表6-10)。此外,为了防止能源市场供应状况进一步恶化,德国联邦政府出台了《替代电厂备用法》和《能源安全法》,进而维持能源市场和供应链韧性。

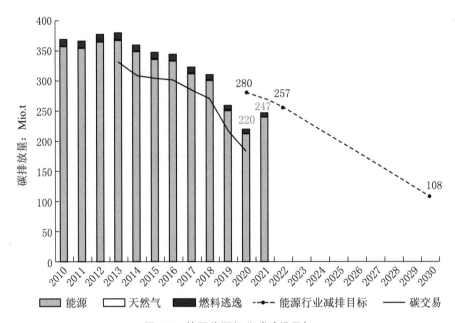

图 6-6 德国能源行业碳减排目标

资料来源：德国联邦环保局（数据截至 2022 年 3 月 15 日）。

表 6-10 德国新近出台的可再生能源法规

法规名称	核 心 内 容
《可再生能源法》	可再生能源进一步增加产能的途径和措施
《海上风电法》	加补贴招标总额（加速海上风电建设）和重新设计海上风电补贴规则
《陆上风电法》《风电用地面积需求法》	规定德国 2% 的国土面积用于风力发电的义务，并根据这一国土面积要求修正了《联邦建筑规范》
《联邦自然保护法》	标准化和简化物种保护的评估和措施，从而加快风电项目的审批和许可
《能源经济法》	速电网扩建的法规，以此加快满足德国境内改进可再生能源并网的迫切需求

资料来源：作者自制。

第二，伴随着《欧盟排放交易计划》《可再生能源法》《热电联产法》《燃煤发电终止法》"示范项目热网 4.0"等多个法案和项目的出台,为了实现气候保护目标,德国 2019 年 12 月 19 日宣布了《国家燃料排放证书交易法》(Fuel Emissions Trading Act-BEHG),作为气候方案的一部分,供热部门的排放交易于 2021 年执行。

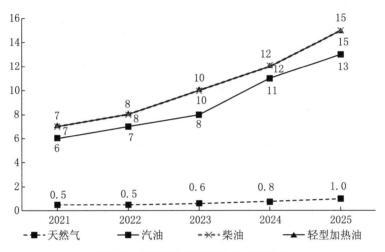

图 6-7　德国石化能源碳定价变动趋势

资料来源:德国排放交易管理局(DEHSt),https://www.dehst.de/DE/。

三、企业碳责任管理

德国工业、交通、建筑等领域各大企业的减排协议及发展战略是参与温室气体减排的主要方式,是法规手段的重要补充,在减少环境有害产品和废物管理方面发挥了积极作用。目前德国企业碳责任管理主要包括生态管理和审计计划、碳信息披露制度、碳排放交易申报以及能源审计和管理系统等四个方面。

(一) 生态管理和审计计划

生态管理和审计计划(EMAS)是一项基于自愿的计划,可在降低被监管的强度、提高法律合规性、降低经营成本等方面获得益处。截至 2022 年 8 月,注册加入 EMAS 的德国企业和其他机构 2 412 家,涉及 1 122 个城市。他们均愿意接受评估并改善其环境绩效,被定居审查,有权使用 EMAS 标志。批准注册加入 EMAS 需要三步：(1)对其开展的活动进行环境审查；(2)建立有效的环境管理体系，确保改进环境绩效和法律合规性；(3)提供其环境绩效和法律合规性的声明。其中，最重要的环节是核查申请机构须符合环境法规，包括 EMAS 机构的自查（内部审计）、外部环境核查机构的检查并向主管当局确认未违反过环境法规。

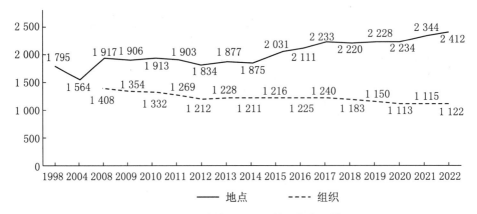

图 6-8 EMAS 的德国企业及其机构布局情况

资料来源：生态管理和审计计划，https://www.emas.de/statistiken。

(二) 碳信息披露制度

德国排放监测体系的运行，较大程度上服务于排放许可的申请、授予、使用监管和交易流转，其中碳信息披露制度及其对应的社会第三方机构是重中之重。

此外，参考《企业社会责任指令转化法》(CSR-RUG)、《国家工商业与人权行动计划》(NAP)、《德国商法典》等法律条款，2020 年 1 月出台《可持续发展准则：企业可持续发展绩效对标基准》，并结合《企业社会责任指令实施法——加强公司在管理和集团管理报告中的非财务报告》，对碳信息披露提出强制要求。企业需要在 www.prtr.bund.de 网页上，对空气、水和土壤中的污染物以及废物和废水的处理情况进行公示和披露。社会公众不仅可以自由和不受限制地通过网络快速了解和掌握大型工业厂房的污染物排放和废物信息，如了解在工业区附近的二氧化碳浓度及源头，还可以对国际上采取的减少废气排放措施进行比较，采取有效行动。

表 6-11　德国企业碳信息披露的主要步骤

检查表	第1方面:请确定主要的排放源,并解释公司在温室气体排放方面所面临的主要挑战 第2方面:请报告公司在温室气体排放和可再生能源使用方面的目标和计划达成目标的时间 第3方面:请报告温室气体减排和可再生能源使用方面的战略和具体措施 第4方面:请报告是否以及在多大程度上实现了迄今为止的目标,或披露无法实现目标,并说明原因 第5方面:请报告在计算中使用了哪些参考值,特别是减排计算的基准年、计算适用于公司的哪些部门,以及使用了哪些排放系数和哪些制度(例如,碳披露项目、《温室气体议定书》、金融机构环境管理与可持续发展协会(VfU)的环境指标)
绩效指标	GRI SRS 305-1:直接(范畴1)温室气体排放 GRI SRS 305-2:能源间接(范畴2)温室气体排放 GRI SRS 305-3:其他间接(范畴3)温室气体排放 GRI SRS 305-5:温室气体减排量 EFFAS E02-01:温室气体排放总量(范畴1、2、3)
企业在环境问题方面的社会责任	1. 请就所奉行的管理政策进行说明:a.目标和计划达成目标的时间(第12项标准第1方面和第13项标准第1方面);b.公司治理是如何与政策结合的;c.实现这些目标的战略和具体措施(第12项标准第2方面和第13项标准第3方面);d.检查措施执行情况的内部流程 2. 请就政策的成果进行说明:a.是否以及在多大程度上实现了迄今为止的目标(第12项标准第2方面和第13项标准第4方面);b.是否以及如何确定,什么时候需要调整政策,并从中得出了什么结论 3. 请就风险进行说明:a.如何确定风险并筛选出主要风险(尽职调查过程);b.由经营活动产生的可能对环境造成不利影响的重大风险(第12项标准第4方面);c.由商业关系产生的可能对环境造成不利影响的重大风险(第12项标准第4方面);d.由产品和服务产生可能对环境造成不利影响的重大风险(第12项标准第4方面)

资料来源:德国可持续发展委员会,https://www.deutscher-nachhaltigkeitskodex.de/de-DE/Documents/PDFs/Sustainability-Code-(1)/SustainabilityCode_brochure_2020_A5_CN.aspx。

(三) 碳排放权交易申报

按照《京都议定书》和相关法律的要求,对于排放量达到一定数额以上的设备,其生产企业要在与联邦环保局达成自愿协议的基础上,经审核才可取得一定的排放权,并进行排放交易。如果生产企业属于州管辖,则要先向州环保局申报并审核,由州再向联邦政府环保局申请;如果企业属于联邦政府,则直接向联邦环保局申请排放权交易,申报具体步骤是:第一步,由工业企业按网上统一格式填报排放权申请书,并通过网络传到联邦环保局认定的排放权咨询机构;第二步,由咨询机构将审核建议通过电子邮件反馈给报送企业;第三步,工业企业按照反馈的初审意见,将拟申请的排放数额交联邦环保局排放权交易管理部门;第四步,联邦环保局排放权交易部门审核申请并计算排放权额度;第五步,联邦环保局排放权管理部门将核定的排放权通知下达给工业企业。

(四) 能源审计和管理系统

根据德国标准化学会 DIN EN 16247 标准,能源审计是"对设施、建筑物、系统或组织的能源输入和能源消耗进行的系统检查和分析,目的是识别并报告能源流动和潜在节能增效改善措施"。能源管理系统的基础是定期测量和分析能源载体类型和能量流动模式。根据这些数据,审计员能够确定潜在的节能增效改善措施。这些可以是针对工艺或流程的改进措施,也可以是行为习惯的改变。审计人员将评估这些潜在措施的经济性。为了能够有效维持合理的成本收益率,德国为审计义务引入最低能耗阈值机制。年耗电量低于50万千瓦时的企业可获得审计豁免权,只需要按照能源载体的不同提交年度能源消耗量和能源成本。

第三节　碳交易与碳信用管理

德国政府开展减排和交易主要基于以下几点考虑:一是限制二氧化碳排放,将影响本国能源配比与产业结构,影响本国经济发展;二是减少温室气体排放,是保护环境和防止全球气候变暖的必由之路;三是避免产业制裁,若不遵守减排规则有可能在贸易、产业等方面受到制裁;四是履行减排责任可以促进本国大力发展新技术,提升国际竞争力。所以,德国进行排放权交易的目标一是保证生态健康,二是避免市场扭曲,三是减少交易成本,四是促进交易公平和有效。其最终目标是通过排放权的管理做到经济发展和环境保护的双赢,实现经济社会的可持续发展。

一、碳交易市场特征

2021 年 1 月 1 日起,德国全面启动国家碳排放交易系统,涵盖了所有不受欧盟监管的燃料排放,约占全国温室气体排放量的40%。[1]总体来说,德国碳交易体系配额总量是根据德国对欧盟碳排放权交易机制未覆盖的行业的减排目标设定,交易收入除用于气候保护计划的投资之外,还将通过降低可再生能源税、加大生活支持力度或提供交通运输补贴,以减轻不断上涨的供热价格和燃料价格给公民带来的负担。

(一) 碳交易市场概况

供暖和运输碳定价政策是德国2030气候保护计划的核心内容,公司必须购买证书(电子文件)作为"污染权"。一般来说,证书颁发数量越少,其价格就越高,从而激励碳排放减少或增加碳减排创新技术的投资。根据联邦环境署/德国排放交易局的最新数据(截至2022年7月28日),2021年排放交易涵盖1 732家德国工厂,碳排放量比2013年低20%左右。

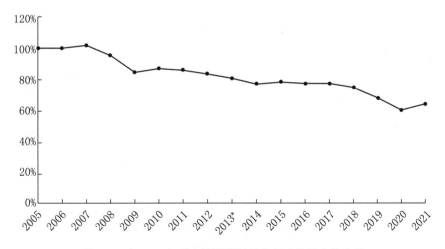

图 6-9　自 2005 年以来德国碳排放交易减排量变化趋势

数据来源:联邦环境署/德国排放交易局。

德国碳交易拍卖会每周在欧洲能源交易所(EEX)的现货市场举行,截至2022年8月底,碳市场碳排放配额(CEA)累计成交额4.55 Mrd欧元。

---

① 世界银行集团:《碳定价机制发展现状与未来趋势》(2021)。

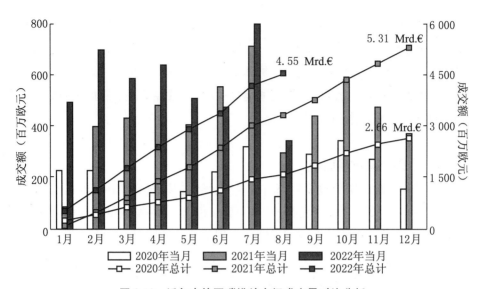

图 6-10 近年来德国碳排放市场成交量对比分析

资料来源：德国的排放配额拍卖数据（欧洲能源交易所）。

（二）碳交易市场类型

德国于 2021 年 1 月 1 日以 25 欧元的固定价格推出了国家燃料碳排放权交易机制；根据《能源税法》的规定，包括汽油、柴油、取暖油、液化气、天然气等所有燃料均囊括其中，从 2023 年开始，煤炭等不符合可持续性标准的生物质也会受到影响。

图 6-11 德国碳排放市场涵盖的燃料类型

资料来源：德国排放交易管理局（DEHSt），https://www.dehst.de/DE/。

总体来说,德国碳排放体系建立于欧洲碳排放体系之上,但两者之间存在些许不同:一是德国碳交易还涉及如个人、家庭等微观主体,因数量庞大、难以统计等问题的存在,进而将减排责任上移至销售主体;二是排放量通过进入市场的燃料量间接计算得出;三是德国国家碳交易体系中不存在免费分配;四是价格形成方式在引入阶段(2021—2025 年)执行固定价格,2026 年开始逐步转为拍卖。

表 6-12   德国与欧盟碳排放交易体系的差异分析

	欧　　盟	德　　国
指向对象	主要针对交通和供暖领域,并未涵盖个人	由发生碳排放的设备或工厂报告其排放情况、上缴排放权
排放量计算方式	自于工厂和设备的排放情况	通过进入市场的燃料量间接计算得出
是否免费分配	用于拍卖的碳份额不断增大;仍有较大一部分为免费发放配额	不存在免费分配
价格形成方式	在交易和拍卖过程中由市场供需决定	引入阶段(2021—2025 年)执行固定价格,2026 年开始逐步转为拍卖

资料来源:作者自制。

(三) 碳交易市场运行规则

德国碳排放交易体系根据"限额与交易"原则运作,通过限定"总量"赋予"排放权"稀缺性,进而在市场上形成交易或拍卖价格。具体来说,燃料排放上限由基础排放量和每年的增加排放量组成。(1)基础排放量包括欧盟碳排放交易体系之外德国总排放量中涵盖的燃料排放量的份额,以 2016—2018 年为参考年,确定第一个交易期(2021—2030 年)的份额;最终排放量是根据《欧盟气候保护条例》当年分配给德国的排放量确定的。(2)增加排放量,由于德国和欧盟碳排放交易结构的不同(上游排放交易和下游排放交易),系统之间可能存在重叠,双重核算的这部分排放量将在 nEHS 的增加排放量中得到订正。(3)参与企业有三项主要义务:为每个交易周期制定并向德国排放交易管理局提交排放监测计划;每年 7 月 30 日前,报告其一年向市场投入的燃料数量及产生的排放量;每年 9 月 30 日前,提交与其报告的燃料排放量相对应的配额。

二、碳交易信用管理

德国碳交易信用管理机制既可以基于单个气候保护项目,也可以为整个部门和经济领域设计。总体来说,德国碳交易信用的管理主要基于国际、欧盟通用的信贷管理机制(baseline-and-credit-system)运作,诸如核证碳标准(VCS)、联合国清洁发展机制(CDM)和黄金认证减排标准(Gold Standard)等。

(一) 碳账户

排放清单的规划、准备和管理是一个需要大量数据集成和分析的年度流程。针对此项任务的复杂性,联邦环保局开发了两种主要工具:碳排放中央系统和排放清单质量体系,其中最为重要的一环在于 2021 年全德控排企业在履约账户的设立,他们通过监测自身碳排放,需要从交易所或授权的中介机构购碳排放配额。通过信用机制,国家首先为每家公司设定排放限值(基线),排放污染者可以通过将其排放量减少到其先前定义的基准水平以下来生成证书,超过国家规定的排放上限的其他排放者可以购买这些信用额度。

(二) 可再生燃料信用体系

德国可再生燃料信用体系是建立在 RED/RED Ⅱ 下现有的运输燃料可持续性认证计划之上(表 6-13),并为不同的减排方案提供一个公平的竞争环境,其目的是在交通部门提供有效的和具有成本效益的气候保护,同时实现个人和物流运输的可持续性。

表 6-13　德国可再生燃料信用体系主要架构和设计思路

维　度		建　　议
基本特征	参与条件	原始设备制造商自愿参与
	地域范围	欧盟范围内统一的信用体系和可持续发展标准为 SAAF
	减排量	可选的最大减排量
	燃料	所有与 RED Ⅱ 兼容的运输燃料
	可交易性	运输燃料的可持续性信用额度可以转让
	银行业务	根据 RED Ⅱ,在可持续性证明的有效范围内
	借贷	没有额外的借贷范围

续表

维　　度		建　　议
生产端	重复计算	可持续发展信用只能被记入一次
	可持续性标准	适用 RED Ⅱ 可持续性标准和授权法案（关于可再生成分和额外性）
	原产国	世界各地（按照 RED Ⅱ 的规定进行可靠的跟踪）
	掺杂	允许与化石燃料混合使用
使用端	与运输部门联系	直接使用或间接使用进入跨部门基础设施
	链接使用国	不
	抵免选项	可以计入个别新车（作为"低排放车辆"）
	与 OEM 挂钩	对个别新车的积分：只允许与动力总成技术兼容的燃料的积分

资料来源：https://www.bmwk.de/Redaktion/DE/Downloads/C-D/crediting-system-for-renewable-fuels.pdf?__blob＝publicationFile＆v＝4。

三、碳交易市场监管

碳交易市场的良性运转在很大程度上要借助监管的方法。通过监管来保护环境，意味着政府来制定行为准则（命令或禁令），并监督其遵守情况，如出现违规现象，则采取执法措施，对责任人或公司进行处罚。

(一) 管理机构

德国碳交易市场的管理机构包括两个方面：一是德国排放交易管理局，负责记录实际配额与配额交易情况，包括账户持有人信息、账户结余、转账等信息；二是监测、报告及和核查制度的公共/私营机构以及金融管理机构。

(二) 风险管理

德国碳排放交易以双边形式进行，亦称"场外交易（OTC）"，即实体未必清楚谁是交易对方；由于单次交易无须将金融工具标准化，企业可设计满足其风险对冲需求的合约。然而，场外交易可能存在一定的"交易对象风险"，即对方可能存在谎报或毁约情况。在此情况下，可通过第三方对交易进行"清算"降低相关风险，意味着第三方成为交易双方的对方，而作为独立第三方，其可确保交易双方所述内容的真实性。

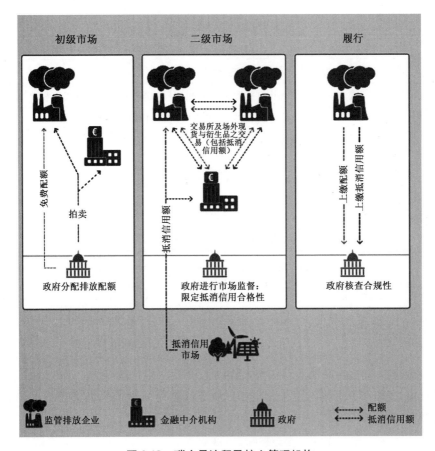

图 6-12 碳交易流程及核心管理机构

资料来源:《碳排放交易基本原理以及欧洲和德国的实践经验》(德国联邦环境、自然保护、建筑与核安全部)。

(三) 监测管理

德国碳交易市场的监测可经由政府机关或某一独立第三方核查机构执行。根据采用的测算方式,核查方参照活动数据与燃烧效率因素(或对比核查),检查仪器或核查计算,确保方法正确。

1. 环境标准

每年 3 月 15 日,联邦政府都会计算上一年德国整体和各部门产生的温室气体排放水平。"气候问题专家委员会"(Expertenrat für Klimafragen)审查数据并在需要纠正时协助联邦政府迅速采用紧急计划。该委员会还审查了构成对个别措施的温室气体减排效果估计基础的假设。此外,它还评论了新的气候行动计划,以更新德国的长期战略、2050年气候行动计划(Klimaschutzplan 2050),以及在某些情况下可能更改行业年度限额。

2. 生产者责任延伸制

从2022年1月1日起,德国生产者责任延伸制度的基本原则:在欧盟市场上投放商品的零售商,其责任不仅是对产品本身,还包括所有进入流通领域的包装和(产品)部件,尤其针对包装品、电子和电气设备、电池等领域。

3. 碳足迹认证

德国联邦政府与工业公司、研究人员和民间社会合作,以ISO14040/44为基础,同时参考PAS2050,开发一个数据库支持的系统,用于标记某些常用材料、食品、个人生活等维度的碳足迹,主要涵盖以下形式:产品整个生命周期内的碳排放情况、企业的碳减排承诺、产品碳中和属性。

第四节　碳管理政策

环境税、费用、关税和补贴等经济手段可激励企业乃至个人,积极参与减碳等环境友好行为。总体来说,目前德国的碳管理辅助政策体系涵盖财政、税收管理、金融、低碳技术创新和碳资产管理等五个维度,其中,德国最早开办绿色金融业务、影响力最大的国家政策性银行——成立于1948年的德国复兴信贷银行,早在2003年便开始参与碳排放交易的各项活动,成为德国碳管理环节中的重要一环。

一、碳管理财政政策

与其他国家一样,德国在气候行动计划和经济刺激计划中拨付了800亿欧元(2020—2021年)用于气候保护,并计划2022年至2025年间,通过成本补贴及政府基金两种方式,提供至少930亿欧元,用以支持工业脱碳、绿色氢能、建筑翻新改造、气候友好型电动出行以及可持续林业和农业发展。

(一)成本补贴

根据可再生能源法案(EEG2021),基于稳定、可靠的原则,EEG附加费将部分由联邦预算资助,2021年消费者缴纳附加费将下降0.25欧分/千瓦时,

2022 年将下降 0.5 欧分/千瓦时,2023 年将下降 0.625 欧分/千瓦时。[①]此外,2020 年,全德共有 326 家公司向排放交易管理局二氧化碳成本补贴,共获得了约 8.33 亿欧元的援助。

(二) 政府基金

德国的主要融资工具是能源和气候基金,其资金来源于拍卖二氧化碳配额的收入、最近引入的国家碳定价机制以及政府资金。2010 年 12 月 8 日的《关于建立特别基金"能源和气候基金"(EKF)的法案》(联邦法律公报 I 第 1807 页)为实施能源和气候政策措施建立了一个财政框架。作为联邦政府的专项基金,该基金将成为能源转型和气候保护的重要融资工具,也将为能源密集型企业和私人家庭提供补贴,以补偿不断上涨的能源价格带来的损失。

二、碳管理税收政策

根据税收峰值补偿条例,实施能源审计制度或替代性能源管理系统的中小企业,如若满足以下三个条件,便可享受税收峰值补偿政策:第一,已缴纳电力税和能源税分别超过 1 000 欧、750 欧的标准;第二,申请企业必须遵循 DIN EN ISO 50001 标准的要求已引进并跟进能源管理系统,或者遵循欧盟生态管理与审计体系(EMAS)的要求已引进并跟进环境管理体系,也可根据 DIN EN 16247-1 的要求开展能源审计或实施替代性能源管理系统;第三,德国制造业整体必须将能源密集度降低一定比例。对于 2018 年至 2022 年申请税赋减免或补偿申请,自 2016 年起(基准年为 2016 至 2020 年),目标额度为 1.35％。

表 6-14 德国税收减免制度的 SWOT 分析

优势	已建立的节能降耗手段已经并将继续发挥作用;赋税收入可用于进一步促进气候保护或为实现其他目标提供支撑
劣势	税制设计的不一致性导致供热、电力及交通运输行业内部出现价格扭曲;按含碳量比例征税的税率差异巨大;存在诸多减免政策;实际有效税率随时间的推移而逐渐下降,削弱了人们节能降碳的自觉性和主动性

---

① 《德国 2021 年版可再生能源法案包含哪些新内容?》,载国际能源网,https://www.in-en.com/article/html/energy-2301528.shtml(2021 年 3 月 2 日)。

续表

机遇	能源税有所降低,并用基于碳排放的工具替代;二氧化碳价格区间有效强化了激励机制,因为价格水平的稳定上升有利于决策者做出投资决策
挑战	基于价格的工具不足以克服与能效相关的所有障碍,例如信息障碍等;需要对基础设施、未来技术或技术人员教育培训提供独立的支持手段

资料来源:作者自制。

三、碳管理金融政策

德国碳管理金融体系主要基于联邦经济合作与发展部(BMZ)和联邦环境、自然保护和核安全部(BMU)的预算,大部分气候融资主要是通过德国国际合作机构(GIZ)和德国复兴信贷银行(KfW)开发银行,其次是通过私营机构或教会救济组织。

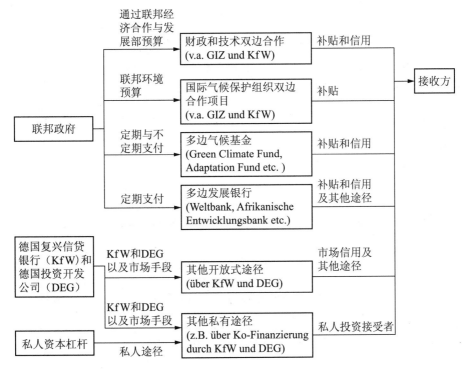

图 6-13 德国气候融资结构概述

资料来源:德国气候财政部门, https://www.deutscheklimafinanzierung.de/einfuehrung-klimafinanzierung-aus-deutschland/instrumente/。

(一) 绿色金融体系

德国复兴信贷银行是国有控股的政策性金融机构,但并不隶属于政府,对中小企业,特别是环境领域的中小企业融资起了决定性支持作用,该行专门设立了"KfW 环保贷款项目""KfW 能源效率项目""KfW 能源资金中转计划"等,贷款多由联邦政府进行贴息,促使德国在提高透明度、改善风险管理、促进绿色金融产品等多个维度取得了明显成效。在复兴信贷银行带动下,其他金融机构也在金融活动中加强了环境风险管理。2001 年以来,德国包括银行、储蓄所以及保险公司在内的 30 家金融公司,参照工业界的做法,发表公开的环境报告,持续报告环境事务。

表 6-15 德国绿色金融的战略要点总结

主要领域	关 键 举 措
提高透明度	将财务和可持续发展报告标准化为综合报告,并逐步扩大到中型企业、中小企业和有特殊风险的公司;从 2022 年起,上市公司必须提交符合 TCFD 标准的报告;使可持续发展数据的披露标准化,并提高公司可持续发展业绩的可比性,例如,规定一套针对具体部门的核心业绩指标
风险管理	引入一个可靠和有效的二氧化碳价格;审查现有的监管框架,加强投资者的长期取向。定期进行气候压力测试和情景分析
促进绿色金融产品的市场	在欧盟分类法的基础上引入强制性产品分类系统,明确所有金融产品对可持续发展目标和巴黎气候目标的贡献。在国家补贴的金融产品(如 Riester、Rürup、公司养老金计划)以及开发银行和所有公共组织的金融机构的产品中强制纳入可持续性标准。国家通过税收优惠或补贴对符合转型要求的和/或可持续的投资和储蓄产品提供临时支持
市场参与者之间的合作	将可持续金融咨询委员会的工作转变成一个永久性的工作机构。该机构接受各利益相关方的支持,并对所采取的措施的有效性进行评估。建设专业知识积累和捆绑知识,例如在 dena 和/或类似的机构,以便能够向市场提供这些知识
公共行为者的榜样功能	仿照挪威养老基金的模式,对联邦的所有投资组合进行透明化。公共部门在应用 TCFD 建议方面处于领先地位,使所有公共部门的资本投资与政策目标(如可持续发展目标和巴黎气候目标)保持一致。按照政策目标调整出口融资和保险

资料来源:《绿色金融对在德国实现气候中立的贡献》。

(二) 绿色债券

德国绿色债券发展成熟,是全球第四大绿色债券市场,采取政府和私营企业合作设立、采用商业化管理的模式。发展银行、国有银行和商业银行等金融机构是绿色债券最大的发行方,占总发行量的 43%。其中德国最大的绿色债券发行银行德国复兴信贷银行,占德国绿色债券总发行量的 25%。2018 年 11 月,德意志交易所在法兰克福证券交易所推出了绿色债券的新市场。目前,它包括约 150 个符合国际资本市场协会绿色债券原则的债券。2020 年 9 月初,德国政府发行了第一支绿色国债,为期 10 年,价值为 65 亿欧元(约 77 亿美元),募资基金将用来支持与环境相关的项目。

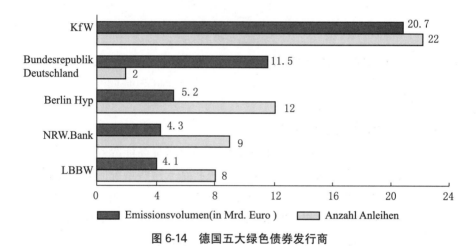

图 6-14　德国五大绿色债券发行商

资料来源:德国财政部,www. deutsche-finanzagentur. de/de/institutional-investors/federal-securities/greenfederal-securities/。

四、低碳技术创新政策

近年来,为促进气候保护,德国加大对能源技术领域投资的力度,包括对新能源电池技术和氢能技术合计投入 100 亿欧元,通过这些能源研究计划,促进能源技术创新,将对从生产、运输、存储到各个部门的应用整个能源链的气候保护做出贡献。

(一) 气候创新项目

自 2008 年以来,NKI 一直在推动创新的气候保护项目,以获取建议和信息、能力建设和经验交流、网络和气候保护资格。这些项目利用现有的减少温室气体排放的潜力,消除企业、市政当局、消费者和教育等目标群体的障碍。

其中包括专门提高各个部门的利益相关者对气候保护的敏感度或促进城市之间技术转让的项目。

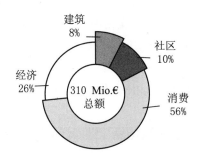

图 6-15　2008—2021 年德国资助项目创新气候保护项目提供的资金数额

资料来源：德国联邦经济和气候保护部，https://www.klimaschutz.de/de/ueber-die-initiative。

(二) 节能仪表的试点计划

节能仪表的试点计划旨在利用数字化的趋势来提高能源效率。资金提供给那些为能源转型测试和展示创新数字系统和基于这些系统的商业模式的公司。这些公司将获得最多 200 万欧元的资金。在试点项目中，必须精确记录单个设备或整个系统的能源消耗数据，并分配给单个设备或系统(组)。这是信息技术支持下的个人确定节约潜力的基础。联邦经济事务和能源部(BMWi)目前的资助公告"节能仪表试点方案"于 2014 年 5 月 18 日公布。2019 年 2 月(BAnz AT 21.02.2019)规定它的时间限制到 2022 年 12 月 31 日，并取代了 2016 年 5 月 20 日的资助公告"节能仪表试点计划"。授予机构是联邦经济和出口管制办公室(BAFA)。迄今为止，试点项目已经在私人家庭、商业、贸易、服务、工业和运输等部门实现了能源节约。对这一上级方案的审议也相应地在各部门进行。

(三) 国家氢能战略

国家氢气战略由联邦内阁于 2009 年 12 月 1 日通过；2020 年 6 月 10 日国家氢能委员会成立，该委员会于 2020 年 7 月 9 日召开了其组成会议。在联邦政府 2020 年 6 月 3 日的经济刺激计划中，决定扩大对氢气和燃料电池技术的推广。因此，经济刺激计划支持国家统计局确定的措施，有 70 亿欧元被指定用于行业部门，包括在工业流程中从化石燃料转为氢气的投资补助。

五、碳资产管理政策

(一) 碳资产风险控制

针对碳资产管理的复杂性,联邦环保局开发了两种主要工具:碳排放中央系统和排放清单质量体系,用于评估风险及其中长期碳排放量预测。诸如:早在 20 世纪 90 年代,德国联邦环境局就开发了 TREMOD 模型对计算交通运输行业的碳排放潜在风险进行评估。

表 6-16　TREMOD 模型简介

模型结构	模型应用(示例)
MSACCESS 中的离线工具 用于每一交通领域的不同模块区分的车流和交通数据和情景设计,所有交通方式具有灵活的数据选择可能性和不同聚合水平的结果形式	德国国家清单报告 生命周期评价工具和数据库(Probas、Umberto、铁路协会"Allianz pro Schiene") 个体交通的环境影响评价工具(EcoTransIT、EcoPassenger、UmweltMobilCheck) 为欧洲 TREMOVE 和 COPERT 模型提供德国车流数据的交付 用于未来交通运输部门能源消耗和排放发展的不同研究及场景

资料来源:德国温室气体报告与排放清单——与交通相关的排放评估。

(二) 碳配额管理

排放权配额的分配:设备运营商(企业)提交排放权证书(配额)的申请。德国排放贸易管理局审阅由专业主管部门核证过的信息,做出必要的调整,然后每年分配一次排放权证书。2005—2007 年,德国环境保护局每年为 1 849 台设备免费发放 49 900 万吨 CO_2 排放额度;2008—2012 年的碳排放预算将为 1 665 台机器设备发放 45 186 吨温室气体排放指标,排放证的减少有利于激励企业降低排放,保护气候,其中 37 907 万吨为现有设备,4 000 万吨指标用于拍卖,2 300 万吨备用,979 万吨用于新增企业需求。

(三) 碳定价机制

根据国家证书交易法、燃料排放交易法,二氧化碳定价设计包含了价格控制工具(固定价格阶段)和数量控制工具(从 2027 年开始有约束性上限的自由定价)的要素。直到 2025 年,二氧化碳配额数量没有上限。在此期间,价格将逐渐从 25 欧元增加到 55 欧元。从 2026 年起,排放配额将被拍卖,价格走廊规定了 2026 年的最低和最高价格(55—65 欧元)。从 2027 年起,计划限制配额的数量,以便在市场上定价,并在 2025 年决定是否在 2026 年后还将设定最低或最高价格。

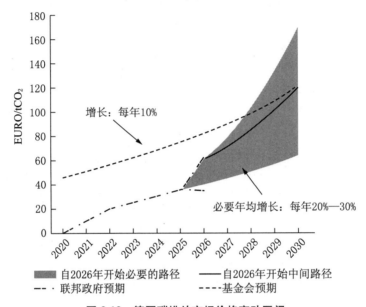

图 6-16　德国碳排放市场价格变动区间

资料来源:对气候一揽子计划和下一步行动的评估,https://www.mcc-berlin.net/fileadmin/data/B2.3_Publications/Working%20Paper/2019_MCC_Bewertung_des_Klimapakets_final.pdf。

参考文献

[1] Anke C P, Hobbie H, Schreiber S, et al, "Coal phase-outs and carbon prices: Interactions between EU emission trading and national carbon mitigation policies", *Energy Policy*, Vol.144, p.111647(2020).

[2] CO_2-Steuer ab 2021 Mehrkosten fürs Klima, https://www.esyoil.com/infos/co2-steuer(March 5, 2023).

[3] Deutsche Emissionshandelsstelle Nationalen Emissionshandel verstehen, https://www.dehst.de/DE/Service-und-Publikationen/dehst-kennenlernen/(March 1, 2023).

[4] Li R, Wang Q, Wang X, et al, "Germany's contribution to global carbon reduction might be underestimated—a new assessment based on scenario analysis with and without trade", *Technological Forecasting and Social Change*, Vol.176, p.121465(2020).

［5］Meyerding S G H，Schaffmann A L & Lehberger M，"Consumer preferences for different designs of carbon footprint labelling on tomatoes in Germany—does design matter?" *Sustainability*，Vol.6，p.1587(2019).

［6］Otto，A，Kern，K，Haupt，W.，et al.，Ranking local climate policy：assessing the mitigation and adaptation activities of 104 German cities，*Climatic Change*，Vol.5，p.167 (2021).

［7］陈星星：《全球碳市场最新进展及对中国的启示》，《财经智库》2022 年第 3 期，第 109—122 页。

［8］李卓亚：《德国国家碳排放权交易体系初探》，《全球科技经济瞭望》2021 年第 2 期，第 6—10 页。

［9］潘晓滨、杜秉基：《基于燃料规制的德国排放交易制度实践综述》，《资源节约与环保》2022 年第 2 期，第 112—115 页。

［10］魏丽莉、杨颖：《绿色金融：发展逻辑、理论阐释和未来展望》，《兰州大学学报（社会科学版）》2022 年第 2 期，第 60—73 页。

［11］余耀军：《"双碳"目标下中国气候变化立法的双阶体系构造》，《中国人口·资源与环境》2022 年第 1 期，第 89—96 页。

［12］张莹、黄颖利：《碳中和实践的国际经验与中国路径》，《西南金融》2022 年第 9 期，第 94—106 页。

执笔：吕国庆（赤峰学院资源环境与建筑工程学院）

第七章　英国碳管理体系

英国一直在全球气候变化应对行动中发挥着重要的领导作用。作为一个拥有悠久历史和繁荣文化的国家,英国深知减缓气候变化的紧迫性。为了应对全球变暖和碳排放问题,英国构建了一套较为全面的碳管理体系,以推动清洁能源、低碳经济和绿色创新。这个体系不仅展现了英国政府在气候治理上的决心,也凝聚了企业和社会公众的共同努力,为创造一个可持续发展的未来奠定了坚实基础。本章试图从碳管理体系建设的背景与进展、碳排放与碳责任管理、碳交易与碳信用管理、碳管理政策等四个方面,探讨英国的碳管理体系取得的成就与面临的挑战,以期为全球碳减排目标的实现提供宝贵经验。

第一节　碳管理体系建设的背景与进展

英国的碳管理主要集中在技术的发展、法规的制定、政策的提出、市场的运作以及机构的设置等五个层面。因为英国采取君主立宪制,由议会选举产生的政府首脑(首相)组织政府,所以英国的各种碳管理举措都会因政府的更替而存在一定的变动。有鉴于此,笔者在对英国碳管理发展历程进行梳理时,选择以时间的线性发展为主线逻辑,以政府更替作为阶段划分的重要依据。

一、英国碳管理的初创期(1997—2007 年)

英国一直是应对气候变化和低碳发展的倡导者、先行者和积极实践者,在碳管理体系的摸索上也处于世界领先地位。这种领先地位的形成,始于英国前首相托尼·布莱尔。

布莱尔在其第一个任期(1997—2000 年)完成了能源市场在零售和批发领

域的市场化改革。比如《2000 年公用事业法》(The Utilities Act 2000)强调政府有义务通过能源法律政策,促进能源市场的充分竞争。但遗憾的是,英国的能源市场化改革就此暂时搁置。这典型的表现在 1999 年,布莱尔将原先分别负责能源市场化的两个机构,即天然气供应局(the Office of Gas Supply,OFGAS)和电力监管局(the Office of Electricity Regulation,OFFER)合并为一个能源市场化机构:天然气与电力市场局(the Office of Gas and Electricity Markets,OFGEM)。虽然此种能源机构合并促进了电力与天然气市场的统一协调,但同时也意味着其他能源种类被排挤出了能源市场化的范围。

在布莱尔的第二个任期(2001—2005 年)英国开始转向由政府主导的低碳发展路径。一方面,英国通过了《2002 年可再生能源义务法案》(The Renewables Obligation Order 2002),将可再生能源义务制度引入能源生产中。[1]另一方面,英国政府颁布了《我们能源的未来——创建低碳经济》,成为世界上最早提出"低碳经济"(Low Carbon Economy,LCE)并定为基本国策的国家。

综合来看,在 1997—2007 年这段时期,英国的碳管理仍是比较简陋的。英国政府的碳管理工具主要是能源法律政策,并在低碳发展做了一些零星的尝试,但这些尝试远未成气候。比如英国虽然在 2002 年就建立了全球首个碳排放权交易体系(UK ETS),并计划在 2002 年到 2006 年达成 1 190 万吨二氧化碳当量的交易总额目标,但 2006 交易年的交易总额仅为 32 万吨二氧化碳当量。直到 2007 年,英国碳排放交易体系并入到欧盟碳排放交易体系当中,这一颓势才逐渐得到扭转。

二、英国碳管理的发展期(2007—2010 年)

2007 年,布朗接替布莱尔成为英国首相。由于布朗同样出自工党,所以布朗政府在延续布莱尔政府时期能源法律政策的同时,采取了多项措施,进入了"气候变化与能源法律政策的激进时代"[2]。

---

[1] 2002 年,可再生能源义务(Renewable Obligation,RO)取代了英国的非化石燃料义务(Non-Fossil Fuel Obligation,NFFO),开始在英格兰、威尔士和苏格兰实施,2005 年扩大到北爱尔兰。它的基本目标是要求英国电力供应方在电力供应方面不断增加可再生能源发电比例。参见 Catherine Mitchell & Peter Connor, "Renewable Energy Policy in the UK 1990 - 2003", *Energy Policy*, Vol.32, pp.1935 - 1947(2004).

[2] Carter N & Jacobs M, "Explaining Radical Policy Change: The Case of Climate And Energy Policy Under The British Labour Government 2006 - 2010", *Public Administration*, Vol.92, p.1(2014).

第一项措施,通过"两法一计划",加强气候变化应对。2008 年,英国通过了《2008 年气候变化法》和《2008 年能源法》。《2008 年气候变化法》通过设定碳减排目标和期限,采取"碳预算"的方式,将英国到 2050 年减少 80％的碳排放目标(以 1990 年为基准)用法律方式固定下来,使应对气候变化成为所有能源法律政策中最优先考虑的目标。《2008 年能源法》则以贯彻 2007 年能源白皮书为主,相应地规定了离岸天然气设施建设、可再生能源义务制度的修改和能源设施的退役等相关内容。相比《2008 年气候变化法》,《2008 年能源法》更多的是补充而非建设性的制度安排。因此在 2009 年,为了从政策上更好地保障《2008 年气候变化法》之实现,英国发布了《低碳经济转型计划》(*The UK Low Carbon Transition Plan*)以及三个配套文件——《英国低碳工业战略》《可再生能源战略》和《低碳交通计划》。这些文件的出台,标志着英国政府在低碳经济转型中扮演全球领袖角色,英国也成为世界上第一个设立碳排放管理规划的国家。

第二项措施,成立能源与气候变化部,统管气候变化事宜。2008 年,布朗对英国政府部门进行改组,将原属于商务、企业和监管改革部(Department for Business, Enterprise and Regulatory Reform, DBERR)主管的能源事项,与原属于环境、食品和乡村事务部(Department for Environment, Food and Rural Affairs, DEFRA)主管的气候变化事项进行合并,组建了新的能源与气候变化部(Department of Energy and Climate Change)。能源与气候变化部的组建,一方面凸显了布朗政府对能源与气候变化的高度重视;另一方面也表明在碳管理上,英国的政府干预已逐渐取代市场的主导性地位。

第三项措施,发布《低碳交通:一个更加绿色的未来》,明确规划交通领域的减排事宜。2009 年,英国运输部发布《低碳交通:一个更加绿色的未来》,该文件分别针对小汽车、大型货车、公共交通、铁路运输、航空以及海运等不同运输方式提出了降低碳排放的主要途径和做法,并且从个人、商务活动、政府等不同的层面寻求共同减排的路径。

三、英国碳管理的转型期(2010—2016 年)

2010 年,虽然卡梅伦领导保守党赢得议会多数,但未达到组阁要求的席位,不得不与自由民主党的克莱格进行联合。所以在卡梅伦执政时期,英国的碳管理发展与前两个阶段有着明显的不同。

第一,设立绿色投资银行,寻求新的经济增长点。2008年经济危机对英国造成了较大影响,为了摆脱金融危机影响,英国在2010年初提出了一项名为"绿色投资银行"的计划。2012年11月,世界上第一个国家绿色发展银行——英国绿色投资银行(Green Investment Bank, GIB)正式成立,它以政策性银行为定位,采取了提供担保、股权投资等方式为绿色项目提供资金,带动私人投资,尝试解决绿色金融发展中的环境正外部性问题和风险问题。

第二,通过《2013年能源法》,踏上碳管理的转型道路。2013年,英国议会通过了《2013年能源法》,其主旨即是纠正布莱尔、布朗两届工党政府在能源法律政策领域上的偏差。该法有两个显著特点:一是改变工党政府在核能建设上的踌躇不前,规定了建设核电的便利化举措;二是将布朗工党政府时期通过的《2008年气候变化法》设定的去碳化目标进一步推迟;三是开启了英国新的电力市场改革,根据该法,未来英国将通过上网电价与差价合约的形式,逐渐取消对可再生能源的补贴。[1]

第三,能源安全取代气候变化,成为英国碳管理的首要因素。2015年英国大选,卡梅伦领导的保守党胜出,获得单独组阁的权力。在第二次任期内(2015—2016年),卡梅伦进一步对能源法律政策进行了重新设定。其内阁能源和气候变化大臣安布尔·鲁德(Amber Rudd)在2015年11月发表题为"英国能源政策新方向"的演讲中强调,政府未来的能源法律政策将把能源安全列在首位,一改工党执政时期气候变化的首要位置。尽管在这一演讲结束仅一周后,卡梅伦政府就将承诺变成了现实,直接取消了对碳捕集与封存技术(CCS)商业示范10亿英镑的经费支持,但却引起了英国国内气候变化支持者的极度不满。[2]

第四,出台《2016年能源法》,采取新的碳管理举措。2016年5月,英国议会通过了《2016年能源法》。该法对英国碳管理的影响,主要涉及以下三个方面:首先,设立新的油气监管机构,即油气管理局(Oil and Gas Authority, OGA)。该局作为新的管理和监管英国油气开发的机构,以政府公司的形式

---

[1] David M. Newbery, "Towards a green energy economy? The EU Energy Union's transition to a low-carbon zero subsidy electricity system-Lessons from the UK's Electricity Market Reform", *Applied Energy*, Vol.179, pp.1321–1330(2016).

[2] See UK DECC, The Carbon Plan: Delivering Our Low Carbon Future, London: DECC, 2011, p.10; See Damian Carrington, UK Cancels Pioneering 1bn Carbon Capture and Storage Competition(July 9, 2023), https://www.theguardian.com/environment/2015/nov/25/uk-cancels-pioneering-1bn-carbon-capture-and-storage competition.

组建,被授予原属能源与气候变化部的离岸油气许可权(没有包括与油气相关的环境监管权)和参与能源企业会议,数据获取、保留和转移,争端解决和制裁等新权力。这一机构的设立,增强了英国政府在离岸油气方面的监管权力。[①]其次,对离岸油气企业环境污染和退出行为实施全面收费的许可证和执照的规定。《2016 年能源法》允许政府依据环境法中"谁污染谁付费"的原则,继续对离岸油气企业环境污染和退出的成本进行回收。最后,逐渐取消可再生能源义务。《2016 年能源法》将批准新内陆风电场的权力下放给地方政府,但同时取消或限制这些新批准建设的内陆风电场的可再生能源义务制度的实施。

四、英国碳管理的再调整期(2016 年至今)

2016 年,英国脱欧公投的结果迫使卡梅伦辞去首相职务,自此之后,英国几任首相都是保守党党首——原内政大臣特雷莎·梅、外交大臣约翰逊、外交大臣特拉斯和财政大臣苏纳克相继成为英国新首相。英国碳中和法律政策在延续保守党一贯政策的基础上,也出现了一系列的再调整举措。

第一,解散能源与气候变化部,设立新的商务、能源与工业战略部。2016 年 7 月,在特雷莎·梅接任卡梅伦成为英国新首相之际,她迅速进行了部门改组,解散了维持 8 年之久的能源与气候变化部,设立了新的商务、能源与工业战略部(Department of Business, Energy and Industrial Strategy, DBEIS)。尽管英国官方发言人声称,能源和气候变化部的解散不会影响英国应对气候变化这一承诺,[②]但仍可以看出,特雷莎·梅对围绕气候变化开展的,包括可再生能源在内的能源法律政策将会有不同程度的弱化。

第二,英国绿色金融发展的"市场主导"转型。2017 年,英国政府将绿色投资银行出售给私人,这标志着英国绿色金融发展开始由"政府引导＋公私合作"向"市场主导"转型。为了防止私有化之后的绿色投资银行偏离政府设立绿色投资银行的初衷,英国政府在交易中引入了"特殊权益"安排,在涉及绿色项目时具有否决权。

---

① Vass U, *A Review of the New UK Energy Bill：Very Fancy Footwork*! (2015).
② 英国《独立报》网站,https://www.independent.co.uk/climate-change/news/climate-change-department-killed-off-by-theresa-may-in-plain-stupid-and-deeply-worrying-move-a7137166.html(2023 年 7 月 9 日)。

第三,"脱欧"给予了英国碳管理更多的自由空间。在"脱欧"之前,英国自2009年之后制定的能源法律政策都与欧盟《2009年可再生能源指令》有直接联系。在一定程度上,我们甚至可以说欧盟《2009年可再生能源指令》是英国制定能源法律政策的基石性要素。[①]因此在英国"脱欧"之后,英国可以更自如地结合其国情,设置各式各样的碳管理手段。

事实也确实如此。在"脱欧"之后,英国碳管理引来了"百花齐放"的新局面。英国政府2020年11月发布《绿色工业革命十点计划》,提出了包括发展海上风电、推动低碳氢发展、提供先进核能、加速向零排放汽车过渡等在内的10个计划要点,为未来10年内英国在工业、运输和建筑行业减少2.3亿吨碳排放的目标制定行动规划;2020年12月英国政府发布《能源白皮书:为零碳未来提供动力》,对能源系统转型路径作出规划,明确了力争2050年能源系统实现碳净零排放目标;2021年,英国商业、能源和工业政策部成立了一项1 750万英镑的市场竞争基金,支持海上风力发电;2021年1月1日,英国启动了《碳排放交易计划》,为工业制造业企业规定温室气体排放总量上限;2021年3月,英国在七国集团国家中率先推出《工业脱碳战略》,支持低碳技术的发展,提高工业竞争力,减少英国重工业和能源密集型行业的碳足迹,并大力开发碳捕集利用和储存、氢燃料转换技术;2021年3月,英国发布《国家公共汽车战略》,提出了公共汽车行业绿色转型的计划;2021年7月,英国发布《交通脱碳计划》,进一步整合铁路、公共汽车、航空等交通运输低碳转型规划,推动公共交通和私人交通电气化转型……

至此,经过四个阶段的发展,英国碳管理的五项主要内容基本填充完毕,这是我们后续介绍和分析英国碳管理的基础素材。

第二节 碳排放与碳责任管理

随着英国政府逐步推出一系列减排政策和计划,英国已经成为绿色经济转型的样板国家,为其他国家提供了非常重要的经验和启示。在这一部分,我

---

① 尽管英国《2008年气候变化法》出台于欧盟《2009年可再生能源指令》之前,但在英国气候变化政策的后续发展中,后者是一个强有力的束缚。比如《2008年气候变化法》中碳预算的逐年变化与欧盟《2009年可再生能源指令》就有着密切联系。参见 Fay Farstad, Neil Carter & Charlotte Burns, "What does Brexit Mean for the UK's Climate Change Act", *The Political Quarterly*, Vol. 89, No. 2, pp. 292 - 297.

们将深入探讨英国在碳排放和碳责任管理方面的经验和教训,以及未来的发展趋势。

一、碳排放管理

英国在碳排放管理方面不断探索并推出各种减排措施和计划。英国政府和企业都认识到减少碳排放对于保护环境和可持续发展的重要性,于是采取了一系列有力的行动。

(一) 碳管理手段之一:区域目标制

英国的本土包括大不列颠岛上的英格兰、威尔士、苏格兰、爱尔兰岛东北部的北爱尔兰以及一系列附属岛屿。由于各个地区的发展状况各异,在《气候变化法案》的基础上,英国还为苏格兰、威尔士以及北爱尔兰设立了专门的气候立法。

《气候变化法案(苏格兰)》为苏格兰设定的净零排放时限是 2045 年。其中,2020 年至少要达到净排基线的 56%,2030 年至少要达到净排基线的 75%,2040 年至少要达到净排基线的 90%。[①]《气候变化法案(威尔士)》为威尔士设定的净零排放时限是 2050 年,2030 年和 2040 年目标分别要实现 63% 和 89% 的净排目标。[②]《气候变化法案(北爱尔兰)》为北爱尔兰设定的净零排放时限是 2050 年,其中 2030 年就要至少要达到净排基线的 48%。[③]

由此观之,英国全域的减排力度大体相同。只是由于不同地区在控排减排上的机会、能力和挑战各异,所以在具体实现时限和某一阶段所需完成的目标上也有所不同。

(二) 碳管理手段之二:行业目标制

除了为不同区域设定不同阶段的净零目标外,英国还以行业为分野采取

---

① 英国议会法案网站,https://www.legislation.gov.uk/asp/2019/15/data.xht?view=snippet&wrap=true(2023 年 7 月 9 日)。
② 《气候变化法案(威尔士)》对 2030 年和 2040 年的目标做了修改,前者从"45%"提高到"63%",后者从"67%"提高到"89%",英国议会法案网站,https://www.legislation.gov.uk/wsi/2021/338/made/data.xht?view=snippet&wrap=true(2023 年 7 月 9 日)。
③ 英国议会法案网站,https://www.legislation.gov.uk/nia/2022/31/enacted/data.xht?view=snippet&wrap=true(2023 年 7 月 9 日)。

不同的净零措施。

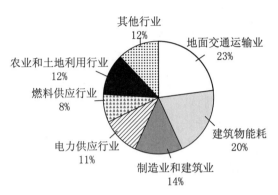

图 7-1　2021 年英国主要行业的碳排放占比

资料来源:作者自制。

1. 地面交通运输业(Surface Transport)

在 2021 年,地面交通运输行业的碳排放量占到了英国总碳排放量的 23%,是英国最大的碳排放源。英国政府为了促进地面交通运输业实现净零目标,主要手段便是大力发展电动汽车市场,并采取相应的政策支持,力争在 2030 年以电动车逐步淘汰传统汽车。所以,英国政府的有关举措主要围绕以下几点展开:

第一,促进电动汽车市场的发展。电动汽车市场的发展重点是促进电动汽车销售和增加公共充电桩。2021 年,全英的电动汽车销量增长至新车市场的 12%,售出约 191 000 辆,远远超过 8% 的既定目标;同年度电动货车的销量也急剧增长了 87%。而在公共充电桩方面,截至 2021 年底,全英有超过 28 000 个公共充电点,仅 2021 年就增加了 7 600 个。不过,这一成果距离政府承诺的 2030 年至少设置 300 000 个充电桩之目标仍有不小距离,公共充电桩的部署效率还有待提高。而且,全国范围内公共充电桩的增设和分配也需更加合理,避免资源过度向大都市倾斜。

第二,出台电动汽车相关的政策。英国政府承诺从 2024 年开始,正式实施有关零排放汽车(zero-emission vehicle,ZEV)的指令(mandate),以及发布有关部署公共充电基础设施的战略。不过,当前的政策重心应着眼具体,而非聚焦宏观。需要制定并落实明确有效的年度目标,以巩固迄今为止所取得的进展。首先,政府应确保电动汽车的生产立足于可持续(sustainable)和环保(ethical)的供应链,并将电动汽车生产中的碳排放量降至最低。这可能包括激励小型车辆的销售,并引入要求电池可重复使用和可回收的法规。其次,政府对电动汽车行业子部门的干预应侧重于创造条件,使其能够继续快速、公平地扩大规模。这既囊括了解决市场失灵的问题,又包含清除电动汽车普及的障碍,甚至还涉及为工人提供与新能源汽车产业相关的职业技能提升。最后,政府还确定了新的传统巴士和重型货车的淘汰日期,这项措施将确保到2040年所有新车辆完全实现零排放。

第三,限制汽车流量的增长。限制汽车流量的增长,是地面交通运输业实现净零目标的另一个抓手。减少汽车流量不仅可以立即减少"从燃油车过渡到零排放汽车"阶段的碳排放,还可以持续增进公共利益,譬如减少交通拥堵、改善空气质量和节省出行成本。不过,英国政府仅仅为限制汽车流量的增长提供了大量资金,尚未设定明确目标和具体手段。

2. 建筑物能耗(Buildings)

建筑物能耗是英国的第二大碳排放源。2021年,建筑物能耗占英国总碳排放量的20%。而由于新冠疫情,人们的生产生活方式发生重大改变,居家工作的人数大大增加,由此导致家庭的暖气和热水供应成为建筑物能耗中的大头。[1]基于这一基本事实,英国政府在降低建筑物能耗上的努力主要集中在以下几个方面:

第一,发展低碳供热。英国政府一直在为低碳供热市场的发展创造有利条件。英国政府设定的目标是到2028年,每年至少安装60万台热泵,到2035年达到190万台安装量。为了实现这一目标,英国政府在2022年5月与热泵制造商达成了提高产能的意向,后续准备进一步推进、落实。[2]但扰英国建筑低碳供热的真正难题在于热泵的安装进度。尽管2021年全英的热泵安装数量相较2020年增加了47%,却仅安装了5.5万台热泵,距离英国政府的"宏伟目标"仍有着不小差距。

第二,推动脱碳改革。连日高涨的能源价格以及英国政府放弃石油天然气的承诺,使得提升建筑物的能耗效率和促进建筑物的电气化改革比以往任何一个时期都更具说服力。但和前述问题一样,英国政府的行动力度是项目推进的最大阻力。比如,政府计划在2021年对超过15万户家庭进行能效升

---

[1] COVID-19的大流行推动了居家工作人群的增加,影响了住所和商业建筑的正常使用模式。

[2] BEIS(2022) A market based mechanism for low carbon heat-summary of responses received and government response(July 9, 2023),https://www.gov.uk/government/consultations/market-based mechanism-for-low-carbon-heat.

级,到 2025 年,接受能效升级的家庭数量增加到每年 50 万户,2030 年之后每年需要增加到 100 万户。显然,目前的改革速度太慢了。

第三,增进公共意识。政府在提高公众对英国建筑脱碳必要性的认识,以及促进家庭和企业获得低碳排放选择方面发挥着至关重要的作用。政府应利用其即将推出的能源咨询服务(energy advice service),向当地合格的贸易商和供应商提供可靠的信息和途径。该服务应伴随着广泛的宣传活动,以覆盖所有家庭,并持续监测其覆盖范围和有效性。

3. 制造业和建筑业(Manufacturing and Construction)

英国是将制造业和建筑业作为一个行业整体来进行统计的。2020 年度,整个制造业和建筑业的碳排放量约占到英国总碳排放量的 14%。而英国政府所采取的碳排放管理举措主要集中在以下两个方面:

第一,政府承诺。英国政府承诺到 2035 年,整个制造业和建筑业相较 2019 年将减少 63%—76% 的碳排放量。不过,在此目标上,英国政府的挑战依旧严峻。虽然 2020 年度制造业和建筑业的碳排放量下降了 5%,但 2021 年又整体反弹至 2019 年的水平。更重要的是,2021 年制造业和建筑业的总附加值(Gross Value Added,GVA)比 2019 年低了 3%,这表明单位 GVA 的能耗增加了。

第二,政策进展。英国政府在 2022 年有几项重大的政策进展,包括就英国碳排放交易体系上限与净零目标相一致的咨询、英国政府的关于产品标准计划、氢能源的利用和碳捕集、利用与封存(Carbon Capture, Utilization and Storage,CCUS)商业模式的发展等。这些政策可能会提供该行业所需的大部分减排量。

但英国政府在制造业和建筑业的碳排放管理上亦有缺陷之处:首先,CCUS 商业模式的部署出现初步的延迟迹象,制造业中的碳捕集与封存进展比政府预定的部署路线要落后一年;其次,能效政策的成效尚不明晰,英国政府应阐明其在能源效率方面的雄心以及有何具体手段;最后,在《气候变化协议》(Climate Change Agreements)中,英国 ETS 仅关注电量的消耗,而非能效的提升,政府应通过修改《气候变化协议》来解决这一问题。

4. 电力供应行业(Electricity Supply)

2021 年,电力供应行业所产生的碳排放量约占英国总碳排放量的 11%,其中的绝大部分来自燃气发电站。而与 2020 年相比,电力供应行业 2021 年的碳排放量增加了 10%,达到 48.3$MtCO_2e$,远高于政府在净零战略中为该行

业设置的 $15MtCO_2e$ 之目标。[1]

在具体的电力供应行业碳排放管理上,英国政府还停留在宏观承诺方面。英国政府承诺到 2030 年,95% 的电力供应实现低碳发电,到 2035 年实现完全脱碳发电。英国政府还做出了提高可再生能源和核能发电产能的承诺。但如今最重要的是如何落实政府的承诺。因为与其他行业相比,英国政府在电力供应行业上缺乏总体交付计划或战略,应当阐明其如何实现到 2035 年完全脱碳发电的目标。这不仅要确定每个要素所需的贡献,评估现有政策是否足以实现这一目标,还要为可能出现的重大风险制定相应的应急措施。

5. 燃料供应行业(Fuel Supply)

在 2020 年,燃料供应行业的碳排放量占到英国总碳排放量的 8%,其中占大头的是化石燃料的供应,为燃料供应行业碳排放量的 87%。

基于前述事实,以及俄乌冲突致使欧洲化石燃料价格高企,英国政府发布了能源安全战略(Energy Security Strategy, ESS),并采取了如下几项重要措施:

第一,提高制氢能力。ESS 承诺英国政府 2030 年的制氢能力将会从 5 GW 提升到 10 GW,并明确表示,其中至少一半氢气将利用可再生能源由电解方式产生(即绿氢)。[2]这一承诺的隐忧在于另一半如何兑现。按照现有的技术条件,"蓝氢"是"绿氢"的主要补充。[3]尽管"蓝氢"的生产无需以可再生能源的强劲增长为先决条件,但其资本支出和运营成本高昂,必须有可靠的天然气供应,且碳捕集与储存技术对地质条件的要求比较高。因此,"蓝氢"的获取比"绿氢"难度更大。

第二,发放新一轮石油和天然气开采许可。英国政府在 ESS 中指出,提高英国北海地区的石油和天然气产量有助于减少英国对俄罗斯化石燃料的依赖。为此,英国政府于 2022 年 5 月 26 日宣布了能源利润税,该税特别为投资石油和天然气开采的公司提供了 90% 的税收减免优惠。[4]

[1] BEIS(2022) Provisional UK greenhouse gas emissions national statistics 2021;BEIS(2022) Final UK greenhouse gas emissions national statistics:1990 to 2020;BEIS(2021) Net Zero Strategy;CCC(2020) Sixth Carbon Budget.

[2] BEIS(2022) British Energy Security Strategy(July 9, 2023), https://www.gov.uk/government/publications/british-energy security-strategy/british-energy-security-strategy.

[3] 蓝氢(Blue Hydrogen)也由化石燃料产生而来,主要来源是天然气。与绿氢相比,蓝氢具有两个明显的优势:一是电力需求较低,二是融入了碳捕集与储存(CCS)技术。

[4] HM Treasury(2022) Energy Profits Levy Factsheet(July 9, 2023), https://www.gov.uk/government/publications/cost-of living-support/energy-profits-levy-factsheet-26-may-2022.

第三,提出生物质能战略。英国政府于 2021 年发布了生物质能政策声明,列出了生物质能战略的范围,并强调将生物能源与碳捕集与储存技术结合使用的必要性。

6. 农业和土地利用行业(Agriculture and Land Use)

在 2020 年,农业和土地利用行业的碳排放量占英国总碳排放量的 12%。农业的碳排放源主要是牲畜、农田和农机;土地利用行业的碳排放源主要来自农田、草地和林地的碳变化,以及通过自然封存(如森林生长时)的清除量。

农业碳排放的主要组成是甲烷和一氧化二氮。前者要么是在牲畜消化过程中经由肠道发酵排出,要么是在牲畜的粪便中释放出来;后者主要由人们在土壤上使用农业肥料产生。因此,英国政府在农业方面的降碳措施主要是共同农业政策(Common Agricultural Policy,CAP),其核心是减少牲畜的数量,减少无机肥料的使用。

英国政府在土地利用方面的降碳目标是:到本世纪 30 年代中期,土地利用行业必须成为净汇;在 2025 年,泥炭地恢复面积将大幅增加,达到 67 000 公顷/年;到 2025 年,年植树量达到 30 000 公顷,2050 年达到 50 000 公顷;到 2050 年,林地覆盖面积从英国土地面积的 13% 增加到 18%。

二、碳责任管理

英国一直走在全球减少碳排放和应对气候变化的前沿,通过有效的碳责任管理实现了这一目标。这包括实施绿色行动和通过信息披露确保透明度。绿色行动指旨在减少碳排放和促进可持续实践的举措,信息披露则指分享有关公司碳足迹和环境影响的数据和信息。这两个元素结合在一起,形成了英国碳减排的强大工具。

(一) 绿色行动

1. 企业的绿色行动

为了支持加速实现英国的净零目标,英国许多企业正积极采取绿色行动,逐步制定一系列碳减排和净零战略。

英国企业在支持净零过渡方面发挥着重要作用:第一,脱碳运营。纵观其运营,企业可以通过改用低碳或零碳替代品来减少自己的直接排放和间接排放,例如将车辆转换为电动、电气化车辆以及改变电力供应可再生能源。第二,促进创新。英国企业有能力开发和提供创新的技术和商业模式,包括改变更广泛的供应链,在某些情况下彻底改革传统和既定的商业惯例,以实现向净零过渡所需的过渡。例如通过再利用减少总体消耗的循环经济原则。第三,利用采购。企业可以利用个人和集体的购买力来创造对低碳产品和工艺的需求。第四,制造和生产。英国将负责改变制造和生产技术和实践,以创造实现净零所需的商品和流程。第五,推动员工和客户做出"净零决策"。公司可以为这些群体提供信息、替代方案和支持,以引导他们选择低碳的生活方式。第六,为宏观政策提供支持。私营部门可以通过商业案例、技术可能性和接受变革的意愿来证明雄心勃勃的政策是可能的和可取的。第七,树立国际领导地位。英国公司和在英国运营的跨国公司可以通过制定雄心勃勃的战略和目标、使国际运营和供应链脱碳以及为全球更广泛的系统性变革做出贡献来支持全球范围内的净零目标。①

英国许多企业为促进达成减排目标自主制定了详细的绿色行动计划方案。例如盖普集团(GAP Group)在其网站上发布详细的绿色行动计划(更新于 2017 年 1 月),列出了其为减少碳足迹而采取的积极步骤,以及为帮助客户减少碳足迹而提供的支持。②具体包括以下行动:其一,废物回收。在 GAP 总部,设有完善的回收系统,在整个大楼内设有"绿色区域",用于回收各种材料,包括纸张、锡罐、塑料和打印机墨盒等,在每个 GAP 工厂和工具仓库,废弃油料回收率高达 98%,橡胶履带和轮胎也由专业供应商收集,按照欧盟环境法规的要求进行回收。其二,使用可再生能源。GAP 在总部的屋顶上安装了太阳能电池板,还在全国的许多仓库安装了雨水收集系统用于为清洁设备的高压清洗机提供天然来源的水源,在全国各地仓库都有传感器照明和节能 LED 灯,以帮助减少能源消耗。其三,员工计划。为员工提供 Cycle 2 Work 计划,鼓励他们将汽车留在家中,实现零排放通勤;对公司驾驶员进行培训以确保他们高效驾驶并为减少碳足迹做出贡献。其四,设备采购。采购低能耗、低噪音、低排放的绿色产品,从对环境负责、致力于最大限度地减少自己的碳足迹并且其环境前景与本企业相匹配的供应商处购买设备。

除了企业自主制定绿色行动计划,英国政府部门也发布简报旨在帮助企

① 英国气候变化委员会网站,https://www.theccc.org.uk/wp-content/uploads/2020/12/The-role-of-business-in-delivering-the-UKs-Net-Zero-ambition.pdf(2023 年 7 月 9 日)。

② 英国盖普集团网站,https://www.gap-group.co.uk/about-us/green-action-plan(2023 年 7 月 9 日)。

业更好地了解英国环境政策并建议企业采取相关行动。2020 年 12 月,英国气候变化委员会(Climate Change Committee)对英国企业提出了若干绿色行动建议,以便在运输、建筑、制造、电力等多个领域实现净零排放。[①]

2. 社会机构的绿色行动

除了企业之外,英国一些社会机构在实现 2050 年净零目标中亦发挥着不可忽视的作用。例如由英国商业、能源和工业战略部(BEIS)赞助的非部门公共机构——英国研究与创新机构(UK Research and Innovation,UKRI)。UKRI 设立的宗旨是为英国企业提供服务,其在 2021 年 11 月发布的行动计划——《建设未来经济:英国商业创新行动计划》(*Building the future economy:plan for action for UK business innovation*)中就包含了支持企业实现净零排放的工作计划。UKRI 支持企业采取新的方法,在能源系统、农业和食品生产、运输、建筑、制造和材料使用、服务以及许多其他领域实现净零排放。[②]

(二) 信息披露制度

英国是全球最早提出发展低碳经济的国家之一,在企业碳信息披露制度的建立和完善方面居于世界领先地位。英国《2006 年公司法(2013)》要求所有在伦敦证券交易所主要市场上市的英国公司必须在年度报告中披露其温室气体排放量的全面数据,包括二氧化碳当量(CO_2e)年度排放的绝对数、相对数以及计量方法等。这部法律让英国成为世界上第一个要求上市公司进行强制性碳排放报告的国家。

尤其值得一提的是英国的非政府组织"碳信息批露项目"(Carbon Disclosure Project,CDP)。该组织是最早推动碳排放信息披露的机构,其每年都会邀请企业参与问卷调查,企业可以选择参与也可以拒绝调查,CDP 则将收回的调查报告对外公开。在气候变化日趋严重的背景下,为了引起投资者对相关碳信息的关注,CDP 将企业的碳信息披露纳入到投资者进行选择时要考虑的因素当中,促使企业给予碳排放等低碳战略更多的关注。随着社会各阶层对低碳可持续发展战略的关注,越来越多的企业通过 CDP 对企业的碳信息进行披露。

---

① 英国气候变化委员会网站,https://www.theccc.org.uk/wp-content/uploads/2020/12/The-role-of-business-in-delivering-the-UKs-Net-Zero-ambition.pdf(2023 年 7 月 9 日)。

② 英国研究与创新机构网站,https://www.ukri.org/about-us/innovate-uk/our-plan-for-action/net-zero/(2023 年 7 月 9 日)。

截至 2023 年 6 月,全世界有超过 18 700 家企业参与到该项目,接受项目的问卷,主动对企业的碳信息进行披露,同时对企业潜在的风险和不足进行评估,对企业的绿色未来前景进行规划,树立起符合企业实际情况的环保战略目标。

第三节 碳交易与碳信用管理

2002 年英国建立并启动了全球首个碳排放交易市场(UK ETS),于 2007 年并入欧盟碳排放贸易体系,2021 年英国能源白皮书声明英国将脱离欧盟的碳交易体系,从 2021 年 1 月 1 日起恢复本国排放交易市场。脱欧后的 UK ETS 大部分借鉴了与欧盟碳市场第四阶段运行相类似的机制,但同时也进行了少数具有英国特色的制度设计。

一、交易规则

2020 年 11 月,英国排放交易体系被引入了立法草案,2020 年 12 月英国政府正式决定建立独立的英国排放交易体系,而非此前 2018 年曾考虑过的碳税手段(Carbon Emissions Tax, CET),此后英国立法机构通过了《2020 温室气体排放交易令》(The Greenhouse Gas Emissions Trading Scheme Order 2020)作为实施碳市场的直接法律基础。[①]该命令建立了英国脱欧后的排放交易制度,适用于电力部门、能源密集型行业和航空领域的温室气体排放活动,详细规定了与该命令范围内的配额分配和回收规则,为医院和小型排放源制定了一些简化规定,其制度设计还与欧盟监测、报告和核查等计划进行衔接,旨在实现脱欧后有关部门与欧盟碳市场的平稳过渡。同时该命令附有执行和处罚条款。2022 年 1 月,《2020 年温室气休排放交易令》修正案公布,进行了多项修正。[②]

(一) 机构设置

英国 ETS 管理局及其监管机构为运营商提供有关其遵守英国碳排放交

[①] UK Public General Acts, The Greenhouse Gas Emissions Trading Scheme Order(2020).

[②] UK Public General Acts, The Greenhouse Gas Emissions Trading Scheme(Amendment) Order (2022).

易义务的指导。英国政府还为碳市场设立了专门的监管机构，在不同领域具有较为明确的职权和分工，能源及气候变化部（Department of Energy and Climate Change，DECC）负责碳排放权交易体系的监督管理，金融行为管理局（Financial Conduct Authority，FCA）负责监管碳排放权的金融衍生品，如碳期权、期货等。UK ETS监管体系的设计由碳排放监管和碳交易监管组成，具体包括碳排放量数据监管系统和碳信用交易监管系统。

1. 交易原则

UK ETS通过分配和交易温室气体排放配额来延续欧盟碳排放市场的交易，一份配额等于一吨二氧化碳当量，每年年底，该计划覆盖的设施必须有足够的配额来支付其温室气体排放量。排放配额还可以灵活地在市场进行交易。排放交易计划采用"总量控制和交易"原则，即对计划涵盖的部门可以排放的某些温室气体的总量设定上限。在此上限内，参与者可以根据需要，通过拍卖或在二级市场上获得配额。英国碳排放交易的第一阶段将从2021年到2030年运行，分为两个分配期。对于总量设定第一个分配期为2021—2025年，总共7.36亿吨CO_2当量的配额总量，第二个总量设定的分配期为2026—2030年，总共6.3亿吨CO_2当量的配额总量。总量设定都将根据医院和小型排放源的退出情况进行调整。2021年的年度总量为1.557亿吨CO_2当量，每年将减少420万吨CO_2当量，相当于第一年减少2.7%。英国政府表示，将在国家气候变化委员会就实现净零排放的成本效益高的途径提出建议后的9个月内，围绕总量限额的下降路线图进行磋商。

2. 处罚机制

民事处罚是UK ETS的主要处罚形式，《2020温室气体排放交易令》的第七部分涵盖了UK ETS的处罚与执法内容。[1]首先，监管机构针对违反或可能违反交易令、许可证/排放监测计划，或者《2018年监测和报告条例》的行为发出执法通知，责令运营商限期改正，并告知有关上诉权的信息。监管机构可以在任何时候撤回执法通知。交易令还详细说明了关于碳定价的计算方法，并且英国排放交易计划主管部门最晚在计划年度的前一年11月30日或之前公开发布后续计划年度的碳价格。第二，处罚通知和支付罚款，如果监管机构认为运营商违反了交易令的第50条至第68条的规定，可以对其进行民事处罚，

---

[1] 英国议会法案网站，https://www.legislation.gov.uk/uksi/2020/1265/part/7/made（2023年7月9日）。

发出处罚通知之前必须先发出"初始通知"，列出违反的规定内容、可施加的非递增处罚的最高金额、每日罚款的最高比率和可能施加的每日罚款的最高数额，每日罚款从发出初始通知之日起算。如果监管机构认为可以计算出该运营商应承担的每日罚款总额（包括每日罚款达到最高数额的情况），则可以向其发出"处罚通知"。收到处罚通知的运营商则必须在到期日或之前向通知中列出的机构支付罚款。处罚通知中的民事罚款可以作为民事债务由监管机构进行追讨，监管机构还应尽快将处罚通知报告给相关的国家机关，并且支付收到的所有款项。如果处罚通知由首席检查员发出，则款项支付给农业、环境和农村事务部；如果由国家环保局（SEPA）发出，则支付给苏格兰大臣；如果由威尔士自然资源机构（NRW）发出，则支付给威尔士部长，在其他任何情况下支付给国务大臣。第三，关于违反第 26 条的规定，在没有许可证的情况下进行温室气体排放的设施也会被施加民事处罚，民事罚款金额计算方式为：$CA+(RE×CP)$，CA 是指运营商在计划年度内因在没有许可证授权的情况下开展受监管活动而避免的成本估算，RE 是指在计划年度内开展没有许可证授权的受监管活动时，该设施的应报告排放量估算，CP 是该计划年度的碳价格。另外在确定处罚金额之前，监管机构可以灵活地增加一个系数，以确保民事处罚的金额超过运营商因违反规定而获得的经济利益的价值。

2022 年《温室气体排放交易令》修正案主要是对执法和处罚部分的内容进行了增补：第一，任何人在检查设施运行的场所时故意妨碍监管机构或被授权的人员，构成交易令第 40 条的罪名；第二，未遵守交易令第 34 V 条的规定，拒不退还无权占有配额的个人将会受到民事处罚，被处罚 20 000 英镑，并从发出初始通知之日起每日增加 1 000 英镑；第三，根据交易令第 52 条，未能按期交付指定配额的航空运营商将被处以"超额排放罚款"的情形，修正案新增加了可能触犯本条的几个条件。

（二）交易平台

英国碳排放交易市场，以欧盟碳交易市场的第四阶段为蓝本，允许 UK ETS 作为独立计划运作，也可以在与欧盟达成协议的情况下与欧盟碳交易市场挂钩。覆盖范围保留了欧盟碳交易市场的规定，对于参与者的监测、报告和验证义务也基于欧盟交易市场第四阶段的要求。但是排放上限比英国在欧盟碳交易市场中的份额要低。

1. UK ETS 的覆盖范围

UK ETS 的覆盖范围包括英国主权管辖范围内的能源密集型工业、制造业、电力部门,以及部分航空活动,包括在总额定热输入超过 20 兆瓦的装置中燃料的活动、炼油、重工业和制造业的活动,以及英国国内、英国与欧洲经济区国家(European Economic Area)之间、英国往返直布罗陀的民用航空活动、英国往返瑞士的航班,[①]受 UK ETS 的监管活动详情在《2020 温室气体排放交易令》的附表 2 中列出,[②]航空活动的完整定义和具体范围在《2020 温室气体排放交易令》的附表 1 中列出。[③]另外,由于北爱尔兰的发电设施是爱尔兰岛单一电力市场的一部分,仍然归入欧盟碳市场进行规制。

为减轻管理负担,存在一些简化规定,每年排放量低于 25 000 吨 CO_2 当量(不包括生物质排放量)、净额定热输入低于 35 MW 的医院和小型排放源,可以选择退出排放交易体系,UK ETS 采取监测和报告其排放量以实现年度减排目标,对于每年排放量低于 2 500 吨 CO_2 当量(不包括生物质排放)的超小型排放源,仅对其排放进行监测,排放超过阈值时通知监管机构,免于参与碳市场。

2. UK ETS 的准入——设施许可证

进行英国排放交易,须持有英国排放交易计划监管机构颁发的许可证,可以是温室气体排放许可证、医院/小型排放源许可证,或飞机运营商的排放监测计划。

持有欧盟 ETS 和 2012 年温室气体排放交易计划条例颁发的许可证的,英国要求监管机构必须通知参与者将许可证转换为符合《2020 温室气体排放交易令》附表 6 要求的温室气体排放许可证。对于列入 2021—2025 年分配期医院和小型排放器清单的设施,要求监管机构将许可证转换为符合附表 7 要求的医院或小型排放设施许可证。

许可证可以申请、变更、转让、退还和撤销。许可证的申请按照附表 6 进行,仅当监管机构认为设施的运营商将能够根据许可证监测和报告设施的可

① Department for Business, Energy & Industrial Strategy, Welsh Government, The Scottish Government, and Department of Agriculture, Environment and Rural Affairs(Northern Ireland), Developing the UK Emissions Trading Scheme(*UK ETS*), (March 25, 2022), https://www.gov.uk/government/consultations/developing-the-uk-emissions-trading-scheme-uk-ets♯full-publication-update-history.

②③ UK Public General Acts, The Greenhouse Gas Emissions Trading Scheme Order 2020(July 9, 2023), https://www.legislation.gov.uk/uksi/2020/1265/schedule/2/made.

报告排放量时，才可以为其颁发温室气体排放许可证。当产生需要批准的变更（容量、活动水平或设施操作的变更）时，运营商必须申请更改其许可证，并通知监管机构在许可证中说明。另外监管机构有权随时更改许可证。许可证持有人可以将许可证转让给新的运营商，由双方共同向监管机构提出申请。如果装置停止运营或不再进行受监管的活动，并且在技术上无法恢复运营，运营商必须在运营结束后 1 个月内向监管机构申请退还许可证，超出期限则需要监管部门同意。当退还申请获得批准时，监管机构会发出"退还通知"，列出许可证的失效日期，并要求运营商报告当年经核实的排放量。如果运营商未能在要求的期限内申请退还许可证，监管机构将在合理可行的情况下尽快撤销许可证。此外，许可证也可能因不遵守许可证条件或排放交易令的规定而被撤销。关于医院或小型排放源的许可证要求列于附表 7 中。

航空活动不需许可证，而是申请相同功能的排放监测计划，排放监测计划应在航空运营商开始活动的 42 天内完成申请，计划将列出航空运营商的航空排放的监管手段。航空活动低于超小型排放源阈值（25.000 吨）、来自航空活动的排放不到 3 000 吨的航空运营商免于验证其二氧化碳排放报告。

3. 配额管理系统

配额的核算在英国的注册系统中进行，需要运营商在英国排放交易登记处拥有一个账户，①以获得和提交配额。对于与欧盟碳交易系统的衔接，运营商通过以前在欧盟排放交易体系下使用的排放交易系统工作流程自动化程序（ETSWAP）申请和获得许可证，并提交报告。航空运营商和设施运营商也将继续使用 ETSWAP 系统，直到被新的许可、监测、报告和验证系统（PMRV）取代。PMRV 比 ETSWAP 更简单直观，尚在英国 ETS 管理局的开发研究过程中，将在获得政府批准并确定日期后开始分阶段启动，用于安装操作员和验证员的 PMRV 系统于 2022 年秋季启动，而用于飞机运营商及验证员的 PMRV系统则将于 2023 年秋季启动。

（三）交易方式

排放"上限"机制是 UK ETS 交易方式的关键组成，其能够确保英国的

---

① 英国排放交易登记处（UK ETS Registry），运作方式与在线银行账户类似，"Registry"是一个安全的在线应用程序，既可以作为持有配额的英国排放交易计划登记处，也可以作为持有国际单位的英国京都议定书登记处。

碳排放总量得到有效控制。免费配额和拍卖成为配额获取的主要途径,免费配额侧重于公法层面,重点是行政分配;拍卖侧重于私法层面,重点是市场价值。

1. 排放"上限"机制

为了与英国政府及英国气候变化委员会所提出的"净零轨迹"以及正在进行的第六次碳预算的规划保持一致,UK ETS 的总量控制制度要求全英国的排放总量有"上限",从 2021 年 1 月 1 日起,UK ETS 第一阶段的上限最初设定为低于英国在欧盟 ETS 第四阶段(2021—2030 年)中预期的 5%。

配额上限的计算方式为在一个计划年度内创建的配额数量不得超过计划年度的基数乘以医院和小型排放源的减排系数,[①]第一分配期(2021—2025年)内医院和小型排放源的减排系数为(RE1-SI1)/RE1,其中 RE1 是所有设施和航空运营商在 2016 年、2017 年和 2018 年的应提交排放总量,SI1 是包含了医院和小型排放源的所有设施在 2016 年、2017 年和 2018 年的应提交排放总量。第二分配期(2026—2030 年)内的医院和小型排放源的减排系数为(RE2-SI2)/RE2,RE2 是所有设施和航空运营商在 2021 年、2022 年和 2023年的应提交排放总量,SI2 是包含了医院和小型排放源的所有设施在 2021 年、2022 年和 2023 年的应提交排放总量。

现行立法上限规定了第一阶段(2021—2030 年)的总限额为 13.65 亿。为了与净零轨迹保持一致,保证参与 UK ETS 的运营商在脱欧后实现交易市场的平稳过渡,英国碳排放交易管理局建议第一阶段的总限额应在 8.87 亿至 9.36 亿之间,相当于在整个阶段减少约 30%—35%,到 2030 年可能年限额约为5 000 万。上限机制导致各个部门的确切减排量存在不确定性,以及减排量可能甚至不足以满足第四次碳预算,这导致英国政府可能需要在其他部门寻求额外的减排量,以发挥尽可能的脱碳潜力。

2. 配额的获取方式之一:免费配额

配额的免费分配是目前在英国排放交易体系中解决碳泄露风险的主要政策工具,最有可能发生碳泄露风险的参与者可能会被提供部分免费配额,以提高竞争力,支持他们向低碳经济的过渡。是否有权获得免费配额将由历史活动水平、行业基准和碳泄漏暴露系数(CLEF)共同确定。最初使用的基准和碳泄漏暴露系数(CLEF)是欧盟碳市场第四阶段的标准,历史活动水平也是基于

---

① UK Public General Acts, The Greenhouse Gas Emissions Trading Scheme Order 2020.

根据欧盟碳市场收集的数据。免费分配的最大配额数最初设定为英国在欧盟排放交易体系第四阶段行业上限中的名义份额,2021 年约为 5 800 万配额单位,这个数字约为英国排放交易计划上限的 37%,每年将减少 160 万配额单位。同时,碳泄露风险的分析也为免费分配的政策设定提供了一定的考量因素。碳泄露的缓解政策主要包括碳边界调整机制(CBAM)、工业脱碳需求侧政策/强制性产品标准等。

由于 UK ETS 中免费配额分配的政策在很大程度上与欧盟 ETS 第四阶段的免费分配方法一致,在英国政府对英国碳定价未来咨询的回应中,英国政府承诺随着计划的发展,将审查并制定英国的免费分配方法,以确保其符合目的,为英国的气候变化目标作出贡献。该行动分为两个阶段,第一阶段将调整各个行业的免费配额分配,于 2024 年开始生效,第二阶段将侧重于制定参与者的免费配额分配机制,于 2026 年开始生效。

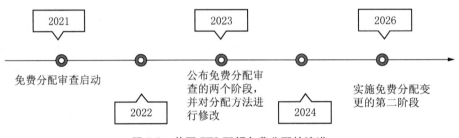

图 7-2 英国 ETS 配额免费分配的演进

资料来源:Department of Agriculture, Environment and Rural Affairs:Developing the UK Emissions Trading Scheme(UK ETS),https://www.gov.uk/government/consultations/developing-the-uk-emissions-trading-scheme-uk-ets#full-publication-update-history(2023 年 7 月 9 日)

根据英国现行的行业计划,行业上限设定为英国在欧盟 ETS 第四阶段的行业上限中的名义份额,相当于 2021 年约 5 800 万个配额,每年减少约 160 万个配额。但是行业上限目前被立法规定为固定的数额,不会随着总上限的变化而自动调整。如果参与者根据碳泄露风险、基准效率和历史活动水平而获得的免费配额数量高于行业上限,则启动跨部门校正因子(CSCF),该系数对每个参与者的免费分配按比例减少。如果参与者获得的免费分配数额低于行业上限,这些配额将被保留,用于未来几年 CSCF 的缓解。但是 CSCF 的触发会导致参与者的免费配额减少,因此为了保持市场的流动性和交易体系的可信度,管理局有意重设行业上限,为第二阶段的免费分配做好准备。此前英国 ETS 管理局已确定不会在 2021—2025 年分配期间应用 CSCF,另外英国政府承诺在过渡期间不会因净零目标而降低免费配额的数量，以确保具有碳泄露风险的部门得到平等激励的待遇。

对于申请在 2021 年至 2025 年分配期免费配额的合格装置的运营商以及新进入 UK ETS 的参与者将获得免费配额。免费配额申请的有效期由英国 ETS 管理局决定。该申请经监管机构计算、ETS 管理局批准之后会在分配表中公布，分配表会定期更新。2021 计划年度的免费配额已于 2021 年 5 月 26 日分配给在 UK ETS 登记处持有账户的运营商。

3. 配额的获取方式之二：拍卖

除了免费获得配额之外，拍卖也是 UK ETS 体系中配额分配的主要方式。UK ETS 的拍卖于 2021 年 5 月 19 日开始，由欧洲洲际交易所 ICE Futures Europe 提供 UK ETS 下的拍卖平台和二级市场服务。拍卖中可用的配额量由拍卖日历确认，2022 年拍卖日历于 2021 年 11 月 3 日首次发布，ICE 于 2022 年 9 月 6 日发布了更新版本的 2022 年拍卖日历[1]，是基于航空运营商免费配额分配的最新版本，预留了 803 500 个剩余配额，但由于 2022 年航空领域不需要免费配额，根据规定这些配额将通过拍卖方式，投入 2022 年 9 月 21 日到年底的拍卖市场中。2023 年拍卖日历将于 2022 年下半年发布，拍卖日历确定后还可能进行小幅修改。

《拍卖规则》管理英国配额（UKAs）的拍卖和二级市场的交易，[2]《拍卖条例》和《解释性备忘录》包含 UK ETS 拍卖相关的政策背景。拍卖由 HMT 授权给 BEIS 开展，负责拍卖的进行。《拍卖条例》还确定了金融行为管理局 FCA 在英国排放交易计划中的市场与拍卖的监督作用。

拍卖参与者需要在 ICE 注册为指定的拍卖平台，可以开立 UK ETS 交易账户，如果已经持有 UK ETS 的许可证或排放监测计划，则可以使用其运营商持有账户（OHA）或航空运营商持有账户（AHOA）参与拍卖。

拍卖方式为单轮、统一价格、密封投标拍卖，每两周举行一次。即使不是所有的配额都被投标，剩余配额仍然可以在拍卖中出售，旨在限制低需求导致的供应减少，并帮助配额更容易流入市场。未在拍卖中出售的任何剩余配额将在以下四场拍卖中重新分配，但最多占拍卖原始配额的 125%。超过此限

---

[1] ICE Futures Europe, *Circular 22/128 2022 Revised Auction Calendar*：*ICE Futures Europe UKA Auctions*（September 6，2022），https://www.theice.com/publicdocs/circulars/22128.pdf.

[2] The Treasury, *The Greenhouse Gas Emissions Trading Scheme Auctioning Regulations 2021*（April 21，2021），https://www.legislation.gov.uk/uksi/2021/484/contents.

额,配额将转入市场稳定机制账户。《温室气体排放交易令》《拍卖条例》规定了拍卖平台如何计算清算价格:拍卖清算价格是投标数量之和等于或超过拍卖配额量的投标价格,如果这种计算方式得出的清算价格,远低于在投标窗口期和上次二级市场的现行价格,则采用不远低于现行二级市场价格的最低出价。因此,在拍卖开始之前,拍卖平台必须对清算价格与现行的二级市场价格进行比较和验证。

此外,UK ETS 拥有一个 22 英镑的过渡性拍卖底价(ARP),该底价将一直存在直到用于市场稳定的供应调整机制(Supply Adjustment Mechanism,SAM)开始实施。拍卖底价确定了可以在拍卖中出售配额的最低价格,低于此价格的出价将无法拍卖,ARP 值是在 2021 年 2 月 11 日发布的《拍卖条例》中确定的。随着英国 ETS 的发展,拍卖底价水平将日益成熟,作为计划磋商的一部分,英国政府有意撤回 ARP,以使英国的 ETS 上限与净零轨迹适当保持一致。

通过拍卖或者免费分配获得配额后,就可以在英国 ETS 二级市场上进行交易,因此,二级市场为市场参与者提供了拍卖、分配以外获取配额的手段,它使参与者能够对未来碳排放进行提前计划。ICE Futures Europe 拥有英国碳配额衍生品的二级市场。

4. 配额的提交

运营商对于每年可提交的排放量进行监测,并在下一年提交相等的配额。报告年度为每年的 1 月 1 日至 12 月 31 日。就设施而言,可报告的排放量是指设施在进行受监管活动的总指定排放量(以吨二氧化碳当量计)。所有的年度排放量的监测和报告均由独立的验证机构进行检验,验证机构的核查员将检查数据的完整性、可靠性,以及与申请阶段提交的排放报告的一致性。向监管机构提交报告的截止日期为次年的 3 月 31 日。2022 年《温室气体排放交易令》修正案允许监管机构以书面形式授权符合要求的人或者机构对温室气体排放场所进行检查。

第四节 碳管理政策

碳管理政策旨在推动经济可持续发展,减少温室气体的排放,促进绿色技术的发展,为全球应对气候变化的挑战作出贡献。英国一直在努力制定并实施一系列创新的碳管理政策,以减轻气候变化的不可逆影响。这些政策包括碳排放配额分配政策、碳税政策、绿色金融政策等,涵盖了不同层面和领域。

一、碳排放配额分配政策

英国碳排放配额的分配政策有以下重点:

第一,总量设定机制。英国的第一个碳排放总量分配期为 2021 至 2025 年,总共设定了 7.36 亿吨二氧化碳当量的配额总量,并视医院和小排放源的退出情况进行动态调整。第二个碳排放总量分配期为 2026 至 2030 年,总共设定了 6.3 亿吨二氧化碳当量的配额总量,同样视医院和小排放源的退出情况进行动态调整。这一碳排放总量的设定比英国在欧盟排放交易体系第四阶段的名义份额要低 5%。

第二,配额分配机制。拍卖是英国碳排放配额分配的主要方式。英国拍卖机制专门设置了一个 22 英镑的过渡期拍卖底价,该底价将一直存在,直到用于市场稳定的供应调整机制(Supply Adjustment Mechanism,SAM)开始实施。每次拍卖开始之后,即使不是所有的配额都被出售,拍卖的总量也是确定的,未售出的配额将转结到接下来的四次拍卖中,最高可达该次拍卖中最初预备出售的配额的 125%。如果随后的四次拍卖都达到了 125% 的上限限额,剩余的未售出配额将转入市场稳定机制账户的储备中。需指出的是,英国将使用历史活动水平、行业基准和碳泄漏暴露系数(CLEF),来确定有碳泄漏风险的工业企业参与者有权获得的免费配额数量。而最初使用的行业基准和碳泄漏暴露系数(CLEF)是欧盟碳市场第四阶段的基准,历史活动水平也基于欧盟碳市场收集的数据。因此,采取与欧盟碳市场相似的标准,很可能会导致英国碳市场针对排放设施的免费分配数额达到与欧盟碳市场第四阶段英国本应获得份额相同的水平。

免费分配的最大配额数最初设定为英国在欧盟排放交易体系第四阶段行业上限中的名义份额,2021 年约为 5 800 万配额单位,这个数字约为英国排放交易计划上限的 37%,每年将减少 160 万配额单位。英国政府相关部门将在 2021 年对免费分配规则进行审查,为在第一个交易期内有资格参与的排放设施,以及大幅提高其活动水平的排放设施预留免费配额储备。根据欧盟排放交易体系第四阶段的规则,当一个设施的活动水平增加或减少超过 15% 时,免费配额数量将进行调整。新加入者的免费配额数量根据他们在运营第一年的活动、行业基准和碳泄漏暴露系数(CLEF)来确定。

第三,市场稳定机制。英国碳市场允许配额的跨年存储,配额无限期有效,也允许有限和隐性的配额预借,即使用当年免费分配的储备,提交用于上一年的履约也是可行的。英国碳市场不允许使用抵消信用来进行市场履约。但英国政府也表示,随着碳市场发展,他们愿意对此问题进行进一步考虑,特别是需要在决定如何在参加国际民航碳市场且履行国际航空碳抵消和减排计划(CORSIA)下的义务时,需要购买认可的减排信用进行履约。基于欧盟排放交易体系市场稳定储备(MSR)的供应调整机制可能在英国排放交易体系启动后实施。如果英国政府决定按照欧盟的思路实施启动配额供应调整机制(SAM),则需要考虑衡量英国碳市场是否已经发行了超过市场需求的配额数量,但由于脱欧后英国碳市场才刚刚启动,这一市场供应的稳定机制最早要到2022年的年中才能运行。为了降低英国碳市场早期阶段的价格风险,并确保最低价格的连续性,英国政府出台了过渡性拍卖保留价格机制(Transitional Auction Reserve Price,ARP)来保证碳市场运行的稳定。此外,与SAM机制相对应,英国碳市场在运行的最初几年,其成本控制机制(Cost Containment Mechanism,CCM)的触发条件将低于欧盟排放交易体系同等条款的要求,以便实现平稳过渡,抑制可能过高的配额价格,投入市场的额外配额将来自新进入者配额储备。

第四,履约管理机制。英国碳市场要求在每年3月31日之前由独立认证的核证机构对纳入排放设施的碳排放量进行核证,其采用了与欧盟排放交易体系第四阶段相同的监测、报告与核证(MRV)框架,包括关于减少改进报告频率和简化监测计划的自由裁量的变化。在履约过程中,控排企业和设施如果不能上缴足额配额,必须为多排放的每一吨二氧化碳支付超额排放罚款,但无需在下一个履约期补齐上缴配额。这一罚款最初相当于100英镑/吨二氧化碳当量,但随着时间的推移会根据通货膨胀进行调整。此外,不能按时履约的企业和设施也将进行公示。

二、碳税政策

英国的碳税主要是指英国的气候变化税。该税从2001年4月开始在英国全面施行。作为一种全新的税种,气候变化税并不是为了增加政府的财政收入或者开辟新税源,而是为了帮助英国实现温室气体减排的国内和国际目标的同时,促进英国国内企业有效利用能源、开发绿色新能源技术。

英国气候变化税的主要内容集中在以下层面:

第一,征税的对象。气候变化税的征税对象涵盖因为加热、照明或提供动能而消耗的四类能源产品:电力、煤炭及焦炭、液化石油气、天然气。该税种是一种只向商用的特定能源征收的能源税,只涉及工商业、农业和公共服务等部门,家用能源消费不属于征收范围,小规模的企业所使用的能源也不在征收范围内。气候变化税对某些对象可以进行税收豁免,例如,热电联产机组产生的电力、用于慈善事业的能源将不被纳入征税范围。电力生产企业在其生产过程中所用的能源,由于碳排放权交易体系已经对其进行了调控,为了避免与之重叠而产生的二次征收,也没有被纳入气候变化税的征税对象。

第二,征收与免除。气候变化税与英国的增值税在征收与减免环节的流程具有相互参考、协调的特点。在对能源产品征收气候变化税时,英国税务部门通过该能源产品的增值税证书所记载的内容来判断该产品的用途。如果增值税证书所记载的内容属于气候变化税豁免的范围,则可以对其免除征收气候变化税;反之,如果增值税证书所记载的内容被纳入了征税范围,那么将对其征收气候变化税。这样的操作流程大大减少了税务部门审核能源产品是否需要征税的人力物力。此外,英国的增值税有两种税率,一种是普通税率,另一种是减免税率。增值税的减免在大多数情况下能够保持与气候变化税的减免政策的协同性。例如英国税法规定,对民用和非营利性质的慈善机构所使用的能源燃料免征气候变化税,同时免征增值税。

第三,征收的税率。英国自引入气候变化税到 2007 年为止,气候变化税的税率一直未曾提高。直到 2006 年,英国财政部在其当年预算案中宣布,为了确保英国在应对气候变化方面取得进展,每年的气候变化税将随通货膨胀率的增加而上调。这种通货膨胀联动机制于 2007 年 4 月 1 日开始推行。当然,由于英国电力和天然气价格基本保持平稳而略有上升的趋势,气候变化税的税率也保持稳中略升的发展走向,没有过大波动,主要是伴随着通货膨胀而相应地进行调整。值得注意的是,由于天然气的碳排量较之煤炭、焦炭和液化石油气低很多,英国设定的天然气气候变化税税率始终低于电力、煤炭、焦炭和液化石油气等的气候变化税税率。可见,英国在气候变化税税率的设定上,同时考量了不同燃料对环境的污染程度,对于污染较多的燃料类型设定较高的税率,反之则设定较低的税率。

第四,税收的循环。英国开征气候变化税的初衷并不是增加政府的财政收入,其秉持着税收中立原则,并将其贯彻到税收收入再返还的实践中,以减少气候变化税对市场经济运行所产生的负面干扰。英国政府主要通过三个途径将气候变化税的收入返还给企业:一是所有通过气候变化税征收的税金都将通过削减 0.3% 的雇主国家保险缴款以及对能源效率和碳减排设备的支持来返还给企业。这样能够减少企业因缴纳气候变化税而增加的负担,一定程度上消除了企业的抵触情绪,而政府获得的税收收入也恰好可以被用来抵减国民保险金所带来的财政支出。二是通过"强化投资补贴"项目鼓励企业投资节能和环保的技术或设备。三是成立碳基金,为产业与公共部门的能源效率咨询提供免费服务、现场勘察与设计建议等,并为中小企业在提高能源效率方面提供贷款,支持短时间的能源效率提升活动。

三、绿色金融政策

英国作为世界领先金融服务中心的东道国以及可持续发展的先锋队,在全球绿色金融发展方面处于领先地位,拥有上至宏观政策指引,下至各市场执行机构(如监管机构、证交所、金融机构等)的较为完整的绿色金融体系。

(一) 绿色金融的顶层设计

2019 年,英国推出了《绿色金融战略》,该文件是英国最重要、全面的绿色金融顶层设计。《绿色金融战略》将私营部门资金流动与清洁、环境可持续和有韧性的增长结合起来,确保英国的长期竞争力。该战略主要从国内宏观、微观以及国际合作三方面阐述英国绿色金融的发展路径:在宏观方面,通过达成清洁发展共识、明确权责以及倡导透明机制和整体规划,促使政府将气候和环境因素纳入主流,并作为财政和战略上的当务之急;在微观方面,以创新绿色金融路径、鼓励绿色投资、强调市场进入壁垒和可容纳性以及建立长期稳定的发展机制为策略,动员私人资金促进清洁和有韧性的增长;在国际合作方面,以加大绿色金融创新力度为主,稳定英国在全球绿色金融发展领域的领导地位。

与此同时,在《绿色金融战略》的指导下,《英国政府绿色融资框架》和《金融绿化:可持续投资路线图》(*Greening Finance:A Roadmap to Sustainable Investing*)相继应运而生。前者主要阐述了筹资的运用方式、绿色项目的选拔与评估框架、过程管理和报告方法等;后者以《绿色金融战略》为基础,制定了英国实现金融绿化的三个阶段,即信息阶段(informing)、行动阶段(acting)和转移(shifting)阶段。

除宏观的政策设计外,英国还不断加强绿色金融领域的顶层机构建设。2019 年,英国建立了绿色金融研究所,为英国政府提出关键政策建议。该机构不仅全程参与了《绿色金融战略》的制定,同时其下属的绿色技术咨询小组(GTAG)还在 2021 年 6 月就《英国绿色分类法》的实施向政府提供独立建议。《英国绿色分类法》是一个共同的框架,为环境可持续性投资设定了相应的标准。

表 7-1　英国绿色金融政策

政策名称	主要内容	出台时间	制定机构
《绿色金融战略》	主要从国内宏观、微观以及国际合作三方面阐述英国绿色金融发展路径	2019 年	英国政府
《英国政府绿色融资框架》	阐述筹资运作方式、绿色项目的选拔与评估框架、过程管理和报告方法	2021 年	英国财政部和英国债务管理办公室
《英国绿色分类法》	为环境可持续性投资设定标准	2021 年	绿色金融研究所
《金融绿化:可持续投资路线图》	制定三阶段措施,包含宏观、中观、微观主体	2021 年	英国财政部

资料来源:作者自制。

(二) 绿色金融细分市场的政策

在金融产品细分市场的政策方面,英国主要以各类项目、计划等的形式涵盖了较为全面的产品和交易市场。总的来说,英国绿色金融市场相对发达,绿色金融产品多样性好,但其体量上与个别国家相比还具有一定的差距。以下部分将主要从绿色债券、绿色信贷、绿色保险、绿色基金和碳市场几个方面进行阐述。

1. 绿色债券

英国绿色债券的发展极为迅速。2009 年,世界银行在伦敦证券交易所发布首只绿色债券。2015 年 7 月,伦敦证券交易所为绿色债券设立了专门的"可持续债券市场"(Sustainable Bond Market,SBM)板块,成为积极推出绿色债券专门板块的全球主要交易所。截至 2022 年 11 月,SBM 已拥有超过 300 种绿色债券。在具体的发行规模上,自 2014 年以来,英国绿色债券的年度发行量从 2014 年的 4 亿美元增长到了 2020 年的 54 亿美元,且 2019—2020 年的年增长率高达 145%,累计年度发行量达到 152 亿美元,累计发行单数达到 49 单,发债机构数达到 27 家。

英国绿色债券的特色在于其主权绿色债券。2021 年英国发行了首个主权绿色债券,而第二次发行的英国绿色金边债券更是吸引超过 700 亿英镑的投资者投标,最终募集 60 亿英镑。政府称其为全球期限最长的主权绿色债券(32 年期,于 2053 年 7 月 31 日到期),并且强调它反映了英国致力于实现其气候目标的长久决心。[1]

2. 绿色信贷

根据英国政府出台的《担保贷款计划》规定,政府可依据企业环境影响评估结果,为环境友好型企业提供贷款额度 80% 的担保,帮助其获取最高达 7.5 万英镑的授信额度。从信贷产品来看,英国具有丰富的绿色信贷产品,为借贷者提供了丰富的选择。在针对个人的绿色信贷方面,英国的绿色信贷也有各种优惠。比如巴克莱银行推出了绿色信用卡产品,持卡者在合作企业购买绿色产品和服务时,不仅可以享受较好的折扣,而且借款利率通常也比较低。

以住房改造的绿色信贷为例,据英国气候变化委员会估计,为了完成英国的减排目标,英国的房屋需要在 2050 年之前将排放量减少 80% 以上。因此,英国政府规定,英国所有房屋在 2035 年都应达到效能评级(EPC)频段 C 的最低标准。然而实际的情况是,在目前英国的 2 900 万户家庭中,只有 800 万户符合最高的能源标准,处于欧洲能源效率最低水平。为了促进房屋的绿色改造,英国创新了绿色房屋改造贷款,即通过成立节能减排基金,与银行及相关企业共同应对房屋改造所需的大笔开支,帮助英国家庭安装太阳能电池板、改装阁楼等。英格兰银行通过政策支持,鼓励劳埃德银行、苏格兰皇家银行等商业银行对节能的房屋提供更多额度、更低利率的贷款。绿色房屋改造贷款的参与家庭可在足够长的时间内进行分期付款偿还贷款。这种为家庭房屋改造设立的绿色贷款,不仅可以提高英国居民的绿色生活水平,还有利于刺激英国建筑节能产品的开发和利用,达到双赢的效果。在针对企业的绿色信贷方面,英国政府为工程和能源咨询公司 Wood Group 发放了"绿色转型贷款",以扩

---

[1] 《国际 ESG 资讯|英国为第二个绿色金边债券项目已筹集 60 亿英镑》,载雪球网,https://xueqiu.com/5673777903/201449930(2021 年 10 月 28 日)。

大该企业低碳产品和服务的规模,这是英国政府为企业发放的首笔"绿色转型贷款"。

3. 绿色保险

英国绿色保险主要涵盖了可持续发展项目保险、环境责任保险以及自然条件相关类保险三类产品。比如在可持续发展项目保险方面,英国 Nature Save 保险公司可以对生态住宅、木结构房屋、草捆房屋和完工自建房屋予以承保,与此同时,其家庭保险获得的资金将部分捐赠给英国各地的环境项目,实现了闭环式的可持续发展。再譬如在环境责任保险方面,英国环境责任保险承保因普通法索赔以及英国和欧盟立法引起的环境损害的修复费用,并为突发性污染和渐进性污染、监管机构征收的第一方(自有场地)清理费用、第三方责任,包括对财产价值的影响等方面提供保障。①又如在自然类保险方面,洪水类自然灾害保险在英国历史悠久,英国保险经纪人行业也对洪水保险有详细的说明。而英国的森林保险也非常普遍,超过 65% 的私有森林都有保险,涵盖林业生产、加工等全过程,并由多家商业保险公司承保。②

4. 绿色基金

绿色基金既包括了作为绿色市场基础设施重要组成部分的专项基金,它可以用于各种可持续、绿色项目投资的资金蓄水池,也包括另一类可以在市场上交易的投资产品。前者往往是由英国各地区政府、投资机构或者中央机构建立,在英国非常普遍,种类也十分丰富,而后者是金融产品,多投资于绿色债券等组合。

就用于可持续项目(绿色项目)的专项资金而言,英国已有多项实践举措。在地方政府层面,伦敦市长和欧洲区域政策专员于 2009 年发起伦敦绿色基金(LGF)。该基金规模 1.2 亿英镑,旨在投资于减少伦敦碳排放的计划,如直接投资于废物处置、能源效率、分散能源和社会住房项目。截至 2015 年 12 月 31 日,该基金已将所有分配和投资的资金投入 18 个项目中,价值超过 5 亿英镑。③在中央政府层面,随着《英国低碳转型战略》《英国的清洁增长战略》的出

---

① 英国保险公司协会网站,https://www.abi.org.uk/products-and-issues/choosing-the-right-insurance/business-insurance/liability-insurance/environmental-liability-insurance/(2023 年 7 月 9 日)。

② 中国环境与发展国际合作委员会网站,http://www.cciced.net/spzx/201612/t20161220_92858.html(2023 年 7 月 9 日)。

③ 伦敦政府网站,https://www.london.gov.uk/what-we-do/funding/european-regional-development-fund/london-green-fund(2023 年 7 月 9 日)。

台,相应的基金也得以建立;与此同时,全国用于绿色房屋、绿色建筑物和绿色交通的基金也在逐步完善,具体情况如下所示(表 7-2):

表 7-2 英国各级绿色基金概览

基金名称	设立主体	出台时间
英国绿色气候基金	国际合作文件	2008 年
绿色交易家庭改善基金	中央政府	2014 年
热效率创新基金	中央政府	2016 年
英国清洁增长基金	中央政府	2018 年
威尔士政府地方能源基金	地方政府	2018 年
清洁增长创新基金	中央政府	2019 年
英国绿色气候基金	国际合作文件	2019 年
工业能源转化基金	中央政府	2021 年
伦敦绿色基金	地方政府	2021 年

资料来源:作者自制。

就作为投资产品的绿色基金而言,英国售卖的绿色基金配置组合为投资者们提供了多种选择,且参与的金融机构众多。其中既有传统的股票类(如贝莱德慈善英国股票 ESG 基金)、绿色债券类、私募股权和固定收益等,还有能源转型和绿色基础设施,以及对冲基金等投资项目组合。这种多样的种类配置,对于完善与促进绿色金融市场发展具有重要意义。[1]

5. 英国碳市场

英国于 2002 年建立首个全球排放交易系统,2005 年加入欧盟碳市场,脱欧后于 2021 年 5 月建立独立运作的碳市场。与欧盟碳市场相比,英国碳市场的不同之处在于两个方面:首先,英国设立了更严格的排放上限,其配额比英国在欧盟碳市场中的配额低 5%。其次,英国碳市场设立了价格底线,即碳交易底价保证制度,设立每吨不低于 22 英镑的底价,然后逐年上调,到 2030 年将增至 70 英镑,其间若价格上涨过快,政府可通过成本控制机制进一步释放碳排放配额,即增加许可证供应量。价格底线制度防止了碳价过低导致的交

---

[1] 中央财经大学绿色金融国际研究院网站, http://iigf.cufe.edu.cn/system/site/column/news/addnews.jsp? treeid = 1012&wbcontentid = 238090&newsposition = news-_ftn47(2023 年 7 月 9 日)。

易活跃度不足,而成本控制机制则有利于碳市场平稳运行。但是,从欧盟独立出来的英国碳市场体量小、流动性弱,面临较大的价格波动风险。2021 年英国碳市场总量规模仅为 1.557×10^8 t,而欧盟碳市场为 16.100×10^8 t。未来英国碳市场能否有效平稳地运行仍有待验证。

参考文献

[1] Mitchell C & Connor P, "Renewable Energy Policy in the UK 1990 – 2003", *Energy Policy*, Vol.16, pp.1935 – 1947(2004).

[2] Carter N & Jacobs M, "Explaining Radical Policy Change: The Case of Climate And Energy Policy Under The British Labour Government 2006 – 10", *Public Administration*, Vol.92, p.1(2014).

[3] David M. Newbery, "Towards a green energy economy? The EU Energy Union's transition to a low-carbon zero subsidy electricity system-Lessons from the UK's Electricity Market Reform", *Applied Energy*, Vol.179, pp.1321 – 1330(2016).

[4] DECC UK, The Carbon Plan: Delivering Our Low Carbon Future, Parliament Pursuant to Sections(2011).

[5] Damian Carrington, UK Cancels Pioneering 1bn Carbon Capture and Storage Competition, https://www.theguardian.com/environment/2015/nov/25/uk-cancels-pioneering-1bn-carbon-capture-and-storage-competition/(Nov.25, 2015).

[6] Vass U, "A Review of the New UK Energy Bill: Very Fancy Footwork", LSU J. Energy L. & Resources, Vol.4: 59(2015).

[7] Ian Johnston, Climate change department closed by Theresa May in "plain stupid" and "deeply worrying" move, https://www.independent.co.uk/climate-change/news/climate-change-department-killed-off-by-theresa-may-in-plain-stupid-and-deeply-worrying-move-a7137166.html/(July 14, 2016).

[8] Farstad F, Carter N & Burns C, "What does Brexit mean for the UK's Climate Change Act?" *The Political Quarterly*, Vol.2, pp.291 – 297(2018).

[9] Climate Change(Emissions Reduction Targets)(Scotland) Act 2019.

[10] The Climate Change (Interim Emissions Targets) (Wales) (Amendment) Regulations 2021.

[11] Climate Change Act(Northern Ireland) 2022.

[12] Department for Business, Energy & Industrial Strategy, Market-based mechanism for low carbon heat, https://www.gov.uk/government/consultations/market-based-mechanism-for-low-carbon-heat/(October 19, 2016).

[13] Department for Business, Energy & Industrial Strategy, Provisional UK greenhouse gas emissions national statistics 2021, https://www.gov.uk/government/statistics/provisional-uk-greenhouse-gas-emissions-national-statistics-2021/(March 31, 2022).

［14］Department for Business，Energy & Industrial Strategy，Final UK greenhouse gas emissions national statistics：1990 to 2020，https：//www.gov.uk/government/statistics/final-uk-greenhouse-gas-emissions-national-statistics-1990-to-2020/（February 1，2022）.

［15］Department for Energy Security and Net Zero and Department for Business，Energy & Industrial Strategy，Net Zero Strategy：Build Back Greener，https：//www.gov.uk/government/publications/net-zero-strategy/（October 19，2021）.

［16］Climate Change Committee，Sixth Carbon Budget，http：//www.theccc.org.uk/publication/sixth-carbon-budget/（December 9，2020）.

［17］Department for Business，Energy & Industrial Strategy，British Energy Security Strategy，https：//www.gov.uk/government/publications/british-energy-security-strategy/（April 7，2022）.

［18］HM Treasury，Energy Profits Levy Factsheet，https：//www.gov.uk/government/publications/cost-of-living-support/energy-profits-levy-factsheet-26-may-2022/（June 15，2022）.

［19］Climate Change Committee，The role of business in delivering the UK's Net Zero ambition，https：//www.theccc.org.uk/publication/the-role-of-business-in-delivering-the-uks-net-zero-ambition/（December 9，2020）.

［20］UK research and Innovation，Net zero，https：//www.ukri.org/about-us/innovate-uk/our-plan-for-action/net-zero/（March 31，2022）.

［21］Climate Change Act（2008）.

［22］Annex 2：Climate change schemes—the Environment Agency's approach to applying civil penalties，https：//www.gov.uk/government/publications/environment-agency-enforcement-and-sanctions-policy/annex-2-climate-change-schemes-the-environment-agencys-approach-to-applying-civil-penalties#section-d-energy-savings-opportunity-scheme-esos（March 17，2022）.

［23］The Greenhouse Gas Emissions Trading Scheme Order（2020）.

［24］The Greenhouse Gas Emissions Trading Scheme（Amendment）Order（2022）.

［25］Department for Business，Energy & Industrial Strategy，Welsh Government，The Scottish Government，and Department of Agriculture，Environment and Rural Affairs（Northern Ireland），"Developing the UK Emissions Trading Scheme（UK ETS）"，https：//www.gov.uk/government/consultations/developing-the-uk-emissions-trading-scheme-uk-ets/（March 5，2022）.

［26］ICE Futures Europe，"Circular 22/128 2022 Revised Auction Calendar：ICE Futures Europe UKA Auctions"，https：//www.theice.com/publicdocs/circulars/22128.pdf/（September 6，2022）.

［27］The Treasury，"The Greenhouse Gas Emissions Trading Scheme Auctioning Regulations 2021"，https：//www.legislation.gov.uk/uksi/2021/484/contents/（April 21，2021）.

［28］《国际 ESG 资讯|英国为第二个绿色金边债券项目已筹集 60 亿英镑》，载雪球网，https：//xueqiu.com/5673777903/201449930（2021 年 10 月 28 日）。

[29]《委员专访—福格齐 英国森林再保险公司董事会主席》,载中国环境与发展国际合作委员会网站,http://www.cciced.net/spzx/201612/t20161220_92858.html/(2016 年 12 月 20 日)。

执笔：程飞鸿、茹煜哲、梁婧（上海社会科学院法学研究所）

第八章　新加坡碳管理体系

新加坡是国际贸易、金融和航空交通中心之一,是世界著名转口贸易港。作为一个土地资源有限、人口密度高的城市型国家,其在低碳发展方面一直走在世界前列。新加坡超过 30％的陆地海拔不到 5 米,自然资源匮乏,95％的电力由天然气发电供应,而天然气主要进口自马来西亚和印度尼西亚,进口来源过于集中且贮存能力低。根据 2018 年可持续发展城市指数,新加坡是亚洲最具可持续性的城市,全球排名第 4。2021 年世界经济论坛报告评选结果显示,新加坡"能源转型指数"(ETI)位列亚洲第 1,全球排名第 21。在碳管理体系建设过程中,新加坡一方面积极推进工业化进程,加快航运中心和金融中心建设;另一方面积极推动各项低碳减碳工作,真正实现了可持续发展。新加坡碳管理体系建设历程中的制度、标准、政策及管理模式等重要举措值得我国深入学习和借鉴。

第一节　碳管理体系建设的背景与进展

新加坡的国情决定了其建设碳管理体系的方式和路径。作为一个地势低洼的岛国,新加坡特别容易受到气候变化的影响,同时大规模获得可再生能源的机会非常有限,限制了该国在减碳排放方面的选择。因此,新加坡一直探索建设在环境保护的同时,实现长期可持续增长的碳管理体系。

一、碳管理体系建设的背景

新加坡作为一个资源匮乏的低地国家,气候危机意识强烈。长久以来,新加坡基于以智慧化驱动社会经济发展的理念,为实现智慧国家建设与能源低碳转型协同的目标,大力推动智慧国家与能源转型并举、促进能效提升与可再生能源利用、以数字技术赋能智慧能源和绿色发展等举措。

自 1965 年独立以来，早在气候变化成为全球性问题之前，新加坡就已采取渐进措施来追求发展经济和保护环境的双重目标，以实现可持续增长。

1970 年新加坡下设防污染股，隶属总理办公室解决空气污染问题。1972 年，斯德哥尔摩联合国人类环境会议之后，新加坡成立环境部。1992 年，联合国环境与发展会议上通过《气候变化框架公约》，新加坡大使在起草框架公约方面发挥了关键作用，同时还发布了第一个新加坡绿色计划以促进环境可持续性，显示了新加坡确保环境可持续性的承诺和计划。

二、碳管理体系建设的发展历程

2009 年，新加坡首次发布至 2030 年可持续发展目标蓝图，概述了愿景和计划，致力于打造更宜居和可持续发展的新加坡，承诺到 2020 年将排放量从正常水平减少 16％，通过各种举措支持新加坡人的多样化和不断增长的需求。

2010 年，新加坡支持联合国气候变化框架公约《哥本哈根协议》，传达了 2020 年的气候承诺。2012 年，新加坡发布《国家气候变化战略》报告，这是新加坡国家气候变化秘书处首次公布完整的国家气候变化策略。报告提出到 2020 年，实现碳排放量从 11％降低至 7％的目标，指出新加坡气候战略的关键要素包括减少跨部门排放、把握绿色经济的新技术机会以及与国内外相关组织建立伙伴关系，要把新加坡打造为一个有能力对抗气候挑战并且把握绿色经济契机的环球都市。

2015 年《联合国气候变化框架公约》缔约方大会第 21 届会议通过《巴黎协定》，新加坡向 UNFCCC 提交了国家自主贡献（Nationally Determined Contributions，NDC），提出到 2030 年，排放强度在 2005 年的基准线上减少 36％，并稳定排放，于 2030 年实现温室气体排放总量达峰。

2016 年，新加坡发布《气候行动计划：今日行动，建设碳高效的新加坡》，在对气候变化分析和预测的基础上，针对六个重点领域可能面临的气候风险，分别提出各领域需要开展的适应措施。同时，新加坡强调积极应对气候变化不仅限于政府公共部门的物理适应措施，还必须让整个社会，包括个人和企业，每个人都发挥作用，无论是通过个人生活方式的调整，还是企业业务流程的改变，所有人都可以发挥作用。

2020 年 3 月，新加坡提交了增强版的国家自主贡献目标，将目标更改为"到 2030 年，温室气体排放总量达峰，而且小于 6 500 万吨二氧化碳当量"。这一增强版目标将原来的相对排放强度，改为更明确的绝对排放量，同时提交了长期低排放发展战略文件——《描绘新加坡低碳和气候弹性未来》(*Charting Singapore's Low-Carbon and Climate Resilient Future*)，表示新加坡力争到 2050 年将排放量从达峰排放量减半至 3 300 万吨二氧化碳当量，以期在本世纪后半叶尽快实现净零排放。同时提出为实现上述碳达峰和碳中和的愿景目标，电力、工业、交通等各个领域均需要作出重大转型，其中针对交通领域提出"实现私家车零增长"、"90% 的高峰时段出行由'走骑搭'模式完成、2040 年所有车辆使用清洁能源"的具体目标。

2021 年 2 月，为了实现 2030 年排放目标和 2050 年远期目标，新加坡公布了《新加坡绿色发展蓝图》(*Singapore Green Plan 2030*)作为政策指导，其为新加坡未来 10 年设计的蓝图包含 17 个具体的目标。这份蓝图由五个部分组成，包括大自然中的城市、可持续生活、能源策略、绿色经济和具有韧性的未来。新加坡政府明确表态，要达到这些可持续发展目标须全国通力，公共领域领头，个人、社区和企业各尽其责(图 8-1)。

图 8-1 碳中和目标下新加坡面临工业、社会、经济的重要变革

资料来源：Singapore Fourth National Communication and Third Biennia。

第二节 碳排放与碳责任管理

新加坡因地狭人稠，且再生能源可选择来源有限，能源几乎完全依赖进口,碳排放与碳责任管理一直被视为一项重要的挑战。根据新加坡的长期低排放发展战略(LEDS),新加坡已承诺在 2030 年左右实现碳达峰,到 2050 年将排放量从峰值水平减半,并在 21 世纪下半叶尽快实现净零排放。而在此之前,新加坡碳排放管理的体系与制度已经逐步完善,重要行业的碳排放标准与管理也已基本成型,从法律和政策层面监管和扶持企业碳责任管理,部分头部企业已经形成了较为成熟的碳责任管理体系。

一、碳排放管理的体系与制度

(一) 碳排放管理体系

新加坡政府自 20 世纪七十年代就探索通过法制和环境基础设施的建设来保护生态环境,以应对独立初期新型工业发展导致的生态系统失衡和政府、企业、公众等对环境污染所造成的危害的担忧。1970 年,作为建立和执行严格的空气排放标准的里程碑之一,新加坡成立治理空气污染的防止污染小组,在六个监测站实施空气质量检测,评估空气污染问题的性质和程度,1972 年以来,该小组每年公告二氧化硫、臭氧、灰尘等污染物的含量水平,1983 年,该小组转隶到环境部。新加坡环境部自 1972 年成立,于 2004 年改组为环境与水资源部。

碳排放管理是一个涉及多个层面的问题,涉及多个部门的职责。因此,新加坡成立了气候变化部际委员会(IMCC),以确保就新加坡碳排放管理体系的建设进行协调。IMCC 由副总理兼国家安全协调部长担任主席,委员会成员的构成包括环境和水资源部长、财政部长、外交部长、国家发展部长、贸易和工业部长以及交通部长等。

IMCC 由一个执行委员会(Exco)支持,该委员会监督三个工作组的工作:第一,国际谈判工作组根据《气候公约》制定新加坡的国际气候变化谈判战略。第二,长期排放和缓解工作组研究新加坡如何稳定长期排放。第三,韧性工作组研究新加坡对气候变化影响的脆弱性,并提出了建设新加坡环境建设韧性的长期计划。

2010 年 7 月,国家气候变化秘书处(NCCS)作为总理办公室下属的一个专门单位成立,以确保新加坡国内和国际气候变化政策、计划和行动的有效协调。NCCS 的定位凸显了新加坡对低碳转型和气候变化的重视(图 8-2)。

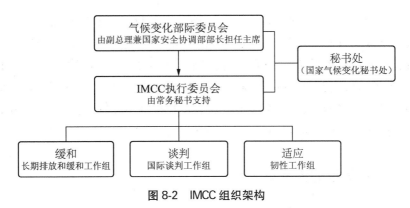

图 8-2 IMCC 组织架构

资料来源：Singapore Fourth National Communication and Third Biennia。

（二）碳排放管理制度

为发展绿色经济和减少碳排放，鼓励机构和企业注重碳排放管理，新加坡自 20 世纪 60 年代起连续出台相关法案，立法先行，先后制定了一系列环境保护条例和相关标准，作为新加坡生态问责制的重要组成部分，形成了新加坡碳排放管理的制度体系。新加坡生态问责制将注意力主要集中在规划和环境资源的可持续发展上。其中《公共环境卫生法》于 1968 年颁布，经过 1987 年、1989 年、1992 年、1996 年、1999 年和 2002 年的几次修订，该法案是涉及整个环境卫生的一般法。20 世纪 70 年代以来，新加坡在生态环境保护方面制定了更加细致清晰的法律规则条例。在大气污染控制方面，颁布《大气净化法》《大气净化标准规则》《室外烟火禁止条令》等；在噪声控制方面，颁布《建筑工地噪音控制条例》《航空法》《汽车制造与使用规则》等；在水污染控制方面，颁布《产业排水规则》《水质污染防止和下水道法》《污水排水法》和《禁止工业废水的水道排放》等。新加坡在保护生态环境立法方面以预防为主，强调事前控制。所颁布的每项法律规则条例、条款详细明确、权责清晰，易于理解。在实际保护环境的过程中具有可行性、可操作性。通过立法的形式，新加坡几乎将保护生态环境的各个领域都纳入了法治化轨道，确定了生态问责制的具体内容（表 8-1）。

表 8-1 新加坡碳排放相关法案

时　间	法案名称
1968 年	《公共环境卫生法》
1971 年	《清洁空气法》

续表

时 间	法案名称
1999 年	《环境保护和管理法》
2012 年	《能源保护法》
2014 年	《越境烟雾污染法案》
2018 年	《碳定价法案》
2019 年	《资源可持续性法案》

资料来源:作者整理。

二、重要行业的碳排放标准与管理

新加坡有三个全球最大的炼油厂、四个大型石化综合体和数个发电厂,几个主要造船厂,一个海军基地以及液化天然气(LNG)接收站。同时,新加坡也是世界上最大的集装箱和石油贸易港口之一,世界上最大的燃料中心。自2010 年以来,新加坡整体碳排放呈现持续增长趋势,2019 年达到 5 200 万吨左右。从现状构成上看,新加坡的直接碳排放主要来源于工业(46%)、电力(39%)、交通(12.9%)三大领域(图 8-3)。如果综合考虑电力产生的间接排放,交通领域碳排放占全市碳排放的 15.2%,其中私家车在道路交通排放量中占比最大(图 8-3)。

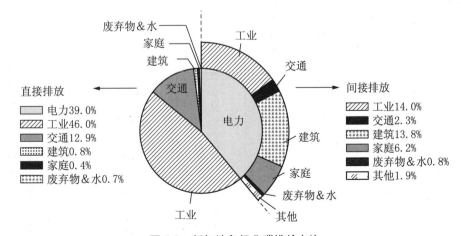

图 8-3 新加坡各行业碳排放占比

资料来源:Singapore National Climate Change Secretariat,2022。

表 8-2 新加坡各行业能源政策汇总

电力	工业	交通	家庭	建筑	废物和水	研发
从能源部门独立	EE改善援助计划	将公共交通份额从2016年的67%提高到2030年的75%	EE运动	绿色标识计划（到2030年达到80%）	将回收率从2017年的61%提高到2030年的70%	新加坡认证能源经理计划
自2001年起燃气发电量转换为天然气	2013年节能法案（2017年改进）	车辆配额、电子道路定价、道路税	强制性能源标签制度（MELS）	能源智能标签	新的脱盐和废水处理技术（电渗析），使用更少的能量	新加坡国家环境署和可持续能源协会的各种培训
高效联合循环燃气轮机发电厂	投资津贴计划	车辆排放计划（VES）	最低能源性能标准（MEPS）	公共部门带头		研究、创新和企业2020计划
到2030年将太阳能发电量提高至少至2GWp	中小型企业能效补助金	油耗碳排放标签（FELS）	智能家居技术	建筑控制条例		
到2025年200MW能源储备部署	减少非二氧化碳温室气体	电动汽车试验台（EV）	研究按次付费和售电的可行性，以及家庭用电的零智能计量	能源审计能效改进援助计划（EASe）		
能源服务公司认证计划	热电厂和清洁燃料			提高数据中心的设计、管理和运营效率		

资料来源：Singapore Fourth National Communication and Third Biennia.

(一) 制造业碳排放

工业是新加坡经济增长的重要引擎,也是国际市场的重要支撑。目前,工业占新加坡生产总值的 20.9%,为 12.9% 的劳动力提供就业机会。2017 年新加坡工业所产生的碳排放量约占新加坡总排放量的 60%,其中炼油和石化燃料燃烧是碳排放的主要来源,提高工业部门能源效率仍将是减少碳排放的关键。

1. 出台法案加强企业监管

2013 年新加坡出台的《能源节约法案》(ECA),强制推行能源管理,引导企业提升能源效率。对监管企业定期进行评估,引入最低能源效率标准(MEES),逐步淘汰低效工业设备。自法案制定以来,工业部门年能效从 2014 年的 0.4% 上升到 2018 年的 0.95%。

2. 征收碳排放税及提供技术补贴

新加坡政府还通过征收碳排放税,对中小型企业及发电公司提供技术升级补贴等手段,以提升工业企业能源效率。

3. 提升行业专业知识建设

2018 年政府和新加坡工程师学会(IES)联合开发了能源效率(EEO)评估员认证计划。认证能源效率审核员,为企业能源设施进行能效评估。政府还成立能源效益技术中心(EETC),为中小企业提供能源使用效率诊断及评估技能培训,以提升企业持续改善能源效率能力。

(二) 交通行业碳排放

2017 年,新加坡国内交通运输的碳排放量约占新加坡全国碳排放量的 15.2%,其中私家车占的比重最大。新加坡通过车辆配额制、道路收费、清洁能源汽车购车返点等综合措施来降低汽车碳排放。在此基础上,新加坡提出了更有力的措施,打造更低碳的交通环境。

"20 分钟市镇、45 分钟城市"优化基础设施及交通设施布局,缩短通勤距离减少碳排放。到 2040 年,新加坡的目标是建立 WCR 出行方式,即步行—骑行—公交出行(WALK-CYCLY-RIDE),实现社区中心 WCR 出行 20 分钟可达。上班高峰时段,90% 的工作地 WCR 出行 45 分钟可达。

1. 自行车及步行基础设施建设

到 2040 年,自行车道网络将从 2019 年的 440 千米扩展到 1 000 多千米。遮蔽人行道由 2013 年的 200 千米增加到 350 千米,串联主要交通节点及公共设施。此外,开发商在提交开发申请时必须提交自行车及步行方案,保证自行车及步行设施按要求建设实施。

2. 鼓励公交优先汽车共享

开设公交专用道,保证公交车路权,并部署智能交通方案,优化行车路线。鼓励共享经济,鼓励私家车共享,为出行者提供多样的选择。

3. 使用更清洁、更环保的交通工具

新加坡宣布计划在 2040 年前逐步淘汰化石燃料汽车,鼓励使用清洁能源汽车。新加坡推出车辆排碳量税务计划,以此鼓励公众购买低碳排量的汽车。同时,加大对充电站的投资预算。目标在 2030 年前,把充电站数量从现有的 1 600 个左右增加到 2.8 万个。

4. 绿色交通基础设施

通过升级绿色设施,更换低效设备,应用节能新技术等改善现有的交通设施,使其更加环保。并通过结合节能和碳减排的技术,设计和建造了一批绿色的新交通站点、机场及港口设施。

(三) 建筑行业碳排放

新加坡是一个高度城市化的国家,2017 年建筑行业的排放量占总排放量的 14.6%。因此,建筑绿化是减少新加坡整体长期排放的重要组成部分。

1. 从源头低碳

一是选择使用含碳量较低的建筑材料,二是通过设计优化,最大限度减少建筑材料的使用和浪费,三是改造施工现场流程以更多地利用可再生能源等。

2. 绿建标准

2005 年,新加坡建设局就推出了绿色建筑标志认证计划,评估建筑物对环境的负面影响,对建筑物提出节能、节水、环保、室内环境质量等考核标准,并对具有可持续发展性能的建筑进行奖励。截至 2020 年底,新加坡 43% 的建筑获得了绿色标志认证。新加坡政府设定目标,到 2030 年将绿色建筑的比例提高到 80%。

不断更新的绿色建筑总蓝图及一系列法律法规和激励措施的出台,促使新加坡向更可持续、低碳的环境过渡。2006 年,新加坡建设局推出绿色建筑总蓝图,以法律法规和激励措施相结合的方式,推动建筑行业向绿色建筑新标准靠拢。从鼓励对新建建筑进行绿化,到将既有建筑纳入绿色环保范围,绿色建筑总蓝图不断更新。随着新技术的发展,新加坡提出超低能耗计划,鼓励使用最先进的节能建筑解决方案,如物联网智能能源管理系统、大数据分析和先进传感器等。

三、企业碳责任管理

(一) 企业碳责任管理法案

新加坡 2013 年出台的节能法案(ECA)要求能源密集型的工业企业均需任命一名合格的能源经理,以检测和报告企业的能源使用和温室气体排放情况,并每年提交能源效率改进计划。此后,ECA 进行了两次升级。自 2018 年起,ECA 的要求进一步细化,即受 ECA 监管的公司必须根据实践经验和国际公认的标准,采用特定的温室气体测量和报告方法。对于投资于新建或扩建能源密集型工业设施的企业,该法案规定政府需要审查其设施设计方案,以确定技术和经济上可行的能效改进方向,同时此类公司还需报告其设施中关键耗能系统的能源测量性能。2018 年底,最低能效标准实施,效率最低的工业电机将被逐步淘汰,进而扩展到其他常见工业设备和系统。从 2021 年起,受 ECA 监管的公司需要建立结构化的能源管理系统,并定期评估现有工业设施的能源效率提升方向。

(二) 协助企业碳责任管理的政府计划

为应对气候变化,有效减少碳排放,新加坡碳定价领导联盟推出"低碳新加坡计划",帮助企业监督并降低碳排放。低碳新加坡计划(Low Carbon SG)由新加坡碳定价领导联盟推出,得到国家环境局和新加坡企业发展局的支持。这项为期 18 个月的计划,旨在提高公司对气候风险的认知,指导企业监测并减少碳排放。目前已有 152 家公司的 247 名员工,从中提高了碳排放意识及其相关知识与技能。

新加坡国家环境局、能源市场局(Energy Market Authority)和经济发展局(Economic Development Board)推动成立了"国家能源效率合作机制"(Energy Efficiency National Partnership),其重点是提升企业节能水平和实力。2011 年底已有 102 家企业加入这项计划。该计划鼓励企业采用能源管理系统,同时帮助企业了解节能方法、技术、实践、标准和实用案例。

此外,多个政府机构和社会组织还一起成立了"提升能源效率帮助计划"(Energy Efficiency Improvement Assistance Scheme),以激励制造业和建筑业的企业具体分析自身的能源消耗模式和细节,从中发现改善能源消耗的地方。国家环境局是这项计划的执行机构。这项计划可以为企业聘请能源咨询顾问提供最多 50% 的经费。至今已有 235 家企业接受了这项计划的资助,资助总金额累计达到 660 万新币。这项计划的效果也十分显著,受资助企业年均节省能源消耗 3670 万新币,或等同于 14.2 万吨的二氧化碳减排量。

新加坡政府还推出能效改进援助计划(Energy Efficiency Improvement Assistance Scheme,EASe),旨在为企业提供能源评估基金,同时确定进一步能效改进的潜在领域。2014 年同时推出了一项能效融资计划,以降低高能效技术前期高成本为中小企业造成的市场壁垒。2017 年,EASe 和新加坡国家能源局管理的其他激励计划合并成新的能效基金(E2F),以更好地支持企业包括新设施的能效设计、现有设施的能效评估、节能技术投资等一系列能效相关工作。

能源高效技术基金(The Grant for Energy Efficiency Technologies)是新加坡政府成立的用于鼓励企业应用节能或高能效设备的基金,旨在补贴能效技术的部分初始投资。截至 2012 年,新加坡政府已经批准了 31 项申请,发放金额 2020 万新币。这些项目预计一共可以节省能源消耗价值 16 900 万新币。

(三) 企业碳责任管理案例

1. 星展集团

星展集团总部位于新加坡,是亚洲最大的金融服务集团之一。2022 年 9 月发布净零报告《我们的净零之路——支持亚洲迈向低碳经济转型》,披露了企业的脱碳路径及产业目标,继 2019 年承诺逐步终止对燃煤业的融资贷款后,星展集团进一步设定目标,该集团将于 2030 年前减少 28% 对石油和天然气产业产生的绝对排放量,并承诺 2050 年前达到贷款相关项目净零碳排放的承诺。

星展集团碳管理的举措主要体现在以下四个方面:

(1) 持续扩大绿色金融业务规模。星展银行持续深耕绿色金融领域,截至 2022 年 6 月 30 日,绿色金融规模已达到 527 亿新币,将提前达成于 2024 年投入 500 亿新币用于绿色金融的目标。

(2) 逐步停止对燃煤业的贷款。2019 年 4 月,星展银行停止与来自燃煤行业的新客户合作,并逐步降低此项营收比重。同时,星展也持续扩大对再生能源产业的支持,对再生能源产业的贷款于 2020 年达到 42 亿新币,并于 2021

年进一步增长至 59 亿新币。

（3）于 2022 年底实现运营净零碳排。星展集团承诺于 2022 年底实现全行运营净零碳排，持续减少碳足迹。2017 年 11 月，星展银行成为首家加入全球再生能源倡议的亚洲银行和新加坡企业，并承诺于 2030 年前，在新加坡的业务运营将 100% 使用再生能源。

（4）信息披露透明化。2019 年，星展银行成为新加坡及东南亚首家响应"赤道原则"的银行。"赤道原则"是全球公认的风险管理框架，让金融机构能用于确定、评估和管理基础设施专案中的环境和社会风险。此外，星展银行也导入气候相关财务披露（TFCD）框架，致力于确保所有业务和产业的气候相关财务均被完整披露，从而为利害关系人提供更有意义、更透明的气候相关财务资讯，促使市场能有效分配资本，支持产业进行低碳经济转型。

2. 城市发展有限公司

新加坡城市发展有限公司是顶尖的跨国房地产集团，足迹遍及全球 29 个国家和地区的 104 个城市。自 20 世纪 90 年代起，该公司一直将可持续发展纳入战略决策中，为企业和利益相关者创造长期价值。同时城市发展公司也是新加坡最早成立可持续发展部门的公司之一，以及首家签署世界绿色建筑委员会（World Green Building Council）净零碳建筑承诺的新加坡房地产开发商。公司奉行"Conserving as We Construct"（环保建设）理念，持续推动创新解决方案，发展多项低碳及具有韧性的建筑方案。

城市发展有限公司的碳管理举措主要有以下两个方面：

（1）提高已有建筑的低碳效能。根据新加坡绿色建筑总体规划的"80-80-80"的目标①，新加坡城市发展有限公司一直致力于升级现有建筑的能效水平，并在 2030 年之前为所有拥有和管理的 80% 的建筑实现超低能耗建筑（SLEB）的目标。

（2）优先应用创新可行的绿色建筑技术和循环经济解决方案。城市发展有限公司与多家初创企业建立战略合作伙伴关系，包括采用使建筑外墙表面温度降低高达 8 ℃的冷感涂料，用电池储能系统取代建筑工地的柴油发电机，减少了 85% 的碳排放量，以及实施创新的自学习建筑智能系统，通过优化建筑空调性能，使居住者的舒适度提高 22%。

---

① （1）2030 年，新加坡 80% 的建筑物符合"绿建筑标章"。（2）2030 年起，80% 新盖的建筑将符合新加坡"超低耗能绩效"（Super Low Energy）能源绩效标准。（3）2030 年时，最佳能源绩效建筑改善其能源效益达到 80%（以 2005 年为基准）。

第三节　碳交易与碳信用管理

随着气候危机的加剧,以及部分企业在技术上无法实现零排放生产,通过碳交易和碳信用管理等外源负排放形式来积极避免或主动减少排放的必要性逐渐提高。新加坡的碳交易市场种类丰富,并充分应用卫星监测、机器学习和区块链技术等最新的数字技术,形成高效的碳信用管理机制和模式化的碳交易市场监管形式。

一、碳交易市场特征

(一) 碳交易市场概况

新加坡目前有三个主要的碳交易平台,分别为全球碳交易平台即"Climate Impact X"(CIX),为元宇宙时代打造的合规绿色数字资产交易所即"MetaVerse Green Exchange"(MVGX)以及 Zero Carbon EX 碳交易平台。

1. 全球碳交易平台(Climate Impact X, CIX)

CIX 是一个全球性的自愿碳信用交易所,采用邻近的东南亚自然资源购买高品质且以自然为本的碳权。CIX 是由淡马锡控股(Temasek Holdings)、星展银行(DBS Bank)、新加坡交易所(Singapore Exchange)和渣打银行(Standard Chartered)合资设立的自愿性碳交易市场。新加坡碳交易市场(CIX)包含两个平台:一是提供公司投资自然保育计划的交易平台;二是可自由交易大规模高品质碳权的交易平台。主要服务对象是跨国公司和机构投资人。

2. 元宇宙绿色交易所(MVGX)

元宇宙绿色交易所于 2018 年在新加坡成立,是由新加坡金融管理局(Monetary Authority of Singapore, MAS)授权并监管,建立在云端架构和区块链基础上,并使用纳斯达克(Nasdaq)引擎的,第一家面向元宇宙时代的合规持牌绿色数字资产交易所。MVGX 交易的产品主要包括两大类别:资产支撑通证(Asset Backed Token, ABT)和碳中和通证(Carbon Neutrality Token, CNT)。

3. Zero Carbon EX 碳交易平台

新加坡未来零碳公司创发的 Zero Carbon EX 碳交易平台于 2022 年 11 月

9日上线。该平台可以提供面向企业、政府和个人的"一站式"碳中和解决方案，成为碳信用资产开发、生产和投资服务的平台。该平台有望成为亚太地区最大的碳交易平台，为全球气候治理向前迈进注入了新动能。

(二) 碳交易市场运行规则

1. CIX 的 GRAVAS 模式和 NCS 项目

新加坡全球碳交易所于 2019 年斥资成立 GRAVAS，建立全球高质量碳积分交易所和基于自然的气候解决方案项目 (NCS) 市场，并帮助机构与企业推进应对气候变化的减碳工具。

GRAVAS 主要面向跨国企业和机构投资者，依托标准化合约，促进大规模高质量的碳积分买卖。GRAVAS 针对可增值碳积分交易市场，为新加坡全球碳交易所 2021 年愿景做出考验及调查，并于 2022 年成为全方位的数字平台，支持买卖双方开展大规模、高质量的可增值碳积分交易，并主要面向跨国企业、机构投资者等大型买家提供服务，确保市场价格公开透明。交易采用标准化合约，包含特定的条款和质量资格，并借此作为碳积分交付的依据。相比直接购买特定项目的碳积分，标准化合约可以满足多个具备符合资格的项目对大量碳积分的需求。GRAVAS 从"自愿性"的交易到"回报性"的交易，目标是成为一个世界级的可增值碳积分交易市场，以及全球交易、绿色项目融资的二级市场。

基于自然的气候解决方案项目 (NCS) 市场面向中小企业，涉及森林、湿地和红树林等自然生态系统的保护和恢复，使其能够直接从特定的项目中购买高质量的碳信用，从而让广泛的企业界参与自愿性碳市场，并为他们提供 NCS 项目，以协助他们实现可持续目标。NCS 的数字平台用于直接购买特定项目的高质量碳信用，并为提供风险和定价数据的各个项目提供定制化采购的理想平台。NCS 具有成本效益，通过支持生物多样性和为当地社区创收，提供了可观的收益。亚洲拥有全球三分之一的供应潜力，是全球最大的 NCS 供应方之一。

2. MVGX 交易模式

MVGX 为全球的发行者、机构投资者以及合格投资者提供综合性的资本市场配套服务，包括一级市场发行、二级市场交易、交割和清算以及资产支持通证 (Asset Backed Tokens，或者数字化的 ABS) 的托管。MVGX 自主研发并申请专利的具有碳足迹标签功能且受区块链技术保护的账簿，使 MVGX 成为全球第一个实现发行者和投资者均披露碳足迹的交易所。MVGX 还开发了两个受专利保护的技术体系：非同质化数字孪生技术（Non-Fungible Digital Twin，NFDT™）和碳中和通证技术（Carbon Neutrality Token，CNT™）。

其中，CNT 是一个能让多方受益的机制，支持跨国公司（Multi National Company，MNC）向发展中国家购买碳信用额。这一机制可以帮助发展中国家完成其国家自主贡献，而非只是让那些大型跨国企业帮助其总部所在国完成其国家自主贡献。

3. Zero Carbon EX 交易模式

Zero Carbon EX 平台是一个 PaaS 一站式服务平台，也是全球唯一的中心化与去中心化并存的碳资产交易平台，其中整合了碳中和、碳资产相关业务，能为合作伙伴提供碳资产开发、碳资产托管、碳排放核算、碳交易撮合等服务，并为客户提供各类零碳气候产品，助力"零碳"行动。该平台提供的托管服务弥补了交易全过程中的重要环节。随着技术和方式的不断发展，该平台凭借在托管功能和便利性方面的优势，有望吸引更大规模的碳信用资产进行托管，从而推动更多优质碳信用资产进入市场。

二、碳交易信用管理

（一）新加坡碳交易信用管理模式

当一个公司无法减少其排放量时，可以购买碳信用额度，作为抵消向大气层释放温室气体的一种方式。碳信用是通过一些有助于减少、消除或避免温室气体排放的项目而产生的，由非政府组织和碳市场参与者创建的一套独立验证标准。全球著名管理咨询公司麦肯锡公司在 2023 年的一份报告中指出：碳信用是由授权机构签发的证书，代表了减排项目实现的碳减排指标。

根据新加坡碳税法规的国家环境局（NEA）规定，新加坡碳信用必须由国际组织 Verra 或 Gold Standard 认证，这两个国际组织还设有登记处，列出经认证的项目，允许碳信用交易，并允许"已使用"的信用被注销，以便同一信用不能用于抵消多个缔约方的排放。由于政府与行业参与者之间的磋商正在进行，因此，该计划下可使用的碳信用的完整规定标准仍在制定中。

以 CIX 为例，CIX 有两个平台来满足买家和卖家的需求：一个碳交易所和一个减排项目市场。CIX 的交易平台主要通过标准合同，把大规模和高质量的碳信用额度销售给跨国公司和机构投资者等市场参与者。项目市集则让广泛的企业界参与自愿碳排放交易市场(Voluntary Carbon Market),并为他们提供精选的基于自然的气候解决方案项目,以协助他们实现可持续目标。2021年,CIX进行了首次组合自愿信用额度的拍卖。通过精选供应,CIX简化了购买体验;通过利用拍卖,CIX提供了一种高效、有竞争力的价格发现机制,为买家和卖家建立了一个公平的市场价格。

(二) 碳交易信用管理存在的挑战

碳交易所实现大规模、高质量的碳信用额度的销售,主要通过跨国公司和机构投资者的参与。减排项目市场能够直接从特定的项目中购买高质量的碳信用。该市场允许更多的公司参与自愿性碳信用市场,支持养护、恢复和保护自然生态系统,以实现其可持续发展目标。从2024年起,新加坡将允许使用"高质量"的国际碳信用额度来抵消至多5％的应纳税排放。然而,构成"高质量"碳信用额度的标准和要素目前还缺乏细节。

由于核算和验证方法各不相同,而且信用额度的共同利益(例如社区经济发展和生物多样性保护)很少得到明确定义,高质量的碳信用额度很少。然而验证碳信用的质量是维护市场完整性的重要一步,供应商必须耗费较大的时间成本。同时在出售这些信用额度时,供应商仍面临着不可预测的需求,而且很少能拿到较为经济的价格。总体而言,碳信用市场存在流动性低、融资稀缺、风险管理服务不足以及数据可用性有限等问题。

虽然这些挑战是艰巨的,但并非不可克服。随着技术的成熟,验证方法可以得到加强,验证流程也可以进一步简化,降低时间成本。更清晰的需求信号将有助于给供应商更多的项目计划信心,并鼓励投资者和贷款人提供融资。

三、碳交易市场监管

碳交易市场面临的挑战非常严峻。建立一个有利可图的市场最大的障碍包括透明度、监管、规则制定、价格波动和投资者犹豫不决。虽然碳交易市场的历史很短,但一直受到低流动性率、有限融资、不足的风险管理服务和有限的数据可用性等问题的困扰。如果没有严格的监管和认证,投资者的信任就会变得脆弱,从而导致零散的碳减排项目、市场流动性不足以及对未来投资的名义承诺。碳信用则会经历瞬息万变的价格波动,这对于无法承担较大风险的投资者来说是致命的。由于碳本身缺乏内在的货币价值,碳信用必须受到审查和专业监管,以避免交易市场崩溃。

作为全球金融中心之一,新加坡拥有强大的监管框架和交易基础设施,可以为金融科技、商品、区块链和数字货币等各个领域提供服务。因此,新加坡全球碳交易市场利用卫星监测、机器学习和区块链技术来提高碳信用额度的透明度、完整性和质量,建立既能有效抵消温室气体排放,又能为东南亚未来可持续碳贸易提供模板的市场,从而对环境产生切实和持久的积极影响。

仍以 CIX 为例,交易所采取严格措施确保所销售的信用证的真实性。例如交易所提供的自然项目必须表现出高质量和完整性,从而对环境、社会和生物多样性产生持久的正向影响。CIX 项目市场上列出的所有项目都需通过四步筛选过程:

(1) 项目必须符合国际公认的碳验证标准。

(2) 项目将被评估,评估内容包括碳属性、生物多样性和社会影响以及项目风险管理。

(3) 项目将与第三方分析和评级进行校准。CIX 使用 Sylvera 来评估和监测具有信用证的林业项目。

(4) 进入"边缘决策"类别的项目将由 CIX 的国际咨询委员会审查。该委员会由 20 多个全球可持续发展领域的思想领袖组成,包括 NGO、项目开发者、标准制定机构和行业代表等。

第四节　碳管理政策

多年来,新加坡持续支持联合国 2030 年可持续发展议程以及《巴黎气候协定》,为了最终能够实现净零排放的长期目标,新加坡政府在财政、税收、金融以及低碳技术创新方面,颁布了一系列碳管理政策。

一、碳管理财政政策

早在 2017 年,为了刺激绿色债券市场发展,新加坡金融管理局就发布了有效期至 2023 年 5 月 31 日的可持续债券资助计划。可持续债券的发行人可以使用债券资助赠款来支付外部审查的早期费用,赠款最多可达到 10 万美元。自此资助计划实施以来,新加坡已发行了价值 80 多亿美元的绿色、社会及可持续债券,支持了一系列有影响的项目如可再生能源项目、提高建筑能效项目等。

此外,在 2019 年,新加坡金融管理局还宣布设立了总额 20 亿美元的绿色投资计划(GIP),旨在投资绿色公共市场。这些资金交由资产管理公司管理,这些公司致力于推动新加坡及以外的区域绿色发展、协助新加坡金融管理局的绿色市场发展及环境风险管理等其他绿色金融举措。该计划帮助发展环境可持续项目,减轻新加坡及区域气候变化所带来的风险。

新加坡还出台了绿色和可持续性挂钩贷款津贴计划(GSLS),该计划自 2021 年 1 月 1 日起生效,是世界范围内此类计划的首次尝试。该计划为寻求绿色贷款的各种大小和行业的企业支付第三方绿色贷款认证费用;它还鼓励银行制定与绿色、可持续挂钩的贷款框架,使得中小企业更容易获得绿色融资。

2021 年 2 月,新加坡财政部部长在发布预算时宣布,政府将为公共基础设施建设项目发行绿债,目前已确定的项目价值高达 190 亿美元,同时计划在 2030 年前发行总额高达 350 亿新元的绿色债券,资助公共领域的绿色基础设施项目。绿色债券的标准、框架及收益率等指标都将作为新加坡债券市场的标杆,同时它还能够巩固新加坡在东南亚地区充当绿色金融枢纽的地位。

此外,为提升碳管理效率,鼓励绿色经济领域创新,新加坡各政府机构实施了一系列激励措施。新加坡国家环境局推出"能源效率基金",支持企业采用节能技术,提供的津贴最高可达成本的 70%。新加坡企业发展局启动规模达 1.8 亿新加坡元的企业可持续发展计划,同企业、商会和政府其他机构合作,通过举办受津贴补助的培训工作坊、在产品和服务创新等方面给予协助、优化绿色融资渠道等,帮助新加坡企业尤其是中小企业增强可持续发展能力,抓住绿色发展新机遇。据估计,这项计划将使至少 6 000 家企业受益。

二、碳管理税收政策

与全球大部分国家不同,新加坡没有排放补贴,只是按照市场的方式进行准入。碳税提供了价格信号来鼓励公司减少排放量,并且让其采用最有利的方式获取最大化的经济利益。2019 年,新加坡成为东南亚首个征收碳税的国家。2019 年到 2023 年的碳税初始定价为每吨 5 新元,并计划到 2030 年将碳税提高至每吨 10 新元至 15 新元。为了保持公平透明,碳税适用于包括能源密集型和贸易部门在内的所有部门。在发布这一政策时,新加坡曾做出气候承诺,要在2005年的基础上将碳排放强度降低36%,并在2030年左右达到排放峰值。

该税适用于一年内直接排放25 kt CO_2e 或更多的设施,包括二氧化碳、甲烷、一氧化二氮、六氟化硫、氢氟碳化合物和全氟化碳。这涵盖了新加坡总排放量的约80%。新加坡政府准备在第一个五年的碳税收入中投入超过10亿新元的资金,以帮助企业投资于节能和低碳技术。《巴黎协定》还规定,各司法管辖区在实现其气候承诺方面进行合作,例如通过使用国际碳信用或通过链接碳定价系统进行合作。新加坡实施了基于固定价格信贷(FPCB)的税收机制,企业通过放弃从政府购买的不可交易、固定价格的碳信贷来缴纳碳税(表8-3)。

表8-3 新加坡碳税实施过程

时　　间	事　　件
2010	新加坡国际能源周:在气候变化达成全球协议的前提下,对碳定价的首次公开交流
2012	国家气候变化战略:如果需要更深入的减排,碳价格在加强能源效率和低碳投资措施方面的作用
2013	节能法案:强制能源管理以及报告能源使用大户;任命能源经理,监控和报告能源消耗和温室气体排放;提交能源效率改进计划
2014	与企业咨询:就气候变化对竞争力的影响征求了企业的意见
2016	气候行动计划:研究碳定价的必要性
2017、2018	公开咨询:一对一咨询、部门小组会议、与行业协会合作、一般公众咨询
2017	公布碳税:作为一系列减碳措施之一,碳税将于2019年正式实施
2018	碳定价法案:公布碳税机制和细节;介绍和通过该法案
2019	实施碳税

资料来源:作者自制。

根据新加坡2022财年预算案,碳税水平在2024年起将从之前计划的每吨10—15新元提高到每吨25新元,在2026年提高到每吨45新元,并在2030年提高到每吨50—80新元,电力市场批发价将大幅上涨约27%。提高碳税税率将有助于增强碳捕集、利用与封存(CCUS)以及氢能等新兴技术的成本竞争力。新加坡要实现21世纪50年代净零排放的新目标,就必须大幅提高碳税水平。

三、碳管理金融政策

新加坡是亚洲地区最重要的金融中心之一。2021年5月19日,新加坡金融管理局(MAS)绿色金融行业工作组(GFIT)提出多项举措,旨在通过提高信息披露质量、推广绿色解决方案来加速新加坡绿色金融发展。各项举措包括出台金融机构气候相关披露指导文件、绿色贸易融资及流动资产指导框架、扩大发布房地产及基础设施等行业绿色金融规模的白皮书等。

新加坡金融管理局(MAS)是本国金融发展的主要推动机构。2019年11月,新加坡金融管理局启动了绿色金融行动计划(Green Finance Action Plan),该计划详细说明了新加坡的绿色金融愿景与发展战略,并提出了绿色金融发展的四个主要支柱:增强抵御环境风险的能力、发展绿色金融解决方案和市场、有效利用科技、增强绿色金融能力建设等。在该计划出台后,新加坡金融管理局又在四个方面推动绿色金融发展,其中包括通过可持续债券资助等举措为绿色项目调动资金,通过为金融机构提供分类法等绿色金融框架的方式加速绿色金融发展,提供能力建设,促进金融科技融入绿色金融发展等(图8-4)。

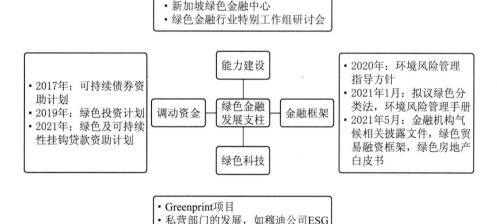

图 8-4　新加坡绿色金融发展支柱

资料来源:《新加坡绿色金融发展历程及给"一带一路"国家的经验启示》。

(一) 绿色金融框架

在绿色金融框架方面，新加坡制定了环境风险管理准则、绿色分类法、环境风险管理手册、金融机构气候相关披露文件及其他各类绿色金融文件，通过这些举措贯彻落实绿色行动计划、完善绿色金融框架。

作为绿色金融行动计划所概述的绿色金融战略的一部分，新加坡金融管理局召集了一个绿色金融行业工作组（GFIT）。2021年1月，该工作组为设立在新加坡的金融机构提出了一项绿色分类法，以鉴别哪些是绿色或向绿色转型的活动。同时发布了环境风险管理手册，作为金管局环境风险管理准则（ENRM）的补充。

2021年5月，为了加快绿色金融发展，绿色金融行业工作组发布了《金融机构气候金融相关信息披露指导文件》（FCDD）。该文件采纳了金融稳定理事会气候相关财务信息披露工作组（TCFD）的建议，介绍了一些优秀的环境信息披露实践，以帮助金融机构加大气候披露的力度。除此之外，工作组还发布了帮助银行评估绿色贸易的指导框架，在这一框架下，汇丰银行和大华银行已开展了可再生能源、回收再利用、农业及农业活动等方面的四项绿色金融贸易交易试点，以支持企业绿化其供应链。

(二) 绿色金融科技

新加坡金融管理局鼓励金融科技企业和金融机构发展绿色金融技术解决方案，并在绿色金融行动计划下推出了多项重点利用金融技术的举措。

2020年12月，新加坡金融管理局宣布实施Greenprint项目，这是一个旨在通过绿色金融技术促进绿色金融生态系统发展的科技平台。该平台可在供应链的不同阶段部署不同技术，以更好地监测各阶段是否满足绿色标准及要求。例如，可在项目现场使用物联网设备，以便直接捕获及评估能源及水消耗等相关实时数据。该平台还可以探索人工智能和其他技术在第三方数据源上的应用，以便于量化潜在投资和贷款组合在ESG方面的影响。

四、低碳技术创新政策

新加坡在《2025年研究、创新和企业计划》的框架下促进本土企业创新，吸引外资企业在新加坡开展研发活动,为亚洲地区和全世界发展新的可持续发展解决方案。其中包括如水处理,碳捕捉、利用和存储,低碳氢能的脱碳技术,以及提高能源效率、促进循环经济的方案。

(一) 能源转型与智慧国家发展并举

新加坡于 2015 年推出"智慧国 2025"战略,即政府构建"智慧国平台",通过建设覆盖全岛数据收集、连接和分析的基础设施与操作系统,基于所获数据预测公民需求,提供更好的公共服务。

通过协调智慧城市建设与能源规划,新加坡打造了包括城市管理、交通、能源、环境等在内的综合解决方案,实现智慧能源管理和绿色低碳发展。例如,某智慧能源小镇为住户提供中央制冷、电动车快速和隔夜充电、用户数码显示屏等多种智慧能源服务。各种能源服务都通过 One Tengah 数码平台显示,便于设施管理人员监测系统状态,及时发现异常并采取行动。居民则可利用 My Tengah 应用,查看家庭水电用量和控制中央制冷系统的使用量等,践行绿色生活方式。

(二) 技术与设计创新促进可再生能源利用与能效提升

新加坡通过 Solar Nova 计划在政府组屋(HDB)安装屋顶光伏,扩大太阳能利用规模;通过海上浮式光伏系统和光伏建筑一体化应对土地限制;通过投资城市微电网、分布式能源、储能系统等技术,提高可再生能源比例并加强能源韧性;通过在能源消费端推行节能减排,如负能耗低层建筑、零能耗中高层建筑等,提升能源综合利用效率。

(三) 数字化转型赋能智慧能源

新加坡能源市场管理局联合胜科工业和南洋理工大学共同开发虚拟电厂,整合各种分布式能源的实时信息,优化全岛可再生能源的电力输出;建设中的 Punggol 数字区(PDD)商业园区智能电网项目,通过与该地区的开放式数字平台整合,实现楼宇间能源数据共享,提高能源效率并降低碳排放。据估计,该智能电网项目每年可减少 1 700 吨碳排放量;Electrify 的 Solar Share 项目利用区块链技术搭建绿色能源交易平台,满足用户可再生能源交易需求,实现绿电就近交易(表 8-4)。

表 8-4　新加坡致力于研究绿色技术的机构

新加坡国立大学能源研究所
南洋理工大学南洋环境与水资源研究所
南洋理工大学能源研究所(ERI@N)
新加坡能源中心(SgEC)南洋理工学院、新加坡国立大学
新加坡太阳能研究所(SERIS)(新加坡国立大学)
新加坡 CEA 循环经济研究联盟(NTU-SCARCE)(南洋理工大学)
科学、技术和研究机构(A* STAR)
新加坡-麻省理工学院研究与技术联盟(SMART)
剑桥高等研究与教育中心(CARES)
赢创(SEA)亚洲研究中心

参考文献

［1］韩晶颖、王珂礼：《新加坡绿色金融发展历程及给"一带一路"国家的经验启示》，https://xueqiu.com/S/SH502013/187576735。

［2］驻新加坡代表处经济组：《新加坡达成净零碳排及节能减碳之政策与措施》。

［3］National Climate Change Secretariat，Strategy Group Prime Minister's Office，Singapore's Carbon Pricing Journey.

［4］Singapore's National Climate Change Strategy，March，2008.

［5］Singapore's Climate Action Plan：Take Action Today for a Sustainable Future.

［6］Singapore Fourth National Communication and Third Biennia，December，2018.

［7］Singapore Green Plan 2030，February，2021.

执笔：张美星(上海社会科学院信息研究所)

第九章　澳大利亚碳管理体系

澳大利亚是煤炭、液化天然气和原油的主要出口国,其碳排放虽然已处于下降态势,但在国际能源署(IEA)成员国中仍是最高的。该国 2021 年度碳排放量为 391.19 亿吨,人均碳排放量为 15.09 吨,远高于世界平均水平的 4.69 吨,也高于高收入水平国家的 10.27 吨。[①]因而澳大利亚在减排方面面临较大压力。不过,作为世界上最早制定和实施综合环境保护框架的国家之一,澳大利亚又具有丰富的政策制定经验,已经形成了较为成熟的碳信用交易和管理机制、保障机制、可再生能源目标制度等碳管理制度。

第一节　碳管理体系建设的背景与进展

气候变化是一个长期的全球性问题,解决此类长期问题往往需要稳定的管理体系并辅以灵活的操作。澳大利亚过去 30 年气候行动的主要问题就在于,缺乏统一方向而时常发生相关制度体系朝令夕改的情况。澳大利亚是气候变化行动的积极响应者,建立世界上第一个致力于减少温室气体排放的政府机构;创建世界上第一个州级的排放交易计划(ETS);开创陆地碳抵消计划。但是出于各种原因,该国又难以延续其创设的各项制度体系,不仅频繁改变气候变化管理机构的设置,还是世界上第一个采取废除气候变化立法行动的国家。

一、碳管理体系建设的背景

作为人均二氧化碳排放量最高的发达国家之一,澳大利亚在应对气候变

---

① Hannah Ritchie, Max Roser, Pablo Rosado, "CO₂ and Greenhouse Gas Emissions," https://our-worldindata.org/co2-and-greenhouse-gas-emissions(2023 年 7 月 10 日)。

化方面的保守态度主要是受到其党派政治和国内化石能源利益团体的影响。一方面,作为澳大利亚主要党派的工党和自由党对于气候问题在意识形态上存在较大差异,导致澳大利亚的碳管理政策时常随党派更迭而产生较大变化,减少温室气体排放在该国可以说是一个充满政治色彩的问题。在自由党的霍华德政府执政期间,澳大利亚一直未批准《京都议定书》,而工党的陆克文政府则将这一问题作为竞选筹码,承诺胜选后将批准《京都议定书》。另一方面,能源和矿产行业在澳大利亚经济中仍占据重要地位,相关利益集团的意见也可能影响政府对于碳管理体系建设的政策安排。化石燃料作为澳大利亚的主要出口商品之一,对该国经济发展起到了至关重要的作用,2021 年澳大利亚矿物燃料和石油的出口额占其总出口额的 28%。同时,化石燃料行业也提供了相当数量的就业岗位,澳统计局的调查显示,2018 年煤炭产业提供了 3.8 万个就业岗位,石油和天然气行业接纳了 1.9 万个劳动力。[①]因此,虽然新任工党政府大幅度提升了其减排目标,但其目前仍不打算逐步减少煤炭的使用和停止新建煤矿项目。

二、碳管理体系建设的进展

澳大利亚碳管理体系的建设起步较早,但由于多变的政策,也使得其碳管理体系并不稳定。其既在可再生能源开发、碳信用交易等多方面有所创建,却又是全球首个废除碳税、在气候行动上有所倒退的国家。

(一) 初具雏形

从 1996 年到 2013 年,是澳大利亚的碳排放交易体系、碳税机制历经波折终得初步建立的过程,也是可再生能源目标、清洁能源监管局等沿用至今的制度和机构亦得到初步发展的阶段。1998 年,澳大利亚政府就成立了澳大利亚温室办公室,这是世界上第一个致力于减少温室气体排放的政府机构,并于 1999 年内发布了四份关于碳排放交易体系(ETS)的讨论文件。但时任总理约翰·霍华德在与业界会面后搁置了碳排放交易体系计划。[②]2001 年,澳大利亚

---

① 徐博:《COP26 后澳大利亚在气候治理领域的两难选择》,https://m.thepaper.cn/newsDetail_forward_18860064(2022 年 7 月 4 日)。

② Anita Talberg, Simeon Hui and Kate Loynes, "Australian climate change policy to 2015: a chronology", https://www.aph.gov.au/About_Parliament/Parliamentary_Departments/Parliamentary_Library/pubs/rp/rp1516/Climate2015(2016 年 5 月 5 日)。

开始实施强制性可再生能源目标计划（MRET），规定到 2010 年，电力零售商和其他大型电力买家约 10%的电力应该从可再生能源或特定的从废物利用中获取。2003 年，新南威尔士州政府实施了世界上第一个强制性排放交易计划——温室气体减排计划（GGAS）①，这一交易计划所采用的是基线和信用制度，而非限额与交易制度。2006 年，霍华德政府重启被搁置的碳排放交易体系建立计划，成立排放交易总理工作组，为澳大利亚制订碳排放交易体系提供建议。2007 年，《国家温室气体和能源报告法案》获得通过，该法案要求工业企业报告其温室气体排放、减排行动、能源消耗和生产等信息，这也标志着澳大利亚国内排放监管体系开始建立。

2007 年新上台的陆克文政府同样延续了碳排放交易体系的建立工作，但过程并不顺利。《2009 年碳污染减排计划法案》作为澳大利亚的第一项碳排放交易体系立法两次被参议院否决，最终未能通过。吉拉德政府最终于 2011 年 8 月通过了有关碳排放交易体系的一揽子 18 项法案。这一揽子法案首先建立了清洁能源监管局统一负责管理碳定价机制、可再生能源目标计划以及国家温室和能源报告计划。其次，建立了碳定价机制，计划以固定价格阶段为过渡，逐步建立澳大利亚的排放权交易机制。法案规定排放超过一定阈值的实体需要为每吨排放购买一个"碳单位"。这些"碳单位"的价格在碳排放交易体系运营的第一年为每吨二氧化碳 23 澳元，并计划每年上涨 2.5%。从 2015 年开始澳大利亚的"碳单位"价格将与欧盟的碳价格挂钩，而且在这一固定价格阶段内没有排放上限，由政府以固定价格发放数量不定的许可证，排放密集的出口型企业将免费获得大量许可证。②2015 年 7 月 1 日还会由固定碳价过渡到基于市场的灵活碳价。最后，通过《2011 年碳信用额（碳农业倡议）法案》建立自愿碳抵消计划，这一计划主要交易的是由土地部门减排而产生的碳信用单位。但吉拉德在碳定价机制方面的政策推行也不顺利，并最终导致其政府在 2013 年 6 月被陆克文的所取代。陆克文再次上台后宣布提前到 2014 年 7 月进入灵活碳价阶段，这使得碳定价的政策不确定性大大增加，以致澳大利亚国内没有企业再愿意参与，由此在一定程度上使得承诺废除碳定价机制的反对党阿博特最终于 2013 年 9 月成功上台。

此外，这一阶段工党政府还引入了其他沿用至今的政策，比如《2009 年可

---

① 这一交易体系已于 2012 年 7 月 1 日关闭。

② 陈瑞琼：《论澳大利亚碳定价政策：问题、原因探析及前景展望》，华东师范大学 2021 年硕士学位论文。

再生能源（电力）修正案》用可再生能源目标（RET）取代了强制性可再生能源目标计划（MRET），从 2010 年起提高了可再生能源发电的年度目标，并引入太阳能积分计划，为家庭安装屋顶太阳能提供积分。之后又进一步将可再生能源目标（RET）计划分为大规模可再生能源目标和小规模可再生能源目标。2012 年 6 月成立了价值 100 亿澳元的清洁能源金融公司（CEFC）专门进行清洁能源投资。同年 7 月，成立气候变化管理局作为一个独立的政府气候变化咨询机构，还成立了澳大利亚可再生能源机构（AREA）以资助澳大利亚的可再生能源技术发展。

（二）发展停滞

2013—2022 年自由党政府领导期间，工党任内推行的碳定价这一重要管理机制遭到废止。自由党政府普遍对气候问题采取消极立场，碳管理机制的构建也基本处于停滞状态。

阿博特上台后成功废除了碳定价法案，并以"直接行动计划"取而代之。通过修订《2011 年碳信用额（碳农业倡议）法案》以及根据该法案第 308 条制定的《2015 年碳信用额（碳农业倡议）规则》建立了减排基金作为"直接行动计划"的基石。同时，为了进一步完善减排基金的运行，于 2016 年 7 月 1 日启动保障机制，对每年排放超过 10 万吨二氧化碳当量的设施规定了法定排放限值，也被称为基线，被纳入覆盖范围的设施必须将其净排放量控制在基线以下。2015 年特恩布尔取代阿博特出任总理，提出国家能源生产力计划（NEPP），该计划提出了 34 项提高能源生产力的措施，但遭到巨大反对，并导致了特恩布尔的快速下台。[1]2019 年，莫里森上台后的澳大利亚政府宣布了"气候解决方案一揽子计划"，该一揽子计划包括成立价值 20 亿澳元的气候解决方案基金，以继续购买减排基金项下所产生信用额；对"国家电池"项目进行投资；制定国家电动汽车战略；提高家庭和企业的能源效率并降低能源费用。[2]但这一揽子计划被媒体批评为对过往政策的重复，[3]仍是通过政府补贴以鼓励减排。2019

---

[1] 陈瑞琼：《论澳大利亚碳定价政策：问题、原因探析及前景展望》，华东师范大学 2021 年硕士学位论文。

[2] IEA, "Australia's Climate Solutions Package," https://www.iea.org/policies/12732-australias-climate-solutions-package(2022 年 4 月 5 日)。

[3] "Climate Action Tracker, Australia Policies & action," https://climateactiontracker.org/countries/australia/policies-action/(2022 年 8 月 2 日)。

年末,政府又将"国家碳抵消标准"更名为"气候主动"(Climate Active),作为政府给予企业的自愿碳中和认证。总之,受以技术为主导的减排思路指导,澳大利亚政府近年发布的战略和政策多数强调通过引领和支持技术进步以完成减排目标,未在碳管理方面有过多创新和进步。

(三) 转型时期

2022 年 5 月随着澳大利亚新一轮选举的落幕,工党再次上台并很快在绿党和独立人士的支持下,通过了一项新的气候变化立法——《2022 年气候变化法案》(Climate Change Bill 2022),并更新了其国家自主贡献,承诺到2030 年碳排放量在 2005 年的水平上减少 43%,并到 2050 年实现净零排放,这也是该国自 2016 年以来首次更新其减排目标。新的立法主要是将澳大利亚气候目标法律化,并未引入具体的碳定价、排放交易或碳税制度。在工党选举获胜后,澳大利亚第二季度的碳信用额比去年同期增长了五倍,碳信用额交易在 2022 年上半年飙升至创纪录的水平。[①]此外根据既定计划,澳大利亚于 2023 年 7 月开始实施改革后的温室气体排放保障机制,到 2030 年,该国约 215 家大型工业排放企业将被要求每年平均减排 4.9%,以帮助政府实现其 43% 的减排目标,并力争到 2050 年实现净零排放目标。[②]未来,虽然工党政府在通过更多气候法案方面仍将面临相当大的挑战,但较之自由党和国家党联盟执政时期,澳大利亚也许会在碳管理体系建设方面展现更为积极的姿态。

第二节　碳排放与碳责任管理

碳排放与碳责任的管理是澳大利亚实现碳中和的重要手段。在碳排放管理方面,澳大利亚从中央管理机构到地方机构都建立了相对完善的机构组织,但是缺乏相对稳定性。在碳责任管理方面,其对各行业分别制定了不同的排放标准与惩治措施,值得我们借鉴。

① Sonali Paul, "Australia carbon credit trading rockets to record in first-half 2022," https://www.nasdaq.com/articles/australia-carbon-credit-trading-rockets-to-record-in-first-half-2022(2022 年 9 月 8 日)。

② 中国清洁发展机制基金:《澳政府拟设定碳价上限为每吨 75 澳元　碳信用市场迎来更多政策确定性》,https://www.cdmfund.org/32319.html(2023 年 2 月 4 日)。

一、碳排放管理体系与制度

(一) 碳排放管理的体系

1. 中央管理机构

气候变化是一个长期的全球性问题，国家解决该问题需要因时制宜、因地制宜，实施相应的政策。然而，在过去的 30 年中澳大利亚采取的气候行动未能体现其坚定应对气候变化的决心。虽然澳大利亚成立了世界上第一个致力于减少温室气体排放的政府机构，但是这一机构不断地被解散又重组。1998年 4 月，自由党政府成立了世界上第一个致力于减少温室气体排放的政府机构——澳大利亚温室办公室（AGO）。仅仅六年后，同一届政府就解散了该机构，并将其并入环境部。工党政府在 2007 年恢复设立了一个独立的气候变化部，然后在 2013 年 3 月又将其解散，其大部分职能被转移至工业、创新、气候变化、科学、研究和高等教育部，而能源效率的责任则被转移到资源、能源和旅游部。同年 9 月，气候变化职能被转移到环境部。新成立的环境部负责处理包括可再生能源目标政策、法规和协调，温室气体排放和能源消耗报告，气候变化适应战略和协调，气候变化科学活动的协调，温室气体减排方案，以及社区和家庭气候行动在内的诸多事项。

澳大利亚清洁能源监管机构作为经济监管机构，管理澳大利亚政府为测量、管理、减少或抵消澳大利亚的碳排放而制订的计划，并对减排基金、可再生

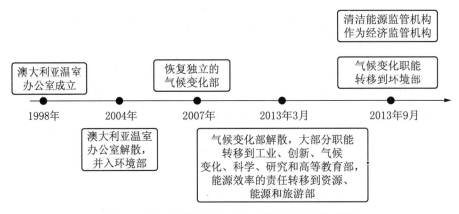

图 9-1　澳大利亚气候变化中央管理机构变化历程

资料来源：作者自制。

能源目标、国家温室和能源报告计划和澳大利亚国家排放单位登记处承担行政责任。清洁能源监管机构负责管理国家温室和能源报告计划以及保障机制，并负责发布以下信息：澳大利亚将温室气体净排放量保持在基线以下的义务、设施名称、基准排放数字、覆盖的排放量、出于合规目的而交出的澳大利亚碳信用额单位的数量。

2. 地方管理机构

地方管理机构中，澳大利亚新南威尔士州温室气体减排体系(New South Wales Greenhouse Gas Abatement Scheme，NSW GGAS)是全球最早强制实施的减排计划之一。2003年1月1日，澳大利亚新南威尔士州启动了为期10年涵盖6种温室气体的州温室气体减排体系。该体系与欧盟排放交易体系的机制类似，但参加减排体系的公司仅限于电力零售商和大型电力企业。为了保证交易制度的顺利实施，澳大利亚新南威尔士州也设计了一个严格的履约框架，企业CO_2排放量每超标1个碳信用配额将被处以11.5澳元的罚款。

排放体系的所有活动由新南威尔士独立价格和管理法庭(IPART)监督。作为监督机构，IPART评估减排计划对可行的计划进行授权、颁发证书，并监督在执行过程中是否存在违规现象，同时也管理温室气体注册——记录减排计划的注册及证书的颁发。

3. 社会第三方机构

作为社会第三方机构，"气候主动"(Climate Active)是联邦政府指定的减排环保机构，也是当地唯一官方认证碳中和的机构，鼓励澳大利亚企业通过颁发气候活性碳中和标准认证来实现碳中和。

(二) 碳排放管理的制度

澳大利亚从多方面开展碳排放的管理，主要包括澳大利亚电力计划、减排激励措施、监管排放和排放报告。[①]首先，碳排放管理制度实现的关键在于澳大利亚电力计划中由清洁能源监管机构牵头保障机制，它要求澳大利亚将其温室气体净排放量保持在排放限值(基线)以下。保障机制以国家温室和能源报告计划的报告和记录保存要求为基础。政府将逐步降低保障机制下的排放限

---

① Australian Government Department of Climate Change, Energy, the Environment and Water, "Australia's climate change strategies", https://www.dcceew.gov.au/climate-change/strategies (2022年11月15日)。

制,以帮助澳大利亚到2050年实现净零排放。实施依据体现在《2015年国家温室和能源报告(保障机制)规则》。其次,针对企业、行业和消费者制定一系列计划和举措实现减排激励。再者,为了监管排放,澳大利亚的长期战略和国内行动以严格的排放监测和问责制为基础,国家温室气体和能源报告(NGER)计划是报告温室气体排放、能源生产和能源消耗的单一国家框架。最后,排放报告是碳排放管理不可或缺的一环,目前澳大利亚已承诺减少其温室气体排放量,并跟踪履行这些承诺的进展情况且每年都会报告澳大利亚的温室气体排放情况。

二、重要行业的碳排放标准与管理

澳大利亚针对在一个财政年度内排放超过10万吨二氧化碳当量的设施

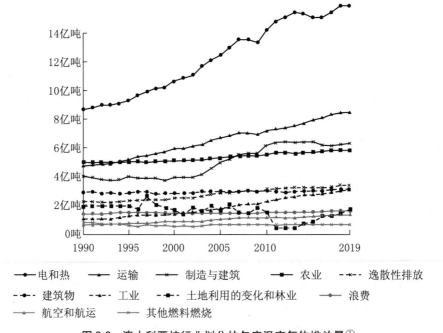

图9-2 澳大利亚按行业划分的年度温室气体排放量①

资料来源:Hannah Ritchie, Max Roser and Pablo Rosado, CO2 and Greenhouse Gas Emissions Our World In Data, https://ourworldindata.org/co2-and-greenhouse-gas-emissions(2023年7月10日)。

---

① Hannah Ritchie, Max Roser and Pablo Rosado, "CO2 and Greenhouse Gas Emissions", https://ourworldindata.org/co2-and-greenhouse-gas-emissions(访问日期2023年7月10日)。

适用保障机制,这些设施主要来自发电、采矿、石油和天然气开采、制造、运输以及废物处理的公司。他们被赋予一个基线作为评估净值水平的参考点,必须保障设施不高于其基线。根据澳大利亚各行业温室气体排放含量数据,电力和热力生产是温室气体排放量的最大贡献者。其次是农业、运输行业、制造和建筑行业与采矿业。以下详细介绍电力行业、运输行业和建筑行业的碳排放标准和管理。

(一) 电力行业碳排放

由于电力行业相对独立,为了满足社会实时对电能的需求,它所生产的能源往往是集中协调的,因此对电力行业采用对全行业设置部门基线的方法。并网发电的发电机集体适用 1.98 亿吨二氧化碳当量的行业基线。

第一,澳大利亚政府"澳大利亚电力计划"的重点是通过增加可再生能源来创造就业机会,削减电费和减少排放。在此计划下,政府承诺将达成建立新的国家能源转型伙伴关系的协议,这将会根本重置政府间关系;同时提供低成本融资,以最低成本扩大和改造电网;为维多利亚州的海上风电项目和可再生能源区提供优质融资。[①]

第二,可再生能源目标(RET)由两个部分组成,分别是大规模可再生能源目标(LRET)和小规模可再生能源计划(SRES)。其中大规模可再生能源目标针对的是激励对可再生能源发电站的投资,比如风能和太阳能发电厂等。小规模可再生能源计划主要是鼓励家庭和企业安装小规模可再生能源系统,包括屋顶太阳能电池板和太阳能热水器等。

第三,设备能效(E3)计划是澳大利亚政府与新西兰政府的一项联合倡议,他们为电器和设备提供了一个关于能效标准和能源标签的单一综合计划。这是前澳大利亚政府理事会(COAG)能源理事会实施的众多计划之一,现在通过能源部长会议(EMM)继续在能源部长的领导下进行。2012 年 10 月 1 日,《2012 年温室气体和能源最低标准(GEMS)法案》生效,为澳大利亚的产品能效建立了国家框架。《全球环境监测系统法》是该方案的基础立法。[②]

---

① Australian Government Department of Climate Change, Energy, the Environment and Water, "Powering Australia", https://www.energy.gov.au/government-priorities/australias-energy-strategies-and-frameworks/powering-australia(2022 年 11 月 26 日)。

② Energy Rating, The E3 Program, https://www.energyrating.gov.au/about-e3-program(2022 年 11 月 25 日)。

(二) 运输行业碳排放

根据保障机制中的部门基线规定,为了适应州际运输业务,运输企业可以选择在州或国家的基础上定义其设施。

第一,在澳大利亚电力计划中,政府承诺将立法实施一定的电动汽车折扣,免除符合条件的电动汽车附加福利税和进口关税;通过国家基金完善电动汽车充电基础设施和氢高速公路的建设;向澳大利亚汽车协会提供资金用于在澳销售的轻型车辆进行道路排放和油耗测试。[1]

第二,政府通过对在澳大利亚的汽油和柴油的质量进行监管,以实现减少燃料污染物和排放、改善发动机的运行和促进采用更好的发动机和排放控制技术。澳大利亚燃料行业和燃料供应商必须符合《2000 年燃料质量标准法》和《2019 年燃料质量标准法规》。另外,根据《国家燃料监测计划》,政府部门与国家测量研究所(NMI)合作,监测全国范围内燃料供应链上一系列地点的燃料质量,并且对受到涉嫌燃料质量不合规指控的燃料供应商进行监督调查。[2]

第三,设置减排基金,由清洁能源金融公司提供融资,以推动低排放车辆的使用。企业通过改用低排放车辆、改变燃料来源、提高车辆效率等方式获得碳信用额。

(三) 建筑行业碳排放

澳大利亚有关提高建筑物的能源和排放性能政策,包括澳大利亚国家建筑环境能源评级系统(NABERS)、商业建筑披露计划(CBD)和全国房屋能源评级计划(NatHERS),都属于气候解决方案一揽子计划的一部分。[3]

第一,根据《2022 年 NABERS 审计政策和程序》,国家建筑环境能源评级系统(NABERS)是新南威尔士州环境与遗产办公室在联邦、州和领地政府的指导下实施的一项国家计划。这项评级工具可以衡量建筑物或租户的能源效

---

① Australian Government Department of Climate Change, Energy, the Environment and Water, "Powering Australia", https://www.energy.gov.au/government-priorities/australias-energy-strategies-and-frameworks/powering-australia(2022 年 11 月 26 日)。

② Australian Government Department of Climate Change, Energy, the Environment and Water, "Regulating Australian fuel quality", https://www.dcceew.gov.au/climate-change/emissions-reduction/regulating-fuel-quality(2022 年 9 月 23 日)。

③ IEA, "Improving the energy and emissions performance of buildings", https://www.iea.org/policies/7882-improving-the-energy-and-emissions-performance-of-buildings(2020 年 9 月 14 日)。

率、排放强度、用水量、废物管理和室内环境质量。评级由经过国家管理员培训和认证的评估员依据严格的评级评估规则和标准进行。评级系统推动了建筑行业投资组合的财务增长和稳健回报。它通过清晰展示其运营绩效和可持续发展成就指导企业采购。它有利于准确测量，了解和传达建筑物的环境性能，同时节约成本和确定未来改进的领域。①

第二，商业建筑披露（CBD）计划是一项监管计划，它要求在一般情况下，当出售或租赁 1 000 平方米或以上的商业办公空间时，业主必须提供能源效率信息。披露建筑物的能源效率为潜在的业主或租户提供有关建筑物性能的一致且有意义的信息，使他们更容易做出明智的决定。CBD 计划于 2015 年进行了调查，该计划有效地激励了表现不佳的办公楼的业主提高这些建筑物的能源效率，在前四年提供了 4 400 万美元的净收益。目前澳大利亚正在考虑是否将该种能源效率的强制性披露扩大到其他高能耗商业建筑类别，如酒店、购物中心、办公楼等。②

第三，全国房屋能源评级计划（NatHERS）为新住宅提供能源评级。这有助于为未来建造节能、有弹性和舒适的房屋，从而降低运营成本。它现在可以对整个家庭的能源性能进行评级，包括主要电器、太阳能电池板和电池、建筑物外壳的星级评定。目前，约 90% 的新住宅设计是使用该计划进行评估的。首先对于家庭，该计划认证了许多可以测量和评估家庭能源效率的工具，这为评估澳大利亚家庭的能源性能提供了尺度。其次对于政府，该计划已成为建筑行业证明自身符合国家建筑规范（NCC）最流行的途径，有利于实现监管目的。再者，金融部门正将该计划用于支撑绿色贷款，推动符合标准的房屋的交付，有助于提高住宅建筑的能源效率。③

（四）采矿业碳排放

从历史上看，采矿业在区域层面对碳税的反应一直是普遍反对。例如，当澳大利亚于 2011 年引入碳排放定价时，澳大利亚矿产委员会反对一项旨

---

① NABERS, "Compliance and quality assurance", https://www.nabers.gov.au/about/compliance-and-quality-assurance(2022 年 11 月 26 日)。

② Australian Government, CBD, "A National Energy Efficiency Program", https://www.cbd.gov.au/(2022 年 11 月 26 日)。

③ "Nationwide House Energy Rating Scheme", https://www.nathers.gov.au/governance(2022 年 11 月 26 日)。

在减轻该行业潜在税收负担的公共战略。值得注意的是,这种反对碳定价的立场在整个澳大利亚采矿业并不绝对,澳大利亚的一些大型矿业公司有不同态度,其中必和必拓(BHP)在 2017 年公开宣布支持碳定价,并与澳大利亚矿产委员会保持距离;力拓(Rio Tinto)对碳定价以减缓气候变化的必要性持类似立场。2021 年澳大利亚采矿业更支持 2050 年的净零碳目标,这给该国支持煤炭的政府施加了压力。代表必和必拓和力拓等矿业巨头的澳大利亚矿产委员会表示,通过"对技术的大量投资"可以实现 2050 年的净零碳目标。

矿业公司正在选择投资可再生能源,如大型现场太阳能光伏和风力发电阵列。便携式可再生能源发电和存储解决方案可用于采矿现场。这些通常基于预组装的太阳能机架和集装箱大小的存储模块,它们能提供灵活、可快速调度的零排放电力,非常适合波动的能源需求和许多操作的移动位置。太阳能热能也已成功证明可用于为许多采矿过程供电。[1]

三、企业碳责任管理

(一) 企业与社会机构的碳责任

澳大利亚的企业与社会机构在实现 2050 年净零目标中也发挥着重要的作用。非盈利社会机构 ClimateWorks 的脱碳未来报告体现了澳大利亚社会为了实现碳中和做出的努力。

1. 企业碳责任

2015 年底,各国在巴黎同意将全球气温上升幅度限制在远低于 2 ℃,力争达到 1.5 ℃。ClimateWorks 的脱碳未来报告使用情景建模说明了澳大利亚实现净零排放的途径。[2]

企业占澳大利亚温室气体排放量的大部分,因而企业净零承诺具有重要作用。澳大利亚多家大企业和团体已表态支持政府的气候变化目标,Climate-

---

[1] Australian Government Department of Climate Change, Energy, the Environment and Water, "Renewable energy", https://www.energy.gov.au/business/industry-sector-guides/mining # toc-anchor-renewable-energy(2023 年 7 月 10 日)。

[2] FMLINK, Report reveals net-zero best practices for businesses, and examples of Australian companies getting it right, https://www.fmlink.com/articles/climateworks-net-zero-best-practices-australia/(2021 年 11 月 29 日)。

Works 通过净零动量追踪器项目监测、评估和跟踪了 158 家企业。这些公司代表房地产、运输、零售、银行、养老金、资源和能源生产、零售部门。它们占澳大利亚全国排放量的三分之二,占 ASX200① 市值的三分之二。

最佳实践净零承诺必须涵盖以下原则:

原则一是到 2050 年或之前的长期净零承诺。变暖限制在 1.5 摄氏度的强度与期限因公司所属行业而异。变革需要按部门以适当的速度发生,以使整个澳大利亚到 2050 年前达到净零排放。例如,电力部门对所有其他部门的脱碳至关重要,如果该部门到 2035 年达到净零排放,则它可以使其他部门符合要求。比如电力公司 Lendlease 承诺到 2025 年实现净零运营排放,到 2040 年实现绝对零排放——包括上游排放,例如建筑材料制造,以及下游排放,例如租户电力消耗。

原则二是至少制定一项适当且雄心勃勃的中期目标。仅靠长期承诺是不足的,承诺必须包括至少一个中期目标——长期净零承诺与设定时间之间的中点。设定中期目标和相关的组织部门,帮助公司按照其长期目标设定的速度履行脱碳承诺。此外还需要定期审查目标,以确保与技术提升和科学理解的进步保持一致。澳大利亚房地产公司 Dexus 承诺,该公司到 2025 年其采购的 70% 电力供应将来自可再生能源(以 2018 年为基准)。澳大利亚邮政也设定了中期目标与相关部门(运输)模型保持一致,承诺到 2025 年将直接和供应链排放总量减少 15%(以 2019 财年为基准)。

原则三是解决运营、价值链、客户和融资排放问题。比较困难的是在这些领域中践行净零承诺,Dexus 制定了其控制下所有建筑物的运营以及供应商和租户排放目标,使其符合澳大利亚房地产行业的脱碳路径。

原则四是可证明的、实质性的近期行动。长期和中期的承诺必须得到立即行动的支持。这些行动分为两类:(1)对减排有直接影响的脱碳活动;(2)创造企业支持未来运营和价值链的减排环境的活动。

四大支柱脱碳活动对减少排放有直接影响:第一,针对提高能源效率,公司可以采取行动减少能源浪费,包括提高能源生产率和放弃能源密集型产品和服务。第二,使用可再生电力方面,公司现在可以改用 100% 的可再生电力。第三,为了实现电气化和转向零排放燃料,公司可以从化石燃料转向零或接近

---

① ASX200 是指澳大利亚领先的股票市场指数,包含按浮动调整市值计算的前 200 家澳大利亚证券交易所上市公司。

零排放的替代品。第四,为了减少非能源排放,公司可以在适当情况下减少燃料以外材料的排放。

2. 社会机构碳责任

除企业之外,澳大利亚一些社会机构在实现2050年净零目标中也发挥着重要的作用。例如由迈尔基金会和莫纳什大学于2009年共同创立的非营利机构ClimateWorks,在非营利组织莫纳什大学的莫纳什可持续发展研究所(MSDI)内工作。十多年来,ClimateWorks一直在推动澳大利亚的气候行动。联合国的研究表明,温室气体排放量必须在这个十年内减半,在下一个十年再次减半,才能将全球气温上升限制在低于2℃。这需要把当前的减排力度增加五倍。该组织正在澳大利亚经济的七个关键系统中开展推进工作,以应对这一挑战。

澳大利亚拥有丰富的可再生能源和矿产资源,这对于世界实现净零排放至关重要。支持向净零经济转变的政府、企业和社区将提振澳大利亚经济,并使世界能够以缓解气候变化所需的速度脱碳。澳大利亚国家团队确保ClimateWorks能够在重要的地方产生影响。ClimateWorks在净零排放路径方面的专业知识和分析为到2050年实现净零排放创造了动力。该组织的工作有助于帮助2050年实现净零排放,并支持关键决策者了解如何抓住现有机遇和解决方案。

(二) 碳信息披露制度

金融稳定理事会(FSB)于2015年成立了气候相关财务信息披露工作组,并在2017年6月发布了气候变化相关财务信息披露指南(TCFD)框架,目前也已得到澳大利亚的采用。根据TCFD工作团队的建议[1],碳信息披露的内容主要包括以下四个方面:第一,披露董事会对评估和管理气候相关风险和机遇的监督、管理层在评估和管理方面的作用起统辖功能。第二,披露与气候相关的短期和长期风险和机遇的策略,其对组织的影响,以及管理这些风险和机遇的战略的弹性。第三,在风险管理方面披露组织识别、评估和管理风险的过程,以及如何将其整合到组织的整体风险管理中。第四,披露用于评估风险的指标——温室气体排放、它们带来的风险以及管理风险和机遇

---

[1] EIC, "TCFD: 4 KEY POINTS FROM THE RECOM-MENDATIONS", https://www.eic.co.uk/4-key-points-tcfd-recommendations/(2020年11月20日)。

的目标。

1. 澳大利亚信息披露制度发展历程

澳大利亚没有单一的框架来管理碳风险披露。立法要求公司作强制性报告,除了《国家温室气体和能源报告法》《公司法》等普遍性规定,对于适用于特定条款规定的公司,由澳大利亚审慎监管局(APRA)和澳大利亚证券交易所等监督机构制定的规则予以补充约束。另外,许多公司也会选择签署自愿披露框架。

澳大利亚政府自 2007 年开始根据国家温室和能源报告计划(NGERS),要求公布一系列碳排放实体的披露信息,包括温室气体排放、能源生产、消费,由清洁能源监管机构管理。《2007 年国家温室气体和能源报告法》(NGER 法案)为 NGER 计划建立了立法框架,该计划是报告温室气体排放、温室气体项目以及澳大利亚公司能源消耗和生产的国家框架。《2008 年国家温室气体和能源报告法》规定了建立执行《NGER 法案》的合规规则和程序的细节。例如,其规定了根据《NGER 法案》必须在报告中提供的信息以及必须适用《NGER 法案》的方式。《2015 年国家温室气体和能源报告(保障机制)规则》规定了建立合规规则和管理保障机制的程序细节。

2001 年《公司法》的一般披露条款规定公司在一个财政年度的董事报告中必须包含:如果公司的操作受任何特定和重要的联邦或州或领地的环境法律法规的约束,则必须提供公司与环境监管相关表现的详细信息。

2. 澳大利亚碳信息披露的法律规定

(1)信息披露的内容。《2007 年国家温室气体和能源报告法》第 19 条规定公司每个财政年度须向监管机构提供来自公司和公司集团成员实体运营控制下的设施运营信息,内容涉及温室气体排放、能源生产和能源消耗等方面。第 21 条规定,公司可以在财政年度或监管机构允许的更长期限内,向监管机构提供关于减少温室气体排放和温室气体的清除报告,此报告应该来自公司或公司集团一个或多个成员在该年或期间内进行的温室气体项目。同一节还规定公司可以就某个财政年度向监管机构提供一份报告,以说明该年度公司或公司集团的一个或多个成员抵消温室气体排放的情况。

(2)未履行披露义务的法律后果。根据《2007 年国家温室气体和能源报告法》,对未履行披露义务的主体可予以民事处罚及刑事制裁。其中,具体违规行为及其对应的民事处罚如下:第一,公司未向监管机构提交财政年度内实体运营设施的温室气体排放、能源生产和能源消耗的报告的,公司承担 2 000 个罚款单位。第二,公司应该在财政年度结束后 4 个月内提交报告给监管机构,期间结束后延迟的每一天,公司需要承担每天 100 个罚款单位。第三,公司未提交与温室气体项目有关的报告,如减少温室气体排放量和温室气体清除量的,公司承担 1 000 个罚款单位。第四,公司未提交与抵消温室气体排放相关的报告,公司承担 1 000 个罚款单位。刑事处罚的内容主要包括:根据《刑法》第 137 条,为声称遵守《2007 年国家温室气体和能源报告法》而向监管机构提供虚假或误导性信息或文件可能构成犯罪,被处以监禁 12 个月。

第三节　碳交易与碳信用管理

完善的碳交易和碳信用体系能鼓励更多的组织采取措施减少排放,以帮助澳大利亚实现其减排目标,并助力区域经济发展。澳大利亚实施混合碳市场体系,其中最为核心的机制是该国政府专门设立的减排基金。

一、碳交易市场特征

(一) 碳交易市场概况

目前澳大利亚所采用的是以碳信用和绿证交易为主的自愿减排市场。澳大利亚的国家碳市场由清洁能源监管局负责管理,全国性的澳大利亚碳交易所预计于 2023 年启动,该交易所支持各种新的以及现有环境产品的交易,包括澳大利亚碳信用单位,并可能包括可再生能源发电证书以及清洁产品原产地保证证书。

清洁能源监管机构发布的《2022 年第四季度碳市场报告》对澳大利亚 2022 年碳市场运行情况进行了总结。在这一年中该国碳信用单位总体交易量约为 2021 年的 5 倍,对碳信用单位开展的独立审查、对保障机制的拟议改革等措施也有效地提升了大众对碳信用市场的信心。回顾碳信用单位的价格变化可以发现,2022 年 1 月底在低交易量和投机行为的影响下,碳信用单位的价格达到 57.5 澳元的高位,在 2 月底回落至 48 澳元,3 月和 4 月的价格进一步下跌,此后稳定在 30 澳元左右的水平。联邦选举、《2022 年气候变化法案》的出台等因素也对碳信用单位的价格有所影响。

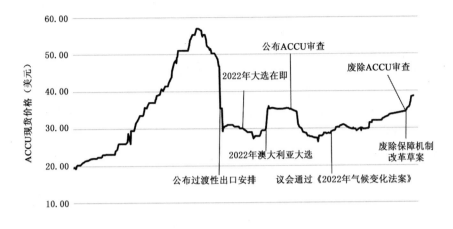

图9-3 2021年7月至2023年1月的碳信用单位价格

资料来源："The Quarterly Carbon Market Report data workbook"，https：//view.officeapps.live.com/op/view.aspx?src=https％3A％2F％2Fwww.cleanenergyregulator.gov.au％2FDocumentAssets％2FDocuments％2FQCMR％2520data％2520workbook％2520-％2520December％2520Quarter％25202022.xlsx&wdOrigin=BROWSELINK(2023年3月31日)。

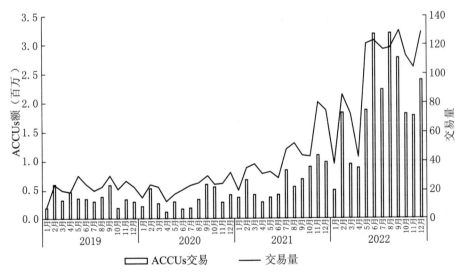

图9-4 2019年1月至2022年12月的碳信用单位市场交易情况

资料来源："The Quarterly Carbon Market Report data workbook"，https：//view.officeapps.live.com/op/view.aspx?src=https％3A％2F％2Fwww.cleanenergyregulator.gov.au％2FDocumentAssets％2FDocuments％2FQCMR％2520data％2520workbook％2520-％2520December％2520Quarter％25202022.xlsx&wdOrigin=BROWSELINK(2023年3月31日)。

2022 年的碳信用单位交易量也有所上升,二级市场上有 2 300 万澳大利亚碳信用单位的交易,这是 2021 年交易量的三倍。2022 年的平均交易规模也有所增加,比 2021 年增加了近 37%,从每笔交易约 14 300 澳元增加到 19 500 澳元。来自企业和金融中介机构的积累促进了交易的增加,特别是在 2022 年下半年,企业为应对保障机制可能发生的变化进行的准备。

此外在可再生能源领域,2022 年相关开发商承诺建设 4.3 千兆瓦新的大规模可再生能源能力,这比 2021 年增加了近 50%,这表明人们对澳大利亚的可再生能源政策和市场环境越来越有信心。2022 年,政府批准了 2.5 千兆瓦的新产能用于创建大规模发电证书(LGC),预计 2023 年仍将批准类似水平的产能。小规模太阳能光伏的装机量于 2022 年第四季度强劲反弹,使得年度总产能达到了 2.8 千兆瓦。

(二) 碳交易市场类型

澳大利亚国内碳市场包括国家市场和地区市场,国际碳市场包括清洁发展机制和非政府组织管理的自愿减排标准。该国对国际单位和证书的需求主要是由自愿减排目标推动的,比如企业想根据政府支持的"气候主动"(Climate Active)碳中和标准证明其行动。

表 9-1 澳大利亚碳市场交易主要类型

计　　划	层级	单位或证书	注册处
大规模可再生能源目标	联邦	大规模发电证书	可再生能源证书注册处
小规模可再生能源计划		小规模技术证书	
减排基金		澳大利亚碳信用单位	澳大利亚国家排放单位登记处
维多利亚州能源升级	州	维多利亚州能源效率证书(VEEC)	维多利业州能源升级登记处
新南威尔士州节能计划		节能证书	节能计划登记处
经核证的碳标准	国际	经验证的碳单位(VCU)	维拉(Verra)登记处
黄金标准		经验证的减排量(VER)	黄金标准注册处
联合国气候变化框架公约清洁发展机制		核证减排量(CER)	澳大利亚国家排放单位登记处和清洁发展机制登记处

资料来源:"About Carbon Markets", https://www.cleanenergyregulator.gov.au/Info-hub/Markets/Pages/About-Carbon-Markets.aspx(2022 年 12 月 20 日)。

澳大利亚的国内碳市场可分为两个部分。其一是减排基金,通过注册并运行减排基金项下的项目①可获取澳大利亚碳信用单位(ACCU)。其二是可再生能源目标,这一目标又分为大规模可再生能源目标和小规模可再生能源计划两部分,分别产生了可在碳市场中交易的大规模发电证书(LGC)和小规模技术证书(STC)。澳大利亚的地区碳市场主要是新南威尔士州和维多利亚州的绿证交易市场。这两个市场非常相似,都是为民众使用节能设备提供一定激励。

此外,根据《巴黎协定》第六条,各国可以通过双边或多边协议进行国际碳市场交易。澳大利亚作为《巴黎协定》的缔约方,目前禁止在其保障机制中使用国际碳单位。因此,该国对国际碳单位和证书的需求主要是由自愿减排的意愿推动的,例如企业为获得政府的碳中和认证。②

二、碳交易信用管理

(一) 自愿减排市场

澳大利亚的碳市场很大程度上就是一个自愿减排市场,可以分为减排基金项下的自愿计划和保障机制。澳大利亚政府是碳减排基金计划下最大的碳信用单位买家,但私营企业和金融机构的需求也在急剧上升,并可能会保持强劲态势。

首先,个人、企业、地方政府都能够作为主体注册并运行减排基金项目并以此获得澳大利亚碳信用单位③。减排基金项目需要满足一定的准入要求,例如,必须位于澳大利亚,项目必须是非基于法律义务而展开的等。④在确定项目

---

① 目前可以被注册的项目包括:根据国家温室气体和能源报告计划报告的设施的减排量的通用方法;捕获和销毁煤矿的逃逸性排放物;降低运输的排放强度;商业、工业和综合能源效率;收集和燃烧垃圾填埋场的气体和农业废弃物;有机废弃物的替代性处理;捕获和燃烧废水中的沼气;土地部门的方法,包括增加土壤碳、减少牲畜排放、重新造林等。

② Australian Government Clean Energy Regulator,"About Carbon Markets", https://www. cleanenergyregulator.gov.au/Infohub/Markets/Pages/About-Carbon-Markets.aspx(2021 年 12 月 8 日)。

③ Australian Government Clean Energy Regulator,"Step 1-Apply", https://www.cleanenergyregulator.gov.au/ERF/Want-to-participate-in-the-Emissions-Reduction-Fund/Step-1-Apply(2022 年 6 月 28 日)。

④ Australian Government Clean Energy Regulator,"Eligibility to participate in the Emissions Reduction Fund", https://www.cleanenergyregulator.gov.au/ERF/About-the-Emissions-Reduction-Fund/eligibility-to-participate-in-the-emissions-reduction-fund(2021 年 8 月 2 日)。

能够满足减排基金的基本要求后，负责人需向清洁能源监管局申报项目的基本情况和估算可得的远期减排量。如果清洁能源监管局通过负责人的申请，就会将项目信息在减排基金项目登记册上公布。当减排基金项目产生碳减排时，就可以申请澳大利亚碳信用单位。每个碳信用单位代表储存或减少排放了相当于一吨二氧化碳当量的温室气体。一旦申请获得批准，碳信用单位将存入申请人的澳大利亚国家排放单位登记处（ANREU）账户中。①碳信用单位的持有人可以选择通过与清洁能源监管局签订"碳减排合同"，以拍卖的形式将持有的信用额全部或部分出售给政府，也可以选择与其他私人买家签订合同，在二级市场上出售信用额。②如果选择将碳信用卖给清洁能源监管局，就必须通过参与减排基金拍卖这一途径。申请参加拍卖的资格就是与清洁能源监管局和澳大利亚联邦政府签订合同的要约，是拍卖和合同建立过程中的第一步。拍卖资格表必须在拍卖前至少 20 天通过清洁能源监管局的网站填写。如果获得批准，申请人将获得为期 12 个月的参与拍卖资格。清洁能源监管局可以就政府是否与申请人就其项目签订合同做出决定并设置合同的商业条款。清洁能源监管局的拍卖一年举办两次，其拍卖形式是逆向拍卖。每个参与者通过"AusTender"这一由清洁能源监管局批准的在线投标平台提出一个单一且保密的投标，价格最低的标书在拍卖中最有可能成功。如果投标成功，中标人将自动与清洁能源监管局签订一份碳减排合同。碳减排合同又分为可选交货合同和固定交货合同两类。签订可选交付合同的卖方拥有在规定时间内以商定的价格向联邦政府出售碳减排量的权利，而非义务。如果未能在合同约定的期限内交付碳信用额，上述权利将失效。签订固定交货合同的卖家有在合同期限内以固定价格交付约定数量的碳信用额的义务。如果卖方自己的项目无法交付约定数量的信用额，则可以从其他项目或二级市场采购差额。如果未按照交货时间表进行交货，则卖方还可能需要支付一笔市场损害赔偿。③在二

① Australian Government Clean Energy Regulator, "Applying for Australian carbon credit units", https://www.cleanenergyregulator.gov.au/ERF/Want-to-participate-in-the-Emissions-Reduction-Fund/Step-3-Reporting-and-auditing/applying-for-australian-carbon-credit-units（2022 年 7 月 14 日）。

② Australian Government Clean Energy Regulator, "How does it work", https://www.cleanenergy-regulator.gov.au/ERF/About-the-Emissions-Reduction-Fund/How-does-it-work（2022 年 7 月 12 日）。

③ Australian Government Clean Energy Regulator, "Understanding carbon abatement contracts", https://www.cleanenergyregulator.gov.au/ERF/Want-to-participate-in-the-Emissions-Reduction-Fund/Step-2-Contracts-and-auctions/understanding-carbon-abatement-contracts（2022 年 6 月 2 日）。

级市场上进行碳信用单位的交易时,同样需要通过澳大利亚国家排放单位登记处(ANREU)这一平台。信用额的转让者必须指示清洁能源监管局将信用额从转让者的 ANREU 账户转到买方的 ANREU 账户。只有在清洁能源监管局删除转让者 ANREU 账户中的信用额记录并在买方的账户中记录该单位后,信用额的转让才发生效力。

其次,保障机制同样是建立在减排基金的基础之上的,其立法框架载于《2007 年国家温室气体和能源报告法》第 3H 部分。该机制只适用于"指定的大型设施",即在一个财政年度内直接温室气体排放总量超过 10 万吨二氧化碳当量的设施。这些设施主要来自矿产、石油和天然气开采、制造和废物处理等行业,他们的排放量约占澳大利亚温室气体排放量的一半左右。保障机制最主要的手段就是对覆盖范围内的行业设置基线,设施运行所产生的净排放量[①]必须控制在基线以下。基线主要分为生产调整基线、计算基线、基准基线和报告的基线四类,此外还有一些特殊的部门基线。具体适用何种基线需要根据设施所在行业、生产情况等因素进一步判断,如果一个设施没法设定以上任何一种基线,将以 10 万吨二氧化碳当量作为默认基线。当设施的排放超过或预计将要超过基线时,其运营方可以通过申请新基线、使用澳大利亚碳信用单位进行抵消、申请允许在两年或三年的时间内平均设施的净排放量、申请特殊情况豁免等手段来避免超限排放。如果设施运营方没有采取任一上述行动,清洁能源监管局可能采取强制手段来敦促合规,例如发出侵权通知或禁令,或进一步采取民事处罚措施。

(二) 绿色电力证书

绿色电力证书的交易构成了澳大利亚碳市场的另一主要部分。主要分为作为联邦计划的可再生能源目标和新南威尔士州、维多利亚州的地方绿证交易。

可再生能源目标是澳大利亚政府的一项计划,旨在减少电力部门的温室气体排放,并鼓励从可持续和可再生能源中进行额外发电。这一计划通过允许大型发电站和小规模发电系统的所有者为其产生的每兆瓦时可再生能源电力创建大规模发电证书和小规模技术证书。然后,由 2000 年《可再生能源(电

---

① 这里的净排放量是指某一设施运行所产生的覆盖性排放加上与该设施发生的减排活动有关的澳大利亚碳信用单位,减去为该设施交出的澳大利亚碳信用单位。

力)法》和《2001年可再生能源(电力)条例》所规定的责任实体(一般为进行相关电力采购的个人或公司)购买这些证书并按一定比例提交给清洁能源监管局,以履行自己在可再生能源目标下的法律义务。责任实体如果不履行其报告和移交证书义务,可能会需要支付罚款和额外的利息费用,并且有可能构成刑事犯罪。由此所产生的一个绿证交易的市场,能激励大型可再生能源发电站和小规模可再生能源系统的所有者生产可再生能源电力。此外,与碳信用市场一样,这些证书也可以在不涉及清洁能源监管局的二级市场中交易。

新南威尔士州的绿证交易市场是依据该州的节能计划(ESS)而成立的。家庭和企业通过安装、改进或更换节能设备和电器能够获得节能证书(ESC)。一般来说,这些进行节能活动的家庭和企业会将创建节能证书的权利转让给经认可的证书提供商(ACP),以换取对节能活动成本的折扣。然后再由经认可的证书提供商创建和注册节能证书。节能证书的需求方主要是新南威尔士州的电力零售商,他们需要购买节能证书以满足自身的年度节能目标份额。① 维多利亚州的绿证交易市场是基于该州的能源升级计划。经认可的提供商通过为家庭和企业提供设备的节能升级服务,而生成维多利亚州能源效率证书(VEEC),每个证书代表减少排放了一吨温室气体。然后,经认可的供应商将这些证书出售给能源零售商。能源零售商使用这些证书来满足维多利亚州政府设定的年度排放目标。②

三、碳交易市场监管

澳大利亚联邦层面的碳信用交易以及绿色电力证书交易由清洁能源监管局负责监管。其主要采用一种以情报为主导且基于风险的合规方法,也即监测所有碳市场参与者履行义务的能力和意愿及其操作条件。如果存在可能的合规问题,监管机构将首先收集和分析相关事实,以确定合规问题发生的原因、可能性、严重程度及可能的后果,再决定采取教育、监测和执法这三方面的

---

① Victoria State Government Department of Environment, Land, Water and Planning, "About the VEU program", https://www.energy.vic.gov.au/for-households/victorian-energy-upgrades-for-households/about-the-veu-program(2022年9月20日)。

② "The Independent Pricing and Regulatory Tribunal, Overview of the ESS", https://www.energy-sustainabilityschemes.nsw.gov.au/Home/About-ESS/Overview-of-the-ESS(2022年11月11日)。

手段保障交易的完整性。①

教育手段主要为了帮助参与者履行义务并避免无意违规的情况。监管机构会与参与者和其他利益相关者共同设计并合作制定碳市场的指南和准则,以明确合规预期。此外,监管机构会通过发布各类信息资源,如全碳核算模型(Full Carbon Accounting Model)这样的计算工具来帮助参与者更好地合规。

从监测方面说,清洁能源监管机构通过运营业务收集大量数据,并使用这些数据来监控合规性。首先,所有减排基金项目需要进行定期报告并对项目进行审计。报告内容主要是项目所取得的减排量及其计算方法,而且每次报告都必须在报告期内进行。第一个报告期从项目入计期开始时计算,每个新的报告期在前一个报告期结束后立即开始,所有报告期都必须在项目入计期内。一般来说,报告期为 6 个月,但根据项目类型及产生减排量多少等因素,也有短至 1 个月或长达 5 年的报告期。在报告通过清洁能源监管局的审核后,该项目在报告期内获得的信用额才会被发放到相应的澳大利亚国家排放单位登记处(ANREU)账户。如果未通过审核,清洁能源监管局可能要求提供进一步的信息。如果没有按要求提供信息,清洁能源监管局将不会对任何有关碳信用的申请采取下一步行动。如果项目负责人未能在截止日期前提供项目报告,可能会导致自身无法通过资格审核,进而其所负责的所有项目都会被清洁能源监管局撤销,并影响任何涉及碳信用单位的权利。同时,还有可能遭到民事处罚令的惩罚。

在减排基金下,清洁能源监管局还采用基于风险的审计方法以确保碳信用单位的真实可靠。对于大多数项目来说,这种审计方法意味着在七年多的入计期内需要至少进行 3 次预定的审计。审计需要根据《2008 年国家温室气体和能源报告规则》的规定进行,项目参与者需要自行选择符合资质的审计员并承担对应费用。减排基金下有三种类型的审计,分别为:初步审计、后续审计和阈值审计。其中,初始审计必须与项目的第一份报告一起提交,一般在入计期 6 个月至两年之间提交。项目报告可在报告期结束后 6 个月内提交。初步审核将涵盖:项目登记和前瞻性减排时间表评估、第一个报告期的报告、项目的运营和与其相关的方法以及其他与项目的建立和运营有关的事项。后续

---

① Australian Government Clean Energy Regulator,"Compliance policy for education, monitoring and enforcement activities", https://www. cleanenergyregulator. gov. au/About/Policies-and-publications/Compliance-policy-for-education-monitoring-and-enforcement-activities(2022 年 9 月 27 日)。

审计报告则必须按照项目审计时间表提交,其目的是确保项目实现和报告的减排量是准确的。阈值审计是一种额外进行的审计①,其发生在报告的减排量超过 10 万吨二氧化碳当量时。

此外,2000 年《可再生能源(电力)法》授权清洁能源监管机构对可再生能源目标下拥有小规模技术证书的小型发电机组进行随机检查,以确保这些机组符合安装要求,并确保证书以及安装人员的合规。

清洁能源监管机构会将计划参与者的报告与第三方数据进行比较以检测可能的违规行为并决定是否需要采取执法行动。如果存在违规行为,以上的情报和数据也会成为分析违规者意图的重要依据,并以此决定采取何种强度的执法手段。

清洁能源监管机构的执法行为主要针对以下情形:其一是有合理的理由怀疑正在发生严重的民事违法或刑事犯罪行为;其二是参与者没有表现出足够的意愿来重新遵守规定;其三是参与者屡次发生不遵守规定的情况;其四是参与者故意不遵守规定的行为。执法手段主要包括对违规者的澳大利亚国家排放单位登记处(ANREU)账户使用进行限制、暂停直至单方面关闭账户,或者监管机构会要求违规者做出"可执行承诺"(enforceable undertakings),②如果违规者再次不遵守承诺,监管机构会向法院申请相应的行政命令。监管机构对于更严重的违规行为可能还会采取禁令或进行民事处罚。对于涉嫌刑事违法的行为将被转交其他有权机关进行侦查起诉。

总之,清洁能源监管机构会根据案情的不同,综合考虑威慑性、保护性和补救性的需求选择执法组合。在一些法律要求下,清洁能源监管机构有义务发布违规信息和参与者所做出的"可执行承诺"。此外,任何法院诉讼的开始和结果、侵权通知的发布以及其他类型的执法行动都需要进行公示。

第四节　碳管理政策

多年来,作为全球最大温室气体排放国之一,以及煤炭、液化天然气和原

---

① Australian Government Clean Energy Regulator,"Auditing",https://www.cleanenergyregulator. gov. au/ERF/Want-to-participate-in-the-Emissions-Reduction-Fund/Step-3-Reporting-and-auditing/ Audit-Requirements(2022 年 10 月 10 日)。

② Australian Government Clean Energy Regulator,"Compliance policy for enforceable undertakings", https://www. cleanenergyregulator. gov. au/About/Policies-and-publications/Compliance-policy-for- enforceable-undertakings(2019 年 2 月 7 日)。

油的主要出口国,澳大利亚面临着巨大压力。为了最终能够实现净零排放的长期目标,澳大利亚政府在财政、税收、金融以及低碳技术创新方面,颁布了一系列碳管理政策。

一、碳管理财政政策

在澳大利亚气候政策一直呈现出高度政治化特点。在设立排放交易计划已经陷入困境之际,2012 年前工党政府建立碳定价机制。然而 2014 年,"碳税"又被雅培政府废除。

(一) 政府补贴

澳大利亚政府在多方面对促进企业减排的项目进行补贴,其中最为广泛的是对可再生能源的补贴。[①]以下部门直接支持可再生能源项目。

澳大利亚可再生能源署(ARENA)的任务是"让可再生能源解决方案更实惠,并增加澳大利亚的可再生能源供应"。ARENA 支持包括地热、太阳能和生物能源发电以及存储技术等范围的项目。2015—2016 年,ARENA 获得澳大利亚政府 9 000 万澳元资助,并为各项活动支付或承诺提供约 8.36 亿澳元的资金。

清洁能源金融公司(CEFC)是澳大利亚政府旨在"促进更多资金流入清洁能源领域"的法定机构,其投资领域包括可再生能源、能源效率和低排放技术。CEFC 不直接提供赠款,而是为项目提供资金,并期望在投资组合的基础上获得基于风险的财务回报。CEFC 提供包括以下一项或多项优惠:低于市场的利率;更长的贷款期限;在本金、利息到期之前更长的宽限期。

(二) 减排基金

减排基金(ERF)现在是澳大利亚政府限制温室气体排放政策的核心。减排基金(ERF)为土地所有者、社区和企业提供了在澳大利亚运行项目以避免温室气体排放、从大气中去除和封存碳的机会。参与者可以为项目储存或避

---

① "Baeconomics, Primer on renewable energy subsidies in Australia", http://baeconomics.com.au/wp-content/uploads/2017/02/MCA-renewables-subsidies-8Jan2017-2.pdf#:～:text＝Renewable％20energy％20projects％20are％20finally％20subsidised％20directly％20by，CEFC％2C％20the％20amount％20of％20subsidies％20cannot％20be％20identified(2022 年 11 月 26 日)。

免的每吨二氧化碳当量（tCO_2e）排放获得澳大利亚碳信用单位（ACCU）。ACCU 可以通过碳减排合同出售给澳大利亚政府，也可以出售给二级市场上的公司和其他私人买家以产生收入。政府通过地区赋能基金购买 ACCU。

2011 年《碳信用额（碳农业倡议）法案》是减排基金建立的依据。在 2014年《减排基金白皮书》中，政府认为，与征收增加企业和家庭能源成本的税收相比，减排基金是更好的减排方式。这是政府废除碳税并用减排基金取而代之的原因。减排基金基于激励的方法，不会提高商品价格而削弱澳大利亚的市场竞争优势，而是支持澳大利亚企业降低能源成本并提高生产力，同时减少澳大利亚的排放量。企业将享有减排项目的共同利益，在全球舞台上更具竞争力。这些重要的共同利益将使得项目具备可行性。拍卖过程的竞争性将激励企业提交最佳出价，同时考虑到共同利益，并确保实现物有所值。

减排基金还包括一个"保障机制"，其确保通过减排基金支付的减排量不会被其他地方排放量的显著增加所取代，从而保护纳税人的资金。保障机制为企业提供稳定和可预测的政策环境，企业可以通过对未来排放水平设定明确的预期来进行新的投资。它的设计将使企业不受任何新的强制性报告要求的约束。

二、碳管理税收政策

（一）碳税

澳大利亚政府通过《2011 年清洁能源法》引入了"碳税"。该法案旨在控制澳大利亚温室气体的排放，并通过开发清洁能源技术支持经济增长。法律实施是由新成立的气候变化管理局和清洁能源监管机构负责监督的。虽然碳税施行后澳大利亚碳排放量减少了，但碳税政策受到来自反对派和公众的重大挑战，并最终在 2014 年被废除。

"碳税"政策考虑了多方面因素，并制定了对应的措施，具备一定的可行性。澳大利亚政府宣布了对《清洁能源法》的全面立法和资金支持，采取了一系列举措来支持减少碳污染和推动对新清洁能源投资的综合目标。例如，通过就业和竞争力计划、清洁技术计划、钢铁转型计划和其他支持能源效率的措施，帮助企业向清洁能源过渡。这些计划旨在促进对资本、技能和创新的投资，以提高竞争力并支持低碳经济中的就业。此外，澳大利亚可再生能源署和清洁能源金融公司为可再生能源的创新和投资提供了额外的支持。为支持能源法案而发起的融资计划的细节包括:第一,在 2014—2015 年期间花费 4 000 万澳元向行业协会和非政府组织提供竞争性赠款,以提供能源效率建议和援助。第二,在 2012—2015 年期间拨出 9 000 万澳元的资金,为受碳价引入强烈影响的地区提供援助。第三,在 2014—2015 年期间提供 3 200 万澳元给清洁能源技能计划,以帮助教育机构和行业开发材料和专业知识。第四,供应链清洁技术重点计划中,在 2014—2015 年期间为现有行业援助计划下的清洁技术企业提供了额外的 500 万澳元。总体而言,这些计划能够在该机制的头三年提供约 9 亿澳元的支持,用于保障高排放或国际竞争激烈行业的就业。

虽然政府制定了较为完善的政策措施,但是仍不足以应对"碳税"带来的剧烈影响。"碳税"被废除的原因之一在于其带来的公共影响。"碳税"引入后的第二年澳大利亚的温室气体排放量就减少了 1.4%,这是过去十年中最大的年度降幅。然而,这也导致家庭和工业的电力成本增加,导致企业关闭和企业的其他经济困难。据报道,这项税收使普通家庭的电费增加了 10%。大约 75 000 家企业直接支付了碳税,或通过改变关税和退税支付了同等的罚款。他们通常将部分或全部成本转嫁给他们的客户、小型企业和家庭,这些客户、小型企业和家庭因税收而忍受了更高的价格。财政部估计,从 2012 年 1 月 23 日引入碳税起(2012—2013 年为每吨 9 澳元),家庭生活成本平均每周增加约 90 澳元,并使消费者价格指数增加 7.10%。对于企业来说,影响更为明显,中小企业高达 30% 的电费支出是用于碳定价和其他绿色计划。也有报道称,由于成本增加,工厂关闭,大量工人失业。这大大打击了公众对于"碳税"政策施行的信心。[①]

(二) 电动汽车税收减免政策

工党政府于 2022 年 9 月推出了有史以来的第一个电动汽车战略,并于 2022 年 11 月在联邦议会通过了《财政法修正案(电动汽车折扣)法案》,该法案为电池电动汽车和插电式混合动力汽车(PHEV)的购买价格提供高达 2 000 美元的折扣,以及车队和更新租赁的附加福利税(FBT)豁免。低排放汽车的豪华汽车税起征点已从 71 849 美元的标准起步价提高到 84 916 美元。

---

① The Centre for Public Impact, "The Carbon Tax in Australia", https://www.centreforpublicimpact.org/case-study/carbon-tax-australia/(2017 年 5 月 5 日)。

三、碳管理金融政策

澳大利亚在碳管理金融政策方面有着较为丰富的实践,以下主要介绍澳大利亚碳信用单位、绿色债券和碳基金。

(一) 澳大利亚碳信用单位

澳大利亚碳信用单位(ACCU)是由清洁能源监管机构通过某人在澳大利亚国家排放单位登记处中保存的电子账户中为该单位输入而发给某人的信用额度。每个 ACCU 代表着符合条件的活动中实现的一吨二氧化碳当量净减排(通过减排或碳固存)。ACCU 只有在某人拥有注册账户的情况下才能颁发给该人,注册账户只有在监管机构考虑其是否为"合适人选"后才能由其开立。

作为澳大利亚政府减排基金的一部分,监管机构为开展温室气体减排活动颁发 ACCU。ACCU 的发行受《2011 年碳信用额(碳农业倡议)法案》《2011 年碳信用额(碳农业倡议)条例》和《2015 年碳信用额(碳农业倡议)规则》规范。

ACCU 是个人财产。ACCU 的注册持有人是其合法所有者,并且可以根据《2011 年碳信用额(碳农业倡议)法案》和《2011 年澳大利亚国家排放单位登记处法案》将 ACCU 的良好所有权转让给另一个人。ACCU 的持有人可以基于对 ACCU 的担保(例如抵押),或根据信托或其他实益拥有权安排代表他人持有 ACCU。

(二) 绿色债券

绿色债券是一种用于为气候或环境项目筹集资金的固定收益项目,可以由政府或私人公司提供。绿色债券市场虽然处于起步阶段,但正在迅速增长。

绿色债券在应对气候变化方面可发挥关键作用,因为它有助于为向净零或低碳环境的过渡提供资金。绿色债券所资助的直接影响气候的项目包括:可再生能源项目如太阳能和风力发电场、清洁轨道交通、低碳建筑、能效升级、环境可持续的住房、电动汽车。

在联邦政府政策不断发生变化的情形下,绿色债务市场却在不断增长。这种增长一方面是由华信等实体推动的,另一方面是受到传统银行的刺激,因为银行认识到绿色资产融资的需求和投资者参与绿色债务的需求。澳大利亚的四家大银行以及州政府、房地产基金和一所大学都发行了经过认证的绿色债券。澳大利亚的绿色金融主要应用于典型的绿色项目,包括风能和太阳能项目、低碳建筑项目和低碳交通项目。

(三) 碳基金

澳大利亚碳基金(ACF)为投资者提供了前所未有的澳大利亚碳信用单位(ACCUS)的交易机会。利用澳大利亚的各类组织、投资者和消费者对减排的日益关注,该基金进入快速增长的国内碳市场。[①]

澳大利亚碳基金旨在为投资者提供丰厚的回报,并促进对旨在加速气候行动活动的投资。对于公司而言,对澳大利亚碳基金的投资有助于降低碳补偿价格上涨的风险,并可能为其产品增加"绿色溢价"。澳大利亚碳基金将直接向澳大利亚碳基金管理有限公司投资资金,基金单位可兑换现金或澳大利亚碳信用单位。

四、低碳技术创新政策

在技术创新方面,澳大利亚坚持以技术为主导的减排方法,制定了《技术投资路线图》并且每年发布《低排放技术声明》。根据工业、科学、能源和资源部 2020 年和 2021 年两年发布的《低排放技术声明》,目前澳大利亚确定的优先技术为:清洁氢气、储能、低排放材料(钢、铝)、碳捕集和储存(CCS)、土壤碳、超低价太阳能(2021 年新增)。

《技术投资路线图》的目标是降低低排放技术组合的成本,因为商品的价格优势对国内外消费者更具吸引力。为了实现减排,其采取的方法是技术手段而不是税收政策,因为这既不会给家庭或企业带来新的成本也不会提高现有能源的价格。为实现这一目标,政府承诺将在未来十年投资超过 200 亿美元用于新能源技术,以推动 800 亿美元和高达 1 200 亿美元的公共和私人投资相结合,创造 160 000 个就业机会。与对基础设施投资的十年融资模式一样,政府采用长达十年的融资模式来推动私营部门对低排放技术的投资。随着时间的推移,政府将继续完善其投资。

---

① Australian Carbon Fund,"Introduction",https://www.australiancarbonfund.com.au/(2022 年 11 月 26 日)。

五、碳资产管理政策

碳(排放交易系统的排放配额)已成为一种流动性和可投资的资产类别。由于其流动性、相关属性和预期风险溢价,碳资产对长期投资者具有着吸引力。由于排放交易系统的设计参数包括更高价格和更低排放的目标,碳资产的前瞻性风险溢价有一个很好理解和合乎逻辑的理由。碳资产创造了令人印象深刻的历史回报,尽管它表现出高波动性,但回报表现却优于股票、债券和商品等传统资产。

澳大利亚的碳资产管理主要体现为排放交易系统(ETS),澳大利亚的排放交易系统即碳定价机制(CPM)。排放交易系统已被证明是一种高效的碳定价形式,也是一种重要的气候政策工具,具有大规模缓解气候变化的能力。然而,在 2014 年 7 月 17 日,澳大利亚政府召开新闻发布会宣布碳定价机制正式被废除,仅运行两年的碳定价机制还未过渡到浮动价格阶段便匆匆落下帷幕。

碳定价机制要求任何排放超过年度阈值的设施必须向政府申请排放许可证,该阈值为 25 000 吨二氧化碳当量。澳大利亚碳交易价格是以循序渐进的方式形成的,可以分成三个发展阶段:第一阶段是固定碳价格阶段。根据 2011 年 11 月通过的《清洁能源法案》的规定,2012 年 7 月到 2015 年 7 月为固定价格期,实行历时三年的固定碳价机制,2012—2013 年的碳价格固定为 23 澳元每吨二氧化碳当量(包括 CO、CH、NO、PECs 四种温室气体):2013—2014 年的碳价格固定为 24.15 澳元,即比上一年的碳价格增长 2.5%;2014—2015 年的碳价格固定为 25.4 澳元,即再增长 2.5%。第二阶段是浮动碳价格阶段。2015 年 7 月 1 日到 2018 年 7 月 1 日为浮动价格期,实行在市场调节基础上的排放交易机制,此时固定碳价格过渡为具有上下限约束的浮动碳价格。其中,上限价格为:2015—2016 年国际预期碳价＋20 澳元,之后两年的上限价格均比前一年增长 5%;下限价格为 15 澳元,且以后每年在上一年的基础上增长 4%。第三阶段是自由碳价格阶段。2018 年 7 月 1 日后,澳大利亚碳价格完全由碳交易市场机制决定并与国际碳市场接轨。[①]对实体企业而言,碳配额实质便成为一种特殊的资产——碳资产。

澳大利亚碳定价政策在制定和执行的过程中遇到了一系列问题。其一,

---

① 孔祥云:《我国碳排放权交易定价机制研究》,天津商业大学 2019 年硕士学位论文。

国际社会一直未能对国家的减排行为形成强有力的约束,澳大利亚可以自主废除碳定价机制而不受到任何惩罚;其二,澳大利亚的碳定价执行主体方面,工党未能在澳大利亚政坛凝聚关于碳定价的共识,工党和联盟党在碳定价问题上针锋相对,作为政治同盟的绿党与工党在碳定价政策的制定和调整过程中也存在明显的分歧;其三,作为碳定价执行对象的能源和矿业行业政策敏感性高,开展游说工作影响碳定价的执行,力图推翻对己不利的碳定价机制;其四,碳定价机制本身设计也存在问题,对碳价格水平和政策目标范围的设置以及政策经济和减排效果不确定性的质疑一直存在。这一系列问题最终导致了碳定价的废除。[①]

参考文献

[1] Hannah Ritchie, Max Roser and Pablo Rosado, "CO_2 and Greenhouse Gas Emissions"(2020), https://ourworldindata.org/co2-and-greenhouse-gas-emissions.

[2] 徐博:《COP26 后澳大利亚在气候治理领域的两难选择》,https://m.thepaper.cn/newsDetail_forward_18860064(2022 年 7 月 4 日)。

[3] Anita Talberg, Simeon Hui and Kate Loynes, "Australian climate change policy to 2015: a chronology", https://www.aph.gov.au/About_Parliament/Parliamentary_Departments/Parliamentary_Library/pubs/rp/rp1516/Climate2015(May 5, 2016).

[4] 陈瑞琼:《论澳大利亚碳定价政策:问题、原因探析及前景展望》,华东师范大学 2021 年硕士学位论文。

[5] IEA, "Australia's Climate Solutions Package", https://www.iea.org/policies/12732-australias-climate-solutions-package(April 5, 2022).

[6] Climate Action Tracker, "Australia Policies & action", https://climateactiontracker.org/countries/australia/policies-action/(August 2, 2022).

[7] Sonali Paul, "Australia carbon credit trading rockets to record in first-half 2022", https://www.nasdaq.com/articles/australia-carbon-credit-trading-rockets-to-record-in-first-half-2022(September 8, 2022).

[8] 中国清洁发展机制基金:《澳政府拟设定碳价上限为每吨 75 澳元　碳信用市场迎来更多政策确定性》,https://www.cdmfund.org/32319.html(Janruary 12, 2023).

[9] Australian Government Department of Climate Change, Energy, the Environment and Water, "Australia's climate change strategies", https://www.dcceew.gov.au/climate-change/strategies(November 15, 2022).

[10] Australian Government Department of Climate Change, Energy, the Environment

---

① 陈瑞琼:《论澳大利亚碳定价政策:问题、原因探析及前景展望》,华东师范大学 2021 年硕士学位论文。

and Water，"Regulating Australian fuel quality"，https：//www.dcceew.gov.au/climate-change/emissions-reduction/regulating-fuel-quality(September 23，2022).

［11］IEA，"Improving the energy and emissions performance of buildings"，https：//www.iea.org/policies/7882-improving-the-energy-and-emissions-performance-of-buildings(September 14，2020).

［12］FMLINK，"Report reveals net-zero best practices for businesses，and examples of Australian companies getting it right"，https：//www.fmlink.com/articles/climateworks-net-zero-best-practices-australia/(November 29，2021).

［13］EIC，"TCFD：4 KEY POINTS FROM THE RECOM-MENDATIONS"，https：//www.eic.co.uk/4-key-points-tcfd-recommendations/(November 20，2020).

［14］"The Quarterly Carbon Market Report data workbook"，https：//view.officeapps.live.com/op/view.aspx? src = https％3A％2F％2Fwww.cleanenergyregulator.gov.au％2FDocumentAssets％2FDocuments％2FQCMR％2520data％2520workbook％2520-％2520December％2520Quarter％25202022.xlsx&wdOrigin＝BROWSELINK(March 31，2023).

［15］"About Carbon Markets"，https：//www.cleanenergyregulator.gov.au/Infohub/Markets/Pages/About-Carbon-Markets.aspx(December 20，2022).

［16］Australian Government Clean Energy Regulator，"About Carbon Markets"，https：//www.cleanenergyregulator.gov.au/Infohub/Markets/Pages/About-Carbon-Markets.aspx(December 8，2021).

［17］Australian Government Clean Energy Regulator，"Step 1-Apply"，https：//www.cleanenergyregulator.gov.au/ERF/Want-to-participate-in-the-Emissions-Reduction-Fund/Step-1-Apply(June 28，2022).

［18］Australian Government Clean Energy Regulator，"Eligibility to participate in the Emissions Reduction Fund"，https：//www.cleanenergyregulator.gov.au/ERF/About-the-Emissions-Reduction-Fund/eligibility-to-participate-in-the-emissions-reduction-fund(August 2，2021).

［19］Australian Government Clean Energy Regulator，"Applying for Australian carbon credit units"，https：//www.cleanenergyregulator.gov.au/ERF/Want-to-participate-in-the-Emissions-Reduction-Fund/Step-3-Reporting-and-auditing/applying for australian carbon-credit-units(July 14，2022).

［20］Australian Government Clean Energy Regulator，"How does it work"，https：//www.cleanenergyregulator.gov.au/ERF/About-the-Emissions-Reduction-Fund/How-does-it-work(July 12，2022).

［21］Australian Government Clean Energy Regulator，"Understanding carbon abatement contracts"，https：//www.cleanenergyregulator.gov.au/ERF/Want-to-participate-in-the-Emissions-Reduction-Fund/Step-2-Contracts-and-auctions/understanding-carbon-abatement-contracts(June 2，2022).

［22］Victoria State Government Department of Environment，Land，Water and Planning，"About the VEU program"，https：//www. energy. vic. gov. au/for-households/victorian-energy-upgrades-for-households/about-the-veu-program(September 20，2022).

［23］Australian Government Clean Energy Regulator，"Compliance policy for education，monitoring and enforcement activities"，https：//www. cleanenergyregulator. gov. au/About/Policies-and-publications/Compliance-policy-for-education-monitoring-and-enforce-ment-activities(September 27，2022).

［24］Australian Government Clean Energy Regulator，"Auditing"，https：//www. cleanenergyregulator. gov. au/ERF/Want-to-participate-in-the-Emissions-Reduction-Fund/Step-3-Reporting-and-auditing/Audit-Requirements(October 10，2022).

［25］Australian Government Clean Energy Regulator，"Compliance policy for enforceable undertakings"，https：//www. cleanenergyregulator. gov. au/About/Policies-and-publications/Compliance-policy-for-enforceable-undertakings(February 7，2019).

［26］Baeconomics，"Primer on renewable energy subsidies in Australia"，http：//baeco-nomics. com. au/wp-content/uploads/2017/02/MCA-renewables-subsidies-8Jan2017-2. pdf♯：～：text＝Renewable％20energy％20projects％20are％20finally％20subsidised％20directly％20by，CEFC％2C％20the％20amount％20of％20subsidies％20cannot％20be％20identified.(Janruary 8，2017).

［27］Center For Public Impart(CPI)，"The Carbon Tax in Australia"，https：//www. centreforpublicimpact.org/case-study/carbon-tax-australia/(May 5，2017).

［28］Kathryn FISK，Henry MAN，"What electric vehicle incentives are on offer in Aus-tralia？"，https：//www.whichcar.com.au/news/electric-vehicle-incentives-australia(April 21，2023).

［29］孔祥云：《我国碳排放权交易定价机制研究》，天津商业大学 2019 年硕士学位论文。

执笔：何卫东、高歌、严海媚(上海社会科学院法学研究所)

第十章　加拿大碳管理体系

加拿大作为联邦制国家,实现碳中和目标有着潜在的阻力,松散的管理机制必将导致一系列问题。加拿大政府显然注意到了该问题的严重性,自 2015 年特鲁多上台后,联邦政府通过适用于全联邦范围的政策,逐渐建立起一套自联邦到省、地区的多层次、多领域碳管理体系。这一体系的内容既涉及碳排放领域,包括碳定价管理制度,也涉及碳资产的温室气体抵消信用体系,还涉及碳交易的市场管理机制和信息披露机制。

第一节　碳管理体系的背景与进展

自 20 世纪 90 年代以来,加拿大开始重点关注碳排放,出台与碳减排相关的政策和法案。对于碳排放的管理,经历了"从原则性规范到具体制度"的变迁。不过,碳管理体系的完善并非一帆风顺,受到国内外形势变化、国内政治发展变化以及加拿大联邦政府与各省及地区关系的独特性影响。

一、碳管理体系建设的背景

(一) 联邦整体情况

加拿大是一个人口稀少的大国,约有 3 700 万人居住在近 1 000 万平方千米的土地上。它拥有丰富的自然资源,并面临着既要利用这些资源获取经济利益,又要保护其原始环境区域的竞争压力。加拿大由于其自身设定的能源出口国的定位,自 20 世纪 90 年代以来一直是碳排放量最高的国家之一。根据 Climate Watch 的数据,1990 年加拿大碳排放量为 419.49 百万吨(Mt),位列世界第七。随着加拿大国内各类环境事件的频发和世界环境危机,1997 年,时任总理让·克雷蒂安(Jean Chrétien)代表加拿大通过 UNFCCC 签署了《京都议定书》,旨在一定程度上限制温室气体排放。不过,仍以经济发展为重心的时任政府并没有对碳排放提出明确的限制策略。因此,在签署议定书后加拿大碳排放量没有得到应有的控制,2000 年加拿大碳排放量上涨至 514.22 百万吨(Mt),较 1990 年涨幅达 22.6%,其排放量仍为世界第七(图 10-1),如此迅猛的涨幅也让政府感到压力。1999 年,联邦政府修改了《加拿大环境保护法》,法律明确规定加拿大环境部有权要求某些大宗排放者每年报告温室气体排放量。此外,2002 年加拿大政府最终批准了《京都议定书》,建设碳管理体系至此成为联邦政府的重要目标。

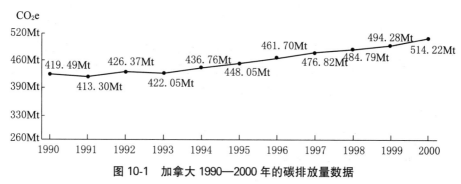

图 10-1 加拿大 1990—2000 年的碳排放量数据

资料来源:"Historical GHG Emissions of Canada", https://www.climatewatchdata.org/ghg-emissions?breakBy=countries&chartType=line&end_year=2000&gases=co2&regions=CAN&sectors=total-excluding-lucf&source=Climate%20Watch&start_year=1990(2023 年 7 月 8 日)。

(二) 各省、地区间的情况

加拿大不同地区之间存在一定程度的政治差异,魁北克省和不列颠哥伦比亚省因其水力、森林资源的发达,更加重视环境带来的各类影响;而阿尔伯塔省等省份则依赖其丰富的化石能源资源,大力发展能源进出口业务,反对减排措施。省、地区对碳相关问题的意见分歧值得联邦关注,因为加拿大许多具体环境政策的制定执行和相关基础设施的建设与完善都由省一级负责,长期缺乏联邦层级的碳管理体系的整体调控势必会导致各省、地区之间的政策和发展方向差异进一步加大,最终可能会演变为政治冲突。

在 2006—2015 年保守党执政期间,总理哈珀(Stephen Harper)组建的保守党政府对于传统能源行业的支持,对环境政策的打压,进一步造成了联邦政府和某些省、地区的割裂,导致联邦层级的碳管理体系建设停滞不前。而以魁北克和不列颠哥伦比亚省为首的省份,纷纷在保守党上台后宣布新的环境法律和环境政策,如不列颠哥伦比亚省政府于 2008 年通过《碳税法》,并引入了碳税,为化石燃料的购买和使用设定了价格。[1]在哈珀政府于 2011 年宣布加拿大退出《京都议定书》之后,全国碳市场建设陷入停摆,而以魁北克和不列颠哥伦比亚省为首的省和地区则更为主动地谋求区域间的碳交易合作。事实上在保守党上台之初,二者就加入了美国主导的西部气候倡议(WCI),寻求跨区域的碳市场合作。而当自由党领袖特鲁多(Justin Trudeau)在 2015 年的联邦大选中战胜哈珀时,其承诺将加快建立加拿大联邦层级的碳管理体系。次年,《泛加拿大气候变化框架》达成一致,其最重要的内容就是承诺引入联邦碳定价体系。不过,这一政策在出台后就遭到以化石燃料生产为主的省级政府的强烈反对,他们已在法庭上对联邦决定提出上诉。[2]可以说,以魁北克省和不列颠哥伦比亚省为首的重视碳管理的省级政府为联邦政府建立全国碳管理体系做出了良好的示范,起到了一定的试点效果;以阿尔伯塔省为首的化石燃料生产省份则会让联邦政府的举措不会脱离社会现状而过于激进,起到一定的制衡作用。

二、碳管理体系建设的进展

(一) 加拿大碳管理体系的萌芽

1997 年,时任总理让·克雷蒂安签署了《京都议定书》,意图缓解国内碳排放量持续增加的趋势。此外,《京都议定书》还允许两个发达国家之间进行碳排放额度买卖的"排放权交易",加拿大意图与美国进行合作,建立北美碳市场。

为了实现加拿大的气候雄心,1999 年让·克雷蒂安政府推动了对《加拿大环境保护法》的更新,进一步明确了国家对于环境事务的主导地位。该法赋予加拿大环境部要求重点排放者以年为单位报告碳排放量和要求所有与碳捕集、利用和封存(CCUS)技术有关的设施提交关于该技术的运用与实际效果的报告的权力。

---

[1] Sheldon Fernandes, "History Lesson-Carbon Pricing in Canada", Brightspot Climate Inc(Feb.7, 2022), https://brightspot.co/library/history-lesson-carbon-pricing-in-canada/.

[2] Rocco Sebastiano, "Canadian Government Carbon and Greenhouse Gas Legislation", Osler(Mar., 2021), https://www.osler.com/en/resources/regulations/2021/carbon-ghg/canadian-government-carbon-and-greenhouse-gas-legi.

不过在其随后的任期中,让·克雷蒂安政府未能出台更为具体的减排政策,也未能实现加拿大承诺的减排目标。他的继任者保罗·马丁(Paul Martin)同样没有就加拿大应对气候变化和减少碳排放提出任何实质性的政策建议。[①]在此阶段,加拿大虽然还未建立起完整的碳排放管理体系,但已经开始对碳排放领域关注,对清洁技术发展重视,为碳管理体系的建立打下了坚实的基础。

(二) 曲折发展期

2006 年,史蒂芬·哈珀带领的保守党赢得联邦国会大选。而在 2008 年的联邦议会选举中,碳定价作为碳管理体系中碳排放环节的重要问题成为竞选期间双方的重点关注对象。时任自由党领袖的斯蒂芬·迪翁(Stéphane Dion)承诺将碳价格作为联邦碳管理体系的重要组成部分,在全国范围内推行该制度,但该计划未能获得民众和排放省市的支持,自由党再次被哈珀带领的保守党击败。保守党的纲领同样包括计划建设《京都议定书》中的限额与交易制度,但是因为其在能源领域最大的合作伙伴美国最终没有通过该措施,导致加拿大意图建立北美限额与交易制度的努力付之东流,最终于 2011 年退出《京都议定书》,哈珀政府的减排承诺俨然化为了政治口号。哈珀政府执政期间加大了对加拿大化石燃料行业的支持,环境立法倒退,削减了气候科学资金导致大量的科学机构倒闭,公众获得科学研究的机会越来越有限。此外,环境慈善机构还面临越来越多的联邦政府审计,此举大大降低了机构的运行效率,环保工作难以开展。[②]在此阶段,受制于保守党的整体发展政策,联邦整体碳管理体系的发展停滞,但是由于前文提到的不同省、地区的政治倾向的差异,省、地区之间的碳管理政策建设十分活跃。

2003 年,阿尔伯塔省政府通过该省有关温室气体排放的总体法规,即《气候变化和排放管理法》。2007 年,该省由于其排放大省的地位,在总体法规的框架下进一步通过了《特定气体排放者法规》。该法规要求每年排放超过 100 000 吨二氧化碳的企业在 6 年的达标期内将其排放量相对于基线(通常被认为是典型的绩效年)减少 12%。未能达到这一目标的工业排放者向气候

① Sheldon Fernandes, "History Lesson-Carbon Pricing in Canada", Brightspot Climate Inc(Feb.7, 2022), https://brightspot.co/library/history-lesson-carbon-pricing-in-canada/.

② Josh Gabbatiss, "The Carbon Brief Profile: Canada", Carbon Brief(Oct.8, 2019), https://www.carbonbrief.org/the-carbon-brief-profile-canada/.

变化和排放管理基金(CCEMF)支付每吨二氧化碳 15 美元。因此,2007 年,阿尔伯塔省成为北美第一个对碳定价的司法管辖区。

2007 年,魁北克省对能源分销商、生产商和炼油商征收碳税,这也意味着碳税制度开始在加拿大建立。随后,不列颠哥伦比亚省政府于 2008 年通过《碳税法》引入了碳税,并且对化石燃料的购买和使用设定了价格,为制定全面的碳定价制度打下基础。[①]

在碳交易市场方面,全国范围内的碳市场由于缺乏联邦层面的政策支持而建立缓慢。反而跨区域碳市场的表现比较活跃,不列颠哥伦比亚省成为第一个加入西部气候倡议(WCI)的加拿大省份,该倡议由美国亚利桑那州、加利福尼亚州、新墨西哥州、俄勒冈州和华盛顿州的州长于 2007 年 2 月成立,旨在制订一个多部门、以市场为基础的计划,以减少温室气体排放。在不列颠哥伦比亚省、魁北克省、新斯科舍省先后加入后,WCI 成为国际合作组织,其参与的司法管辖区代表了北美最大的碳市场。[②]

(三) 全面发展期

该时期以 2015 年自由党特鲁多政府上台为起点,其特点与曲折发展期下省、地区较联邦整体更加活跃不同,该时期加拿大更加注重以联邦政府为主的国际合作,并且联邦政府更着眼于全国范围内碳管理体系相关制度的建设与运行,旨在建立健全一套由联邦到各省、地区的碳管理机制。

2015 年,在特鲁多上台之后,他就率领大型代表团参加了在巴黎举行的 COP21,推动并签署了《巴黎协定》,代表加拿大做出了到 2030 年将温室气体排放量在 2005 年的基础上减少 30% 的承诺。[③]

为了落实《巴黎协定》中关于碳减排的目标,2016 年 12 月加拿大通过《泛加拿大气候框架》。该框架也是该国在联邦层级的第一个国家气候与减排计划,旨在为该国的发展提供整体方向,其明确指出将建立全国范围内的碳定价体系并将清洁技术的发展提高到国家战略的层面。[④]

---

① https://www2. gov. bc. ca/gov/content/environment/climate-change/clean-economy/carbon-tax, (2023 年 7 月 8 日)。

② https://wci-inc.org/(2023 年 7 月 8 日)。

③ https://www4.unfccc.int/sites/ndcstaging/PublishedDocuments/Canada%20First/Canada%27s%20Enhanced%20NDC%20Submission1_FINAL%20EN.pdf(2023 年 7 月 8 日)。

④ Government of Canada, Pan-Canadian Framework, December 2016.

2018年6月21日,加拿大通过《温室气体污染定价法》,以法律的形式履行了联邦政府在《泛加拿大气候框架》中实施全国范围内碳定价制度的承诺。目前,该联邦制度适用于曼尼托巴省、新不伦瑞克省、安大略省、萨斯喀彻温省、努纳武特和育空地区,联邦政府正在努力与其他省、地区达成协议,以确保该制度在全国范围内的落地实行。

2020年12月,加拿大政府发布了《强化气候计划:在加拿大建立绿色经济》这一文件,该计划建立在《泛加拿大气候框架》的基础上,将重点放在了以重工业、交通运输业为首的碳排放重点行业上,旨在建立重点行业的行业碳管理体系。[①]

2022年3月29日,环境与气候变化部部长在总理贾斯汀·特鲁多的支持下,提出了《加拿大2030年减排计划》,该计划描述了旨在确保加拿大到2030年实现比2005年排放水平减少40%到45%的减排目标的现有和预期措施,并使加拿大走上到2050年实现净零排放的道路。[②]

第二节　碳排放与碳责任管理

对于碳排放的管理和碳责任的建构,是加拿大实现其碳中和目标的重要抓手。在碳排放管理方面,加拿大联邦和各省、地区基本上都建立了较为完善的组织架构,但是由于原住民的存在,其地区的碳管理架构形态各异,功能有所不同。在碳责任方面,对于各行业的排放强制性要求和惩罚措施的建构已由行业协会收归政府,其对于各行业的管理值得我们借鉴。

一、碳排放管理的体系与制度

(一)碳排放管理的体系

1. 联邦政府管理体系

加拿大联邦层级的碳排放管理和计划执行机构主要包括经济、包容和气候内阁委员会以及加拿大环境与气候变化部。其中,气候内阁委员会主要负责可持续和包容性社会的建设和脱碳经济发展、环境保护等方面的大政方针

---

① Government of Canada, A Healthy Environment and a Healthy Economy, December 2020.

② Government of Canada, Canada's 2030 Emission Reduction Plan, March 2022.

的指导和制定,确保加拿大到2050年实现净零排放。①联邦层级的碳排放管理计划的执行以加拿大环境与气候变化部为主,而涉及各部门的具体碳排放计划的落地实行,则需要加拿大环境与气候变化部与其他部门合作:与加拿大自然资源部的合作,旨在促进能源部门与支持交通部门的脱碳;与经济发展部的合作,旨在继续在全球逐步淘汰燃煤发电和动力煤开采方面发挥领导作用,并争取在2030年前禁止从加拿大和通过加拿大出口动力煤;与创新、科学和工业部的合作,旨在实施"净零加速器"倡议,确保投资推动工业转型,减少温室气体排放,引领加拿大工业的未来发展方向。②总的来说,联邦层面的碳管理形成以经济、包容和气候内阁委员会为指导,环境与气候变化部为主执行,其他部门依管理范围与其合作的体系(图10-2)。

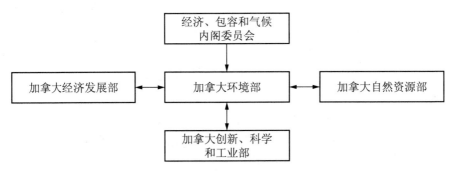

图 10-2　加拿大联邦层级碳管理体系

资料来源:根据加拿大政府相关资料自制。

2. 地方管理机构

　　加拿大各省、地区的碳排放管理机构各异,但又有一定的共性。地方管理机构的介绍将以魁北克省为例,魁北克省作为在环境领域较为活跃的省份,其组织架构较为全面。

　　魁北克省的碳排放管理由其环境部门负责,环境公开听证局(BAPE)和回收与再循环协会是该部门的主要合作伙伴。其中,环境公开听证局的职能是将与环境质量、碳排放有关的问题向民众通报和咨询,并且开展信息和公众咨

---

① https://pm.gc.ca/en/cabinet-committee-mandate-and-membership#climate-a(2023年7月8日)。

② https://pm.gc.ca/en/mandate-letters/2021/12/16/minister-environment-and-climate-change-mandate-letter(2023年7月8日)。

询会议、调查和公众听证会以及环境调解,最后向环境部报告;而回收与再循环协会的职能则是促进容器、包装、材料或产品的回收利用,旨在节约资源,减少碳排放。此外,魁北克政府还根据减排法案设立独立的气候变化咨询委员会,该机构的使命是应环境部部长的要求或主动向环境部部长提供有关气候变化方向、计划、政策和战略的建议,确保环境部门对碳排放的有效管理。

在环境部门内部,碳排放管理的具体事项由分管气候与能源转型办公室负责,下设"碳监管和排放数据总局""气候转型总局""气候行动追踪处""能源转型战略总局""能源转型计划与支持处"等五个部门,从数据收集到政策落实,俨然形成了较为完善的体系。值得我们注意的是,为了保护魁北克原住民的利益,针对碳排放和环境问题,魁北克省还和区域内的原住民达成协议。根据协议,二者合作设立了詹姆斯湾环境咨询委员会(JBACE)、评估委员会(EVCOM)、环境和社会影响审查小组(COFEX)、Kativik 环境咨询委员会(KEAC)、Kativik 环境质量委员会(KEQC)等五个机构,旨在为涉及原住民的碳排放与环境问题提供咨询、评估与调查服务(图 10-3)。①

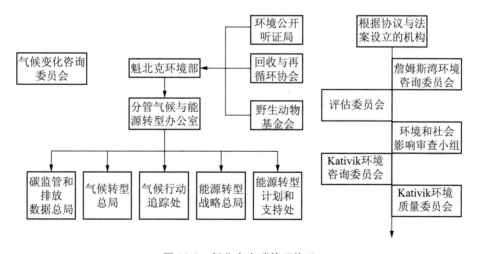

图 10-3　魁北克省碳管理体系

资料来源:根据魁北克省相关资料自制。

(二) 碳排放管理的制度

1. 法律法规

加拿大的碳排放管理法规在 21 世纪的前十年呈现出"联邦制定框架，省、地区制定具体政策"的特点。经济全球化带来的能源需求大增为加拿大这样的传统能源出口国产出巨大红利，经济形势的利好在一定程度上掩盖了环境危机；并且这个时代由背靠化石能源大省和大宗能源公司的保守党执政，更难改变国家整体发展风向，所以联邦层级的相关法律法规多以框架法为主，既能满足政治需求也不会对经济发展产生阻力，而地方层级由于前文提到的政治取向和发展方向的差异，出现了较为具体的法规。进入 21 世纪第一个十年后，环保思潮的兴起一定程度上改变了世界格局，为了在全球发展中获得更大的话语权，自由党力图改变保守党导致的联邦和地方的割裂状态，寻求全联邦范围内的合作，联邦和各省分别制定了多部碳排放管理法规。（表 10-1）。

表 10-1 加拿大 21 世纪部分碳排放管理法规

发布时间	发布地区	法律层级	法律名称
1999 年	联邦	联邦层级立法	《加拿大环境保护法》
2003 年	阿尔伯塔省	省级立法	《气候变化和排放管理法》
2006 年	联邦	联邦层级立法	《加拿大清洁空气法案》
2007 年	阿尔伯塔省	省级立法	《特定气体排放者法规》
2008 年	不列颠哥伦比亚省	省级立法	《碳税法》
2018 年	联邦	联邦层级立法	《温室气体污染定价法》
2021 年	联邦	联邦层级立法	《加拿大净零排放问责法案》

资料来源：根据加拿大政府相关资料自制。

在以上具有代表性的法律法规中，最值得我们关注的就是 2006 年 10 月由联邦政府发布的《加拿大清洁空气法案》和 2018 年 6 月通过的《温室气体污染定价法》。《加拿大清洁空气法案》旨在进一步加强对碳排放的控制，该法律规定加拿大政府应当对各行业制定温室气体的强制性排放要求，并制定了相应的惩罚措施。该法案还提到，任何由于超过强制性排放要求所产生的罚金，都将被纳入环境损害基金，用于生态的恢复。此外，政府将进一步加大对

CCUS等清洁技术的投资,联邦政府将与各省、地区和行业合作,探索更好的碳减排方式。①虽然该法案将权力从地方层面回收,意图建立全联邦范围内的规范,但与上文的叙述相对应,其在很长一段时间内没有能制定具体的规定。

关于《温室气体污染定价法》,它是首次以法律的形式履行了联邦在框架法中实施联邦碳污染定价系统的承诺,并获得了御准。该法有两个关键部分:第一部分由加拿大税务局管理,对21种燃料和可燃废物收取费用(燃料费);第二部分由加拿大环境和气候变化部管理,介绍了针对大型工业排放者的基于产出的定价系统(OBPS)。各省和地区可以自由选择实施联邦碳污染定价系统或是在本司法管辖区内实行区域碳总量控制与交易系统(需符合最低的联邦定价和减排目标)。联邦碳污染定价系统适用于未实施碳税或碳总量控制与交易系统,或不符合联邦定价和减排最低要求的司法管辖区。目前联邦碳污染定价系统适用于曼尼托巴省、新不伦瑞克省、安大略省、萨斯喀彻温省、艾伯塔省、努纳武特和育空地区,与其他省、地区的谈判还在持续进行。②

2. 政府条例

在通过《加拿大清洁法案》将制定排放标准的权力收归联邦后,保守党政府并没有太大的作为,部分行业的碳排放具体规定处于持续缺位状态。直到2015年自由党上台,其大力推动行业碳排放管理规定的制定和更新,加拿大联邦碳排放管理体系才开始逐渐完备(表10-2)。

表10-2　加拿大部分碳排放管理条例

发布时间	涉及领域	条例名称
2015 年	煤炭	《减少燃煤发电二氧化碳排放条例》
2018 年	煤炭	《修订燃煤发电二氧化碳减排条例》
2019 年	天然气	《天然气发电二氧化碳排放限制条例》
2020 年	燃料	《清洁燃料条例》
2020 年	甲烷	《关于减少甲烷和部分挥发性有机物排放的规定》
2021 年	碳定价、碳抵消	《温室气体抵消信用体系条例》

资料来源:根据加拿大政府相关资料自制。

---

① https://www.canada.ca/en/news/archive/2006/10/speaking-notes-honourable-rona-ambrose-minister-environment-canada-an-announcement-concerning-canada-clean-air-act. html(2023 年 7 月 8 日)。

② Greenhouse Gas Pollution Pricing Act, S.C.2018, c.12, s.186.

在这些条例中,最值得我们关注的是 2021 年 3 月 5 日加拿大环境与气候变化部发布的《温室气体抵消信用体系条例(草案)》。[①]该条例作为联邦政府碳污染定价体系的一部分,将建立以自愿为基础的温室气体抵消体系。根据该条例,政府将向符合资格并按照下述初始协议进行温室气体减排的支持者发放抵消信用。根据该条例,加拿大环境与气候变化部已确定并优先考虑以下四种项目类型用于其初始协议开发。首先是先进的制冷系统——减少或避免使用氟化制冷剂的活动协议,例如具有高全球变暖潜能值(GWP)的氢氟烃(HFC)。这类协议包括安装新的低 GWP 制冷系统或通过更换或改造现有制冷系统,用温室气体密集度较低的替代品替代温室气体密集型制冷剂。其次是垃圾填埋场甲烷管理——减少开放或封闭垃圾填埋场甲烷排放活动的协议,例如安装和操作设备以捕集和销毁甲烷。再次是改进森林管理,该活动协议可能包括增加轮作年龄、疏伐病树、管理竞争灌木和放养树木以维持或增强碳储存。最后是增强土壤有机碳——可持续农业土地管理活动的协议,该协议可减少温室气体排放并增强农业土地的土壤碳固存。此外,该条例还要求加拿大政府建立并实施系统操作方面的法规,规定如何量化给定项目类型的温室气体减排量,建设信用和跟踪系统以用于注册抵消项目、发放和跟踪抵消信用,建立公共登记处共享关键信息,并通过以上手段建立一套全方位的抵消信用系统。[②]

(三) 碳排放数据核算

《联合国气候变化框架公约》要求各国使用国际认可的可比排放量和清除量估算方法来制定、发布和更新 7 种温室气体(二氧化碳、甲烷、一氧化二氮、六氟化硫、全氟化碳、氢氟碳化物和三氟化氮)的排放数据和排放指标。加拿大发布的排放报告根据最新版的《联合国气候变化框架公约附件——缔约方清单报告指南》制定,以下将对报告中的部分重要内容做出详细注释。

1. 数据源

温室气体排放指标基于温室气体(GHG)排放数据,这些数据取自加拿大环境与气候变化部持续更新的《1990—2020 年国家清单报告:加拿大的温室气

---

① 条例已通过御准,自 2023 年 2 月 16 日起施行。

② Canadian Greenhouse Gas Offset Credit System Regulations 2022.

体源和汇》。①《国家清单报告》中的数据由政府各经济部门和各省/地区环保部门提供，并最终由加拿大环境与气候变化部进行汇总。温室气体排放量估算每年进行一次，测算的排放指标所用的数据源的完整详细信息可在《国家清单报告》的第 3 章至第 7 章中找到。由于收集、验证、计算和解释数据需要时间，从报告年度结束开始准备到提交温室气体排放清单需要将近 16 个月的时间。从报告年度的 11 月至次年的 1 月期间，加拿大环境与气候变化部的污染物清单和报告部门将根据加拿大各地专家和科学家的意见编制排放量估算值。从 1 月到 3 月期间，该部门将制定国家清单报告文本和随附的排放数据表，并将该材料交由外部专家和加拿大环境与气候变化官员审查，并最终于 4 月中旬前以电子方式提交给联合国气候变化框架公约的相关机构。

2. 制定方法

《国家清单报告》将活动数据与活动排放因子相结合来估算排放量，《国家清单报告》的附件 3 描述了用于估算加拿大温室气体排放量的方法。

对于排放量计算，一般而言，温室气体排放量是通过将活动数据乘以相关排放因子来估算，公式为：排放量＝活动数据×排放因子。

活动数据是指在一定时间内人类活动导致排放的数量，例如燃料燃烧源的年度活动数据是一年内燃烧的燃料总量。排放因子则是以测量数据样本为基础，在一组给定操作条件下给定活动水平的代表性排放率。它是相对于活动单位而言的，某一特定污染源的估计平均排放率。政府间气候变化专门委员会为向《联合国气候变化框架公约》报告的国家制定的准则提供了计算特定人类活动产生的温室气体排放的各种方法。《国家清单报告》附件 3 描述了用于估计加拿大温室气体排放的方法，并说明政府间气候变化专门委员会提供的方法类型的选择取决于相关板块的重要性和数据的可用性。

对于二氧化碳当量的计算，报告中的温室气体排放量以二氧化碳当量（$CO_2\,eq$）为单位，计算方法是将特定温室气体的排放量乘以该气体的全球变暖潜能值。温室气体在大气中吸收热量的能力因其不同的化学性质和大气寿命而有所不同，所以需要不同的计算方法。例如在 100 年的时间里，甲烷在大气中吸收热量的潜力是二氧化碳的 25 倍，因此甲烷的全球变暖潜能值被认为是 25。政府间气候变化专门委员会公布了每种温室气体的全球变暖

---

① 　https://www.canada.ca/en/environment-climate-change/services/climate-change/greenhouse-gas-emissions/inventory.html（2023 年 7 月 8 日）。

潜能值和大气寿命,这些数据可以在《国家清单报告》的表 1-1 中找到。①(详见附录 10-1)

二、重要行业的碳排放标准与管理

(一)运输行业碳排放

加拿大交通运输行业是仅次于工业的第二大碳排放部门,而首部温室气体(GHG)排放车辆法规《乘用车和轻型卡车温室气体排放法规》在 2010 年通过且生效。该法规为 2011—2025 年进口或生产的乘用车和轻型卡车制定了基于时间的、逐步严格的温室气体排放标准。考虑到社会现实情况,该法案给予汽车生产商和供应商一定的选择权,它们可以选择遵守政府制定的相关车型(按排量分类)的温室气体排放标准,抑或是自行计算适用于该类车型的排放标准。不过在第二种情况下,法律规定车商必须向环保局提交年度合规报告,并经环保局审查获得环保局证书。而对于年度报告的内容法规也有严格的要求,年度报告的数据应基于标准化车辆排放测试,以该车型的每英里行驶排放的二氧化碳克数为基础,兼以测试一氧化碳(CO)和碳氢化合物(HC)等车辆的碳相关废气排放强度。②

2014 年的法规修正案更新了 2017 年至 2025 年、确定了 2025 年后的相关车型的排放标准。值得注意的是,加拿大政府宣称这些车型的阶段标准将与美国环保署的排放标准保持一致,政府在声明中写道:"与美国标准的一致为加拿大提供了显著的环境和经济效益,同时最大限度地降低了汽车行业和消费者的成本,并确保了车商在两个国家间的公平竞争。"该类标准的最新动态来自 2020 年春季,美国公布了针对轻型汽车的联邦温室气体排放标准修正案,并将 2021 年至 2026 年车型年的严格性年增幅从约 5％降至约 1.5％,其排放标准亦被加拿大在其 2021 年发布的《乘用车和轻型卡车温室气体排放法规中期评估》中采用(表 10-3、10-4)。③

---

① https://www.canada.ca/en/environment-climate-change/services/environmental-indicators/greenhouse-gas-emissions.html(2023 年 7 月 8 日)。
② Passenger Automobile and Light Truck Greenhouse Gas Emission Regulations 2010.
③ https://www.canada.ca/en/environment-climate-change/services/canadian-environmental-protection-act-registry/mid-term-evaluation-automobile-light-truck-emission.html♯s1_1(2023 年 7 月 8 日)。

表 10-3 乘用车平均排放标准的最低目标值和最高目标值

适用标准的年份	旧标准下的排放最低目标值(g/mi)	最新标准下的排放最低目标值(g/mi)	旧标准之下的排放最高目标值(g/mi)	最新标准下的排放最高目标值(g/mi)
2020	166	166	226	226
2021	157	162	215	221
2022	150	159	205	217
2023	143	156	196	214
2024	137	154	188	210
2025	131	151	179	207
2026	不适用	149	不适用	203

资料来源:Environment and Climate Change Canada, Mid-term evaluation of the Passenger Automobile and Light Truck Greenhouse Gas Emission Regulations, https://www. canada. ca/en/environment-climate-change/services/canadian-environmental-protection-act-registry/mid-term-evaluation-automobile-light-truck-emission.html#s1_1(2023 年 7 月 8 日)。

表 10-4 轻型卡车平均排放标准的最低目标值和最高目标值

适用标准的年份	旧标准下的排放最低目标值(g/mi)	最新标准下的排放最低目标值(g/mi)	旧标准下的排放最高目标值(g/mi)	最新标准下的排放最高目标值(g/mi)
2020	212	212	337	337
2021	195	207	335	329
2022	186	203	321	324
2023	176	200	306	319
2024	168	196	291	314
2025	159	193	277	309
2026	不适用	190	不适用	304

资料来源:Environment and Climate Change Canada, Mid-term evaluation of the Passenger Automobile and Light Truck Greenhouse Gas Emission Regulations, https://www. canada. ca/en/environment-climate-change/services/canadian-environmental-protection-act-registry/mid-term-evaluation-automobile-light-truck-emission.html#s1_1(2023 年 7 月 8 日)。

　　为了加速交通运输业的碳中和,2020 年 12 月 19 日加拿大环境与气候变化部门发布了《清洁燃料条例》,要求液体化石燃料主要供应商(即生产商和进口商)逐步降低他们生产和销售的化石燃料(主要是汽油和柴油)的碳强度。[1]

---

① 燃料的碳强度是衡量燃料的提取、精炼、分配和使用过程中温室气体排放量的指标。

碳强度的降低要求将从 2023 年的 3.5 gCO_2e/MJ 开始,每年增加 1.5 gCO_2e/MJ,最终到 2030 年达到 14 gCO_2e/MJ 的减排。为了实现这一目标,燃料供应商需要施行全新的减排方案,而为了降低供应商的成本压力,《条例》将建立一个碳信用市场,主要通过三种模式帮助其实现年度碳强度的降低要求。第一种模式是开展降低液态化石燃料生命周期碳强度的项目(例如碳捕集和储存、现场可再生电力、协同处理),第二种模式是鼓励供应低碳燃料(例如乙醇、生物柴油),第三种模式是为车辆提供清洁燃料或能源(例如车辆中的电力或氢气)。通过上述模式,供应商可以出售信用或获取信用,满足减排要求。此外,该条例将保留《联邦可再生燃料条例》目前规定的最低体积要求(汽油中至少5%低 CI 燃料含量,柴油和轻质燃料油中至少 2%低 CI 燃料),这意味着更多的乙醇和生物燃料将被添加到常规燃料中。[①]

(二) 电力行业碳排放

2018 年 2 月 17 日,加拿大宣布了淘汰传统燃煤电力的法规。此外,加拿大还发布了天然气发电的最终温室气体法规。通过淘汰化石能源发电,加拿大电力行业力争到 2030 年实现 90%的电力来自非排放源,到 2050 实现100%电力来自可再生和非碳排放源并达到净零排放的目标。

1. 燃煤发电

燃煤电厂是加拿大最大的固定空气污染源之一。其排放的细颗粒物和地面臭氧等空气污染物不仅对人的健康造成重大影响,还对环境产生不可逆的破坏,其包括对植被和作物、生态系统和生物多样性的影响。2015 年 7 月 1 日《减少燃煤发电二氧化碳排放条例》开始生效,该法规的内容包括规定受管制单位的碳排放强度性能标准,报告、发送、记录和保留信息的要求;确定受管制单位的二氧化碳排放强度的量化规则和特殊事项。值得关注的是,法规首次为煤炭发电装置的碳排放强度设定限值——420 t/GWh(新装置或旧装置在一个年内平均每发电 1 GWh,装置内化石燃料燃烧产生的二氧化碳排放量不得超过 420 吨)。此外,法规还规定了使用吸附剂控制装置中二氧化硫排放所释放的二氧化碳排放量应计入该装置中化石燃料燃烧产生的二氧化碳排放量;煤气化系统(从煤或石油焦中产生合成气,再利用合成气作为发电燃料)产生的排放,应包括在该装置的排放中和碳排放量不包括通过 CCS 技

---

① Clean Fuel Regulations, 2022.

术减少的部分等硬性指标。自法规生效之日起,新建和大多数现有燃煤发电厂必须立即遵守上述标准,而少量现有机组则需在 2030 年之前遵守法规。[①]

2. 天然气发电

北美页岩气和致密气产量增加将导致低天然气价格,冲击燃煤电厂,加拿大的天然气发电量将在未来增加。《天然气发电二氧化碳排放限制规定》将会限制天然气发电产生的碳排放,并鼓励新建的天然气发电装置使用更多的减排技术。同时该规定还鼓励公司根据修订后的煤炭法规在其燃煤装置报废之前将其转换为天然气发电装置,推动燃煤发电的淘汰。值得关注的是,该规定确认了新一代天然气发电设备的要求以及排放限值。(1)关于新型天然气发动机,该类型将涵盖在该规定公布两年及两年后建成的天然气发电发动机单元。此外,这些发动机单元还必须满足向电网出售或分配超过 33% 的平均年潜在电力输出;最低装机容量为 25 兆瓦(MW)以及 30% 以上的热量输入来自天然气等三个条件。对于该装置的排放限值,该规定确认所有装机容量超过 150 兆瓦的新机组都必须达到年平均每千兆瓦时排放不超过 420 吨二氧化碳的性能标准。而对于 150 兆瓦或以下的小型机组,则必须满足 550 吨/吉瓦时(t/GWh)的标准,这些规定反映出机组需要快速增产并且加速整合风能和太阳能等可变可再生能源的趋势。(2)对于新型天然气发电锅炉机组,该规定要求其满足最小装机容量为 25 兆瓦(MW);其 30% 以上的热量输入来自天然气;具有热电比例不超过 0.9;并将其产生的一定量的电量出售给电网;在 2019 年 1 月 1 日或之后开始发电等五个条件。而关于其设备的排放限值,该规定则要求所有符合适用性标准的新锅炉机组必须达到 420 吨/吉瓦时(t/GWh)的年平均值。(3)关于煤制气转化,为了不让燃煤装置被立即强制报废,运营商可以选择将其进行煤转气转化。转化后的装置虽不可避免的面临报废,但可以依其排放表现获得额外的运营时间,从而减少成本。该规定为转用天然气的燃煤装置规定特殊标准,由煤改气的装置在转化后的运营时间将赖于其在转化后运营首年进行的性能测试的结果,如下表(表 10-5)所述,转化后适应效率更高的装置将能够比效率较低的装置获得更长的运营时间。此外,法规还要求运营商进行年度测试,以确保装置的排放强度与上年度相比下降

---

① Amendments to the Reduction of Carbon Dioxide Emissions from Coal-fired Generation of Electricity Regulations, December 2018.

不超过 2%,保证装置的发电效率。[①]

表 10-5　转化装置的测试结果及对应的运行时间

性能测试排放强度结果(t/GWh)	使用寿命结束后的固定运行时间
≤480	10 年
>480 至≤550	8 年
>550 至≤600	5 年
>600	0 年

资料来源:Environment and Climate Change Canada, "Technical backgrounder: Federal regulations for electricity sector", https://www.canada.ca/en/environment-climate-change/services/managing-pollution/energy-production/technical-backgrounder-regulations-2018.html(2023 年 7 月 8 日)。

(三) 重工业

上文提到,加拿大 2018 年通过《温室气体污染定价法》,以法律的形式履行了建立联邦碳污染定价系统的承诺,而该法的第二个关键部分则是针对大型工业排放者制定的基于产出的定价系统(OBPS)。基于产出的定价系统(OBPS)是根据排放者排放强度和减排效率而对排放者进行系列规制的工业排放交易制度。对于超过指定年度限制(基于排放强度输出标准)的每吨超额排放,排放者必须支付碳价或提交合格的信用额度。排放量低于限值的设施将获得允许在系统内销售或用于合规的碳信用。联邦政府宣布,从 2023 年开始,该系统下的超额排放费用将以每年 15 美元/吨二氧化碳当量的增量提升,直至 2030 年达到 170 美元/吨二氧化碳当量,以倒逼排放者提高减排效率。

对于满足下列条件的工业排放者,将被强制或自愿纳入该系统。首先,该排放者需位于支持该系统的司法管辖区(联邦碳污染定价系统适用的省或地区)。其次,对参与该系统的排放者的碳排放量也有一定的要求。根据该系统的规定,在 2014 年及之后的每年向温室气体管理部门报告了年排放量为 50 000 吨二氧化碳当量或更多的工业排放者将被强制纳入系统,而对于排

[①]　Regulations Limiting Carbon Dioxide Emissions from Natural Gas-fired Generation of Electricity, January 2019.

放量低于 50 000 吨二氧化碳当量的排放者则采取自愿申请制。[1]此外,该系统规定明确从事工业活动的排放者范围包括以下生产事项(表 10-6):

表 10-6　OBPS 系统规定的大宗排放者范围

序号	工业活动的排放者范围
1	石油和天然气生产
2	矿物加工
3	化学品生产
4	药品生产
5	铁、钢和金属生产
6	采矿和矿石加工
7	肥料生产
8	食品加工
9	纸浆和纸张加工
10	汽车装配
11	发电

资料来源:根据《温室气体污染定价法》相关资料自制。

该系统还确立了合规期制度,将从 2019 年开始的每年 1 月 1 日到 12 月 31 日规定为合规期,各工业排放者应当在每个合规期结束后向管理部门提交各排放设施的年度排放报告,其中应当列出相关温室气体排放的信息。此外,该系统还提供标准帮助各排放者量化来自排放设施的温室气体和特定工业活动所产生的二氧化碳,并根据排放设施的各指定工业活动的产量来确定该设施的温室气体排放限值。以下是三种常见产品的基准排放量:2020 年固体燃料产生的每吉瓦时电力产生 650 吨二氧化碳当量;每辆汽车生产 0.216 吨二氧化碳当量;用于动物或人类消费的每吨马铃薯加工过程产生 0.072 8 吨二氧化碳当量[2](详情见附录 10-2)。

---

[1]　Rocco Sebastiano,"Canadian Government Carbon and Greenhouse Gas Legislation",Osler(Mar.,2021),https://www.osler.com/en/resources/regulations/2021/carbon-ghg/canadian-government-carbon-and-greenhouse-gas-legi.

[2]　Rylan and Chloe McElhone,"Canadian Carbon Prices & Rebates",Energyhub.org(Jun.1,2021)https://www.energyhub.org/carbon-pricing/.

三、企业碳责任管理

(一) 企业与社会机构的碳责任(绿色行动)

全球碳中和已经成为不可逆的趋势,为了支持加拿大的碳中和目标,加拿大企业和社会机构正在积极采取绿色行动,制定总体净零目标和具体的减排策略。本节内容来自加拿大世界 500 强能源企业 Cenovus Energy 和加拿大自然保护协会的报告,以此见微知著,了解加拿大社会为了实现碳中和做出的努力。

1. Cenovus Energy 公司

该公司 2019 年制定了到 2035 年将绝对温室气体排放量减少 35%,到 2050 年实现净零排放的目标。根据报告,2019 年该公司排放了 23.9 百万吨二氧化碳当量(MMt)的温室气体,而 2035 年该公司的目标排放量为 15.5 百万吨二氧化碳当量(MMt)的温室气体。该能源公司作为大宗排放者,其既应当承担减排的企业责任,还应当承担促进技术创新等社会责任。根据报告,该公司 2021 年在 CCS 技术方面有所突破:在其旗下的劳埃德明斯特乙醇厂和派克峰南热力项目总计捕获 90 000 吨二氧化碳当量的温室气体;完成了克里斯蒂娜湖碳捕集的可行性研究;评估了明尼多萨乙醇厂和艾姆沃思天然气厂碳捕集的可行性;启动了一项针对劳埃德明斯特乙醇厂的最佳碳捕集的技术筛选研究以及与 Svante 合作,在该公司旗下的两个资产中启动了商业规模碳捕集应用的预 FEED 研究。[①]

除了在技术方面的突破,该公司还进行了其他方面的脱碳努力。其一,该公司通过购电协议购买可再生电力,并从冷湖原住民和 Elemental Energy 合作开发的新太阳能项目中获得排放补偿。其二,该公司将更清洁的电力输送给省级电网,使其逐渐摆脱燃煤发电。2021 年,其在艾伯塔省油砂设施内的天然气热电联产厂在满足设施消耗的同时,每天能向艾伯塔省电网提供 240 兆瓦时(MWh)的电力,此举将减少该省对燃煤发电的依赖,促进该省的电力结构转型。此外,该公司在萨斯喀彻温省运营的天然气热电联产站在为旗下乙醇厂生产蒸汽的同时,向萨斯喀彻温省电网供电。这些热电联产厂在减少乙

---

① https://mc-ced23ebb-4707-4c95-9c94-3171-cdn-endpoint. azureedge. net/-/media/Project/WWW/docs/sustainability/2021/2021-esg-report. pdf? rev＝45bf1a4e20464dd0bd82154411fff1db&.sc_lang＝en&.hash＝B2241BE6D75EB7F4CD0A30297BD58690(2023 年 7 月 8 日)。

醇厂使用传统锅炉系统生产蒸汽产生的排放量的同时,有助于减少该省对煤炭发电的使用。其三,在该公司的油砂和热力作业中,使用溶剂(一种较轻的碳氢化合物)代替蒸汽减少每桶碳排放。[①]

2. 加拿大自然保护协会(NCC)

自从加拿大宣布其净零目标以来,加拿大大自然保护协会(NCC)越来越关注基于自然的解决方案(NbS)。自然保护不仅可以储存大量碳,而且可以通过光合作用吸收或隔离碳,有助于减轻气候变化的影响。碳释放的减少,以及树木、植被和其他有机物质对碳的吸收,对于帮助减轻未来气候变化的潜在影响至关重要。

近年来,该机构一直专注于其 Darkwoods 森林碳项目,该项目获得了Verra 的碳标准(VCS)、可持续发展验证影响标准(SDVISta)和气候、社区和生物多样性标准(CCB)的认证,将环境保护和碳信用相结合,通过出售森林碳信用获取资金用于该区域和其他地区的保护项目,为区域环境保护提供了一个长期可持续的新模式。Darkwoods Forest Carbon 项目的碳信用额首次销售于 2011 年 5 月完成,筹集了超过 400 万美元,涉及 700 000 吨碳信用额。截至 2021 年初,该项目已支出超过 1 500 万美元的资金用于支持加拿大的保护工作。Darkwoods 中的活生物质能不仅能够储存和隔离大量的碳,还能够提供诸如水过滤、空气质量净化、为物种提供栖息地等好处。[②]

(二) 碳信息披露制度

2015 年 12 月,金融稳定委员会(FSB)成立了气候相关财务披露工作组(TCFD),以制定自愿、一致的气候相关财务风险披露,供公司在向投资者、贷方、保险公司和其他机构提供信息时使用。在与全球利益相关者协商之后,TCFD 的最终建议于 2017 年 6 月发布。TCFD 的建议旨在提高市场透明度,并在向《巴黎协定》设想的低碳经济转型过程中实现资本的有效分配。[③]

在加拿大,最先对 TCFD 框架做出反应的是加拿大证券监管机构(CSA)。

---

① https://mc-ced23ebb-4707-4c95-9c94-3171-cdn-endpoint. azureedge. net/-/media/Project/WWW/docs/sustainability/2021/2021-esg-report. pdf? rev＝45bf1a4e20464dd0bd82154411fff1db&.sc_lang＝en&.hash＝B2241BE6D75EB7F4CD0A30297BD58690(2023 年 7 月 8 日)。

② https://www. natureconservancy. ca/en/what-we-do/nature-and-climate/carbon-credits. html(2023 年 7 月 8 日)。

③ https://www. cpacanada. ca/en/business-and-accounting-resources/financial-and-non-financial-reporting/mdanda-and-other-financial-reporting/publications/tcfd-overview(2023 年 7 月 8 日)。

虽然彼时加拿大的证券法规已经对 TCFD 框架中的部分要求做出披露规定，但仍有一定的区别：CSA 没有要求公司披露管理层识别、评估和管理气候风险，以及做出相关决定的过程；也没有要求公司制定和披露短期、中期和长期的气候计划。在认识到气候危机的情况下，CSA 于 2017 年 3 月启动了气候变化披露审查项目。其审查的重点是披露与气候变化相关的风险和财务影响。该项目正在收集有关加拿大和国际气候变化披露现状的信息，包括与投资者和报告发行人的协商。2018 年 4 月，CSA 发布了包含研究结果、关键主题和后续步骤的最终报告。在未来的工作计划中，CSA 打算为公司制定有关披露气候变化相关风险、机遇和财务影响的新指南和举措。[①]

随着全国减碳工作的推进，碳信息披露对于各行业脱碳有着极为重要的推动作用。2021 年 12 月 16 日，在加拿大联邦政府给环境与气候变化部门的授权书中，总理贾斯汀·特鲁多要求该部门支持副总理和财政部部长的工作，并与各省和地区合作，根据气候相关财务披露工作组框架，推动强制性气候相关财务披露制度的建立。此外，总理还要求联邦监管机构，包括金融机构、养老基金和政府机构，发布与气候相关的财务披露和净零计划。[②]根据《2022 年联邦预算》，加拿大金融监管机构 OSFI 要求联邦监管的金融机构（包括本国所有的银行、保险公司、联邦注册的信托和贷款公司等）从 2024 年开始发布与 TCFD 框架一致的气候披露。虽然这些规则暂时还不适用于其他领域的公司，但 OSFI 还是希望相关机构收集和评估客户的气候风险和排放信息。此外，预算报告还指出政府将致力于"在加拿大经济的广泛领域"实现强制性 TCFD 报告，还要求联邦监管的养老金计划披露 ESG 信息。[③]

第三节　碳交易与碳信用管理

随着碳中和的深入，碳交易市场随之诞生，对于加拿大这样一个联邦性质的多民族国家，建立全联邦范围内的统一碳市场任重道远。碳信用作为市场

[①] Canadian Securities Administrators, CSA Staff Notice 51-354 Report on Climate change-related Disclosure Project, April 2018.

[②] https://pm.gc.ca/en/mandate-letters/2021/12/16/minister-environment-and-climate-change-mandate-letter(2023 年 7 月 8 日)。

[③] Mark Segal, "Canada Introduces Mandatory Climate Disclosures for Banks, Insurance Companies Beginning 2024", ESG today(Apr.8, 2022), https://www.esgtoday.com/canada-introduces-mandatory-climate-disclosures-for-banks-insurance-companies-beginning-2024/.

运行不可或缺的一部分,将在企业碳减排中发挥怎样的作用,加拿大政府又将如何进行管理,这是本节关注的内容。

一、碳交易市场特征

(一) 碳交易市场概况

在加拿大退出《京都议定书》之后,全联邦范围内碳交易市场的建立陷入停摆。随着零碳的思想愈发深入人心,全球碳交易所数量剧增,碳交易越发频繁,交易方式和种类越发成熟,加拿大联邦投入了更加包容、开放的自愿碳市场的怀抱。多伦多股票交易所(TSX)和 NEO 交易所都推出了各自的碳信用投资产品,而被 Verra 已验证碳标准(VCS)、可持续发展验证影响标准(SD-VISta)和气候、社区和生物多样性标准(CCB)等标准验证的碳信用,更是可以通过各国际交易所直接加入全球碳交易市场进行流动。不过,由于碳排放现状和各地对联邦碳减排政策的态度不同,在地方层面,以魁北克、新斯科舍省为代表的省则选择建立省范围内的合规碳市场,加大对碳排放的管控力度。此外,这些省还推动跨区域合规市场 WCI 建立,2014 年魁北克碳市场与美国加州碳交易体系的链接更是将各自独立管理的全经济排放交易计划联系起来,旨在建立北美最大的合规碳市场。

(二) 碳交易市场类型

1. 自愿碳市场

加拿大自愿碳市场的交易类型可以分为期货和现货交易。期货交易主要由碳配额构成,因其分配和拍卖交易有一定的时间限制,例如在加拿大多伦多证券交易所上市的 Horizo ns 碳信用 ETF(CARB),其为仅持有欧洲碳配额(EUA)期货的被动基金,在合约到期时向前滚动,又如在加拿大 NEO 交易所上市的 Ninepoint 碳信用 ETF(CBON/CBON.U),其为持有欧洲(EUA)、加州(CCA)以及美国东北部各州的(RGGI)碳配额期货的被动基金。而现货交易主要由各个碳信用项目构成,形式多样,例如基于自然的项目(例如林业)产生的碳信用、基于可再生能源项目产生的碳信用、基于长期碳排放去除项目(例如 CCS)产生的碳信用。[①]

---

① https://carboncredits.com/canada-carbon-credit-etf/(2023 年 7 月 8 日)。

2. 合规碳市场

加拿大合规碳市场可以分类为初级和次级碳市场。初级碳市场主要涉及碳配额的分配和抵消。在初级碳市场中，碳配额的拍卖由 WCI 与加利福尼亚联合组织，每年最多举行四次拍卖，并且符合条件的排放密集型、贸易暴露（EITE）型行业排放者可以获得一定的免费配额。此外，企业也可以在合规市场内部直接交易配额和进行碳排放抵消。而在次级碳市场中，企业既可以直接在柜台交易碳配额、碳信用，也可以在洲际交易所（ICE）、CME 集团或 Nodal 交易所等平台上交易碳金融衍生品。任何有资格的公司都可以通过现货或者期货的形式进行交易。①

（三）碳交易市场运行规则

本部分将介绍规定较为完善的魁北克碳交易合规市场，以便读者更为直观地了解这一合规碳市场。

1. 魁北克合规碳市场适用主体

魁北克合规碳市场适用于以下企业（排放者）：（1）每年排放 25 000 公吨二氧化碳当量（tCO₂）或更多的工业机构（铝冶炼厂、水泥厂、精炼厂、化工厂、钢厂、矿山等）；（2）每年与电力生产相关的温室气体排放量等于或超过 25 000 公吨二氧化碳当量的电力生产商和进口商；（3）魁北克使用的化石燃料（汽油、柴油、丙烷、天然气和取暖油）分销商。其中，分销商必须承担其分销产品产生的温室气体排放。根据魁北克政府的公告，上述主体遵守碳市场运行规则可确保覆盖魁北克约 80% 的温室气体排放。随着碳中和理念被越来越多的企业接受，魁北克政府对其合规碳市场的主体要求作出更新。自 2019 年起，除强制纳入碳市场的排放主体外，报告年排放量等于或大于 10 000 吨但低于 25 000 吨二氧化碳当量阈值的企业可以自愿向碳市场注册，成为受控排放者。此外，自愿参与的自然人和法人（投资者、经纪人、顾问、抵消信用发起人）同样可以进入碳市场，为魁北克实现碳中和做出贡献。②

2. 魁北克合规碳市场交易规则

（1）魁北克政府制定年度温室气体排放单位上限（最大排放限值）。随着

---

① https://icapcarbonaction.com/en/ets/usa-california-cap-and-trade-program（2023 年 7 月 8 日）。

② https://www.environnement.gouv.qc.ca/changementsclimatiques/marche-carbone_en.asp#haut（2023 年 7 月 8 日）。

时间的推移,这些上限会逐渐降低,以倒逼企业减少温室气体排放。(2)要求市场内的排放者必须为其释放到大气中的每吨温室气体获得排放配额(该术语指排放单位和抵消信用),并在每三年合规期结束时将其上缴给魁北克政府。(3)魁北克政府每年组织四次拍卖会进行排放单位的拍卖,只有在市场上注册的排放者和参与者才能参与拍卖会。(4)部分受到激烈国际竞争的排放者将免费获得温室气体排放单位配额。免费排放单位的分配是一种独特的制度机制,其免费配额数量随着时间的推移而减少,旨在鼓励排放者做出更多努力来减少其温室气体排放、帮助企业保持竞争力,同时限制排放密集型、贸易暴露(EITE)行业的"碳泄漏"。(5)能够将其温室气体排放量减少至低于规定合规数额(例如通过提高其生产效率或整合更清洁的绿色技术)的排放者可以在碳市场将剩余排放单位出售。①(6)政府允许排放者通过使用抵消碳信用额度(购买其他企业的剩余排放额度或者购买政府指定的抵消项目产生的额度)来补偿部分温室气体排放,但每个实体合规义务的最高抵消额度为8%。②

二、碳交易信用管理

(一) 碳信用标准

在全球范围内的自愿碳市场有许多不同的碳信用标准,这些标准为碳信用项目的适当开发和认证制定了协议。其中 Verra 的已验证碳标准(VCS)、Gold Standard 和 American Carbon Registry 被广泛认为是为自愿碳市场制定国际公认标准的领导者。除此之外,进一步的认证还可以来自可持续发展验证影响标准(SD VISta)和气候、社区和生物多样性标准(CCB)。在加拿大的合规碳市场,碳信用更多是作为抵消信用额度出现。魁北克碳市场允许企业开展限额与交易系统合规义务以外的温室气体(GHG)减排项目,以及温室气体清除项目的碳信用交易。这些项目产生的抵消信用额度将出售给报告排放者。其相对碳配额较低的价格、交易时间的灵活可以让受控企业更好地履行合规义务。但是并非所有项目都能成为抵消信用额度的提供者,其适用有着独立的标准。

根据魁北克碳市场的公告,建立碳信用抵消制度旨在降低排放合规成本、

---

① https://www.environnement.gouv.qc.ca/changementsclimatiques/marche-carbone_en.asp#haut (2023 年 7 月 8 日)。

② https://icapcarbonaction.com/en/ets/usa-california-cap-and-trade-program(2023 年 7 月 8 日)。

刺激抵消信用市场、鼓励非目标部门的温室气体减排并促进对魁北克低碳项目的投资。根据碳市场的相关规定,在抵消系统中的碳信用必须满足:(1)真实可靠——必须根据项目的具体情况提供产生碳信用额度的数量,并且该项目确定不会导致碳泄漏,或增加其他地区的温室气体排放量。(2)可量化——要求这些项目所产生的碳信用额度是可量化的,且用于量化的方法必须是最新的、可重复使用的、适应特定排放源的。此外,考虑到此类项目的不确定性,项目应被保守地量化并应用所需的折减系数以避免高估。(3)可验证——这些项目有完整和充分的文件记录,使政府指定的验证组织能够客观地确定温室气体减排和/或消除温室气体项目是否满足相应的要求和标准。(4)适用单一性——这些项目仅用于一次合规或排放补偿,且不向多个政府实体申报。①

(二) 碳信用管理

1. 发起管理

在魁北克合规碳市场中,出于对碳信用抵消系统的管理目的,碳信用抵消项目的发起人必须在项目的第一个报告期(指项目为了获得抵消资格而进行资格审查,审查期限内的一个连续时段)结束后的 6 个月内向魁北克环境部提交抵消信用额度的发行请求。发行请求中必须包括以下信息:发起人及发起人代表身份的基本信息、环境部根据适用于该项目的部级法规分配给该项目的代码、请求所涵盖的每个报告期的起止日期、请求所涵盖的抵消信用额度。此外,发行请求还应当包括请求所涵盖的每个报告期的项目报告,符合适用于该项目的部级法规和合格人员出具的验证报告。魁北克环境部在收到发行人提交的附有肯定或有条件肯定核查意见的签发请求报告后,由部长视情况签发。量化后的项目抵消额度或是进入市场流动,或是直接用于抵消对应的排放量。②

2. 信用风险防控

魁北克环境主管部门将碳信用抵消系统与碳账户相结合,创立碳信用环境诚信账户制度。该制度涉及两个碳账户,即碳信用抵消项目发起人在合规系统跟踪系统服务(CITSS)中的一般账户和由魁北克环境部控制的环境完整性账户。

---

① https://www.environnement.gouv.qc.ca/changements/carbone/credits-compensatoires/index-en.htm(2023 年 7 月 8 日)。

② Regulation respecting a cap-and-trade system for greenhouse gas emission allowances s 70.2, October 2022.

如果碳信用抵消项目符合上文"发起管理"所要求的标准,在抵消额度量化之后,环境部将97%的抵消额度(四舍五入到最接近的整数)存入发起人的一般账户。而剩余3%的抵消额度则存入环境部的环境完整性账户。如果出现如下四种情况,环境部将通知项目发起人,发起人必须在收到通知后的3个月内在其一般账户中替换非法抵消额度:发起人提供的信息或者文件含有虚假或者误导性信息的;按照适用于本项目的部门规定,量化后的直接抵消的排放量或抵消信用额度存在误差、遗漏或不准确的;未按照适用于该项目的部规实施该项目的;根据《魁北克温室气体排放配额总量控制与交易条例》颁发的抵消信用,已经被记入另一个温室气体抵消计划的。如果发起人未能在3个月期限届满时对非法抵消额度进行替换,那么环境部将从其控制的环境完整性账户中提取同等额度的抵消信用来替换其非法抵消信用,以确保账户中的所有抵消额度是合法且有保证的。发起人在第二款规定的期限内未更换非法抵消信用的,环境部不得再向发起人发放抵消信用额度。①

三、碳交易市场监管

合规碳市场的发展对魁北克实现碳中和的承诺有着十分重要的意义,对该合规碳交易市场的监管也就成了魁北克政府的重要议题。目前,对该市场的监管主要由魁北克环境、应对气候变化、野生动物和公园部统筹管理。由于

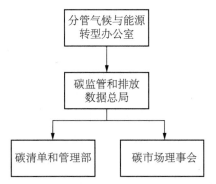

图 10-4　魁北克省碳交易市场监管组织架构

资料来源:根据魁北克省碳市场相关规定自制。

---

① Regulation respecting a cap-and-trade system for greenhouse gas emission allowances s 70.5, October 2022.

该部门职能的多样性,在部门内的组织架构中,碳交易市场的监管工作主要由分管气候与能源转型办公室下设的碳监管和排放数据总局负责。在碳监管和排放数据总局之中,设立了碳清单和管理部门和碳市场理事会,前者主要负责有关碳排放企业清单和碳排放行业清单的整理和管理,而后者则主要负责对碳市场运行过程中有关情况的讨论和路径的制定(图 10-4)。

第四节　碳管理政策

2015 年自由党上台后,联邦政府实行碳管理的手段愈发多样化。除了制定法律和完善行业规定,政府开始更多地运用经济手段辅助碳政策的落地运行。目前,加拿大联邦的管理政策涵盖财政、税收、金融等维度,通过这些手段,联邦政府意图调动全社会的积极性,助力加拿大碳中和的实现。

一、碳管理财政政策

为了在全联邦范围内落地碳中和政策,联邦政府大刀阔斧地进行了一系列财政政策革新,以下将从补贴、政府基金和政府债券等方面出发,全面地观察加拿大联邦政府的财政手段。

(一)补贴

1. 取消化石燃料补贴

2021 年 11 月 4 日,加拿大与美国、英国等其他主要经济体在苏格兰格拉斯哥举行的 COP26(缔约方会议)气候变化会议上签署了《国际公众支持清洁能源转型声明》。基于 2021 年 6 月七国集团领导人的承诺,加拿大和其他签署国将进一步支持清洁技术,淘汰化石燃料。加拿大政府宣称,除去符合转型条件的企业,政府将在 2022 年年底停止批准新的化石燃料补贴,以帮助该行业升级和转型。在 2022 年 3 月最新出台的《加拿大 2030 年减排计划》中,加拿大政府进一步承诺将取消低效的化石燃料补贴,并将加速制定关于逐步淘汰化石燃料部门的公共融资,其中包括针对各联邦国营公司的融资的计划。

2. 绿色家园补助金

加拿大政府于 2021 年 5 月通过《加拿大绿色家园补助金计划》,旨在通过全社会的力量助力建筑业碳排放净零。该项计划长达 7 年,预计投入 26

亿美元。根据该计划，针对建造时符合各项清洁条件的房屋，其房屋所有者将获得 125—5 000 美元不等的补贴；而对于改造房屋，经过 EnerGuide 机构的评估后，其房屋所有者最多可获得 600 美元的改造补贴。此外，该计划还将提供 5 000—40 000 美元的无息贷款，还款期限为 10 年，旨在帮助大型房屋和建筑的改造。截至 2022 年 1 月 24 日，已有 182 400 多名申请人申请该补贴，而超过 100 万美元的补贴已经发放。同时，根据 2020 年通过的名为《强化气候计划：在加拿大建立绿色经济》的战略文件，联邦政府承诺将投资额外的 15 亿加元用于社区建筑绿色改造，并且将至少 10% 的资金分配给为第一民族、因纽特人和梅蒂斯社区服务项目，以促进民族包容。[①]

（二）基金

1. 清洁燃料基金

加拿大政府对清洁燃料在实现运输业碳中和的重要作用有着清晰的认知，在 2020 年通过的《强化气候计划：在加拿大建立绿色经济》中就已经包括了一系列政策，例如提出建立清洁燃料标准（CFS）、逐步提高碳污染价格和促进清洁燃料市场的投资。这一系列的政策在《2021 年联邦预算》中得到重申。根据该文件，加拿大政府将在五年内投资 15 亿美元建立清洁燃料基金，以降低建设新的或扩建现有清洁燃料生产设施（包括设施转换）所面临的投资风险。并且，该基金还将支持以清洁燃料替换化石燃料的可行性和前端工程与设计（FEED）研究，以及建立生物质供应链以改善生物质材料（例如，森林废弃物、城市固体废物和农作物残留物）作为清洁燃料生产设施的原料。此外，该基金还将用于解决与清洁燃料的生产、分配和最终使用相关的规范、标准的研究。[②]

2. 低碳经济基金

低碳经济基金是加拿大清洁增长和气候行动计划的重要组成部分，旨在支持减少温室气体排放、实现清洁增长、建设环境友好型社区并为加拿大人创造就业机会的项目。建立该基金的提议首次出现在 2016 年 12 月的加拿大《泛加拿大气候框架》中，并于 2017 年开始落地运行。该基金包括两个板块，

---

① https://www.canada.ca/en/natural-resources-canada/news/2022/01/canada-greener-homes-grant-winter-2022-update.html（2023 年 7 月 8 日）。

② https://natural-resources. canada. ca/climate-change/canadas-green-future/clean-fuels-fund/23734（2023 年 7 月 8 日）。

其一是针对省和地区的"低碳经济领导基金",其二是针对各社会实体的"低碳经济挑战基金",联邦政府意图通过该基金进行一场从上至下的"减排革命"。

各省和地区在联邦碳中和的过程中发挥着不可或缺的作用,"低碳经济领导基金"将向采用《泛加拿大气候框架》的省份和地区提供高达 14 亿美元的减排资金。各省和地区通过与联邦政府合作确定减排目标和减排项目,通过审查后省和地区政府将有资格获得高达 3 000 万美元的基础资金外加基于人口的额外资金。如果运行顺利,"低碳经济领导基金"将为各省、地区减少排放、建设绿色社区做出卓越的努力。"低碳经济挑战基金"将为社会实体提供大约 5 亿美元,其申请主体涵盖社会各界,包括各省和地区的企业、市政当局、非营利组织以及原住民社区和组织。成功申请者将在各省、地区的减排计划指导下进行减排工作,以支持《泛加拿大气候框架》和《强化气候计划:在加拿大建立绿色经济》计划。

根据加拿大 2022 年 3 月出台的《加拿大 2030 年减排计划》和其 2022 年预算,加拿大政府承诺从 2022 年开始,在七年内额外投资 22 亿美元以扩大低碳经济基金。这笔新投入将重点支持低收入家庭,并帮助省和地区扩大现有减排计划或制订新计划。并且,政府还将通过 1.8 亿美元的原住民领导基金,以支持原住民的气候行动。此举也将支持由原住民、因纽特人和梅蒂斯人社区和组织领导的清洁能源和能源效率项目,以促进民族团结。[①]

(三) 政府债券——联邦绿色债券

加拿大政府认识到资本市场在支持气候减排目标的重要作用。2022 年 3 月 3 日,加拿大政府发布了《绿色债券框架》,旨在增加 ESG 资产的流动性,创建一个更成熟、更多元化的市场。首批 7.5 年期 50 亿美元的绿色债券已于 2022 年 3 月 23 日发行,其允许投资者支持联邦政府在气候行动和环境保护方面的投资。绿色债券吸引了代表大多数买家(72%)的 ESG 投资者以及占投资者比例超过 45% 的国际投资者,并以超过 110 亿美元的订单创下了加元绿色债券发行的历史新高。此举将进一步激活公共资金和私人投融资,促进加拿大可持续金融市场的健康发展。[②]

---

① https://www.canada.ca/en/environment-climate-change/services/climate-change/low-carbon-economy-fund.html(2023 年 7 月 8 日)。

② https://www.canada.ca/en/department-finance/programs/financial-sector-policy/securities/debt-program/canadas-green-bond-framework.html#Toc79593450(2023 年 7 月 8 日)。

二、碳管理税收政策

(一)税收减免

1. 清洁技术投资税收抵免

在加拿大《2022 年联邦预算》中,政府宣布财政部将与专家合作,为清洁技术投资设立高额的投资税收抵免,并且提出清洁技术的发展重点是净零排放技术、电池存储解决方案和清洁能源几个方面。而在加拿大政府 2022 年 11 月 3 日发布的《2022 年秋季经济报告》中,再次明确清洁技术是加拿大实现碳中和的重要驱动,同时报告提议为以下项目提供相当于投资成本 30% 的可退还税收抵免(表 10-7):

表 10-7　可进行税收抵免的清洁技术

投资领域	具体投资项目
发电系统	太阳能光伏
	小型模块化核反应堆
	聚光太阳能
	风能和水能(小型水电、径流式河流、波浪和潮汐能)
固定式电力存储系统(不使用化石燃料)	电池存储
	飞轮
	超级电容器
	磁能存储
	压缩空气存储
	重力储能和热能存储
低碳供热设备	主动式太阳能供暖
	空气源热泵
	地源热泵
车辆相关设备	工业零排放车辆和相关的充电或加油设备
	用于采矿或建筑的氢或电动重型设备

资料来源:Department of Finance Canada, Fall Economic Statement 2022, November 2022(2023 年 7 月 8 日)。

该报告为了激励公司创造绿色就业机会,声明遵守特定劳动条件①的公司将有资格获得 30% 的全额抵免,反之则只能获得 20% 的部分抵免,财政部将与广泛的利益相关者团体,尤其是工会就如何最好地将劳动条件附加到拟议的税收抵免上进行磋商。根据提议,从 2023 年至 2024 年开始,投资税收抵免预计将在五年内耗资 67 亿美元。②

2. 碳捕集、利用和封存(CCUS)投资税收抵免

加拿大政府正在持续为投资于碳捕集、利用和封存(CCUS)项目的资本制定投资税收抵免,以鼓励该类技术的开发和部署。其联邦政府发布的《2022 联邦预算》宣布加拿大政府将拨款 26 亿美元用于碳捕集税收抵免。其中,政府将为碳捕集、利用和封存(CCUS)投资提供 5 年以上的税收抵免,并且该项税收抵免适用较为严格,仅适用于永久储存捕获的二氧化碳的公司或项目。例如,符合条件的技术仅限于将二氧化碳储存在混凝土中或注入地下等封存项目;而提高石油采收率(使用捕获的二氧化碳来获取更多石油)的技术则不符合此类税收抵免的条件。

碳捕集税收抵免组成部分如下:(1)根据 2022 年预算,公司可以为直接空气捕获(DAC)项目申请高达 60% 的税收抵免。其他符合条件的碳捕集项目最高可申请 50% 的税收抵免。其包括但不限于从石油和天然气生产以及钢铁工业中捕获二氧化碳。(2)投资碳捕集设备和技术可享受 37.5% 的税收抵免。这些技术包括碳的使用、运输和储存。碳捕集税收抵免旨在到 2030 年减少 15 兆吨的碳排放量,其税收抵免率将在 2031 年降至 50%,以促使能源部门立即采取行动进行结构升级。③

(二)"碳税"制度

2007 年魁北克省首次对能源部门征收碳税,意味着碳税制度在加拿大省级层面开始建构。不过,虽然部分省份效仿出台相应制度,但联邦在整体政策制定上的缺位仍然使该制度的落实受到严重影响。为了督促各省和地区严格落实应对气候变化的有关举措,加拿大议会于 2018 年通过了《温室气体污染

---

① 劳动条件将包括根据当地劳动力市场条件支付现行工资,并确保创造学徒培训机会等。

② Department of Finance Canada, Fall Economic Statement 2022, November 2022.

③ https://carboncredits.com/canada-carbon-capture-tax-credit/(2023 年 7 月 8 日)。

定价法》,该法案规定了联邦"碳税"制度,而尚未有"碳税"安排的省份必须自行设计或强制采用联邦规则。联邦政府于 2019 年实施了这一举措,旨在建立全联邦范围内的"碳税"制度体系。但是,在联邦范围内推行这一制度并非易事,因为一些省、地区早有关于碳税的规定,联邦"碳税"制度的推行势必会触碰省和地区的利益。因此,安大略省、阿尔伯塔省和萨斯喀彻温省的政府以及其他一些政治机构对这项税收提出异议。他们分别提起诉讼,挑战联邦政府"碳税"制度的权威。它们的论点都是出奇地一致,即在全联邦强制推行这一制度是违宪的,其触碰了省、地区对于该项事项的管辖权,碳税应该由该省自行制定并执行。

2021 年 3 月 25 日,加拿大最高法院以 6∶3 的裁决裁定《温室气体污染定价法》符合宪法。在判决理由中,大法官指出联邦推行的"碳税"制度并不是税收制度,只是碳定价机制,与宪法背景下的税收概念无关。法官们认为,该法案征收的燃料费和超额排放费是符合宪法的有效监管费用,它不是税收,不会过分地侵入省级对于该项事项的管辖权。[1]

三、碳管理金融政策

(一) 可持续金融

2018 年,加拿大启动了可持续金融专家小组,就扩大可持续金融并使可持续金融与气候和经济目标保持一致向政府提供建议。2019 年 6 月,专家组发布了总结报告,提出了 15 项建议,概述了可持续增长的机会供加拿大政府考虑。基于专家小组的一项重要建议,加拿大于 2021 年 5 月启动了可持续金融行动委员会,以支持强大、运作良好、可持续的金融市场的发展。可持续金融行动委员会由加拿大 25 家存款机构、保险公司和养老基金组成,这些机构的总资产超过 10 万亿美元。在其三年的任期内,可持续金融行动委员会将就在加拿大吸引和扩大可持续金融所需的关键市场基础设施提出建议,包括加强对气候风险和机遇的评估和披露、更好地获取气候数据和分析、可持续和低碳投资的共同标准等。[2]

---

[1]　https://scc-csc.ca/case-dossier/cb/2021/38663-38781-39116-eng.aspx(2023 年 7 月 8 日)。
[2]　Government of Canada,Canada's 2030 Emission Reduction Plan,March 2022.

(二) 加拿大清洁能源融资计划

为了推动联邦范围内的清洁能源转型,加拿大联邦政府推行了能源贷款计划和抵押贷款计划,而各省和地区政府亦根据本管辖区内的实际情况制订了相应计划(表 10-8):

表 10-8 加拿大部分省、地区的清洁能源融资计划

省、地区	计划名称	计 划 内 容
艾伯塔省	PACE 计划	一项关注家庭能耗和可再生能源的融资计划
	清洁能源贷款(EQUS)	EQUS 提供高达 15 000 美元的贷款,以资助太阳能光伏系统的建造
不列颠哥伦比亚省	热泵贷款	根据热泵的效率提供利率在 0—4.99%,摊销时间 5—10 年不等的贷款
	清洁能源贷款(温哥华及周边区域)	提供 prime+0.75%利率的优惠贷款,摊销期最长可达 15 年。贷款针对供暖、通风、防风、热水供暖、门窗、太阳能光伏等系统的改造
	账单融资计划(尼尔森市)	该计划允许房主借 16 000 美元用于能源和水系统升级,贷款将通过其电费账单偿还
马尼托巴省	家庭能源效率贷款	用于支持提高能效和利用可再生能源项目,包括隔热材料、EV 充电器等。贷款最高可达 7 500 美元,并通过水电费账单偿还
新不伦瑞克省	绿色家庭贷款	提供 prime+1%利率的优惠贷款,针对窗户、隔热材料、太阳能光伏和热泵的改造
纽芬兰和拉布拉多	电气融资计划	用于各种能源效率升级,包括隔热材料、恒温器、热泵和服务升级。贷款将通过房屋的水电账单偿还
新斯科舍省	热泵融资计划	该融资计划为先租赁后转移热泵所有权的计划,利率为 7%,期限为 7—10 年,到租赁结束时,支付 1 美元所有权转移
	清洁能源信贷	其公用事业单位"Efficiency Nova Scotia"与金融贷款机构合作,以较低的利率为能源效率升级提供合法的信贷融资。贷款最高可达 25 000 美元,最长可达 5 年
安大略省	PACE 计划(多伦多)	使用家庭能源贷款资助各种能源效率提升和可再生能源项目,包括太阳能热水系统和屋顶太阳能系统。贷款将通过财产税单偿还

续表

省、地区	计划名称	计 划 内 容
育空地区	农村电气化和电信计划（RETP）	用于资助建立替代能源系统（包括太阳能和风能），但仅适用于城市外的居民。该计划将提供申请者财产评估价值的 25%，最高为 50 000 美元的融资
	家庭修复计划	为育空地区政府提供的一项贷款，用于低收入家庭的能源效率升级。申请者的家庭年收入需要低于 103 070 美元

资料来源：Energyhub，"Clean Energy Financing Programs Canada"，https://www.energyhub.org/financing/（2023 年 7 月 8 日）。

四、低碳技术创新政策

（一）低排放航空计划

航空业需要更加清洁的技术和更加有力的减排工具来限制二氧化碳排放。加拿大国家研究委员会（NRC）的低排放航空计划旨在建立一个全方面的协作生态系统，以刺激航空业的绿色转型。该计划提到加拿大航空业碳减排已经进入深水区，需要更具革命性的低碳技术支持。为此，该计划提到加拿大航空航天研究中心（ARC）需要加强以下领域的研究。其一是飞机技术集成，这是一项针对开发、优化低碳技术并将其安全地集成到航空应用中的研究。该研究侧重于非常规飞机配置和新型材料装配，并将对电力和氢推进系统实装进行全面示范。其二是电气系统革新，该计划要求技术人员克服电气系统（电机、发电机、控制器、电缆等）和热管理方面的技术和经济障碍，实现在高功率（兆瓦）和电压下运行的飞机推进系统的电气化。其三是关于氢能的应用，该领域的研究旨在通过快速加注基础设施、将燃料电池集成到飞机推进系统等技术，安全高效地利用氢气和低碳燃料。此外，该计划还要求相关人员开发轻型和安全的氢气储存解决方案。其四是加大对电池的开发，该计划要求相关人员进行高功率/能量密集型电池的研发，并优化电池安全技术，以满足机体应用。[①]

（二）低碳氢

早在 2020 年，加拿大就与德国合作，提出了"3＋2"加德合作产业研发计

---

① https://nrc.canada.ca/en/research-development/research-collaboration/programs/low-emission-aviation-program（2023 年 7 月 8 日）。

划,该计划为加拿大中小企业(SME)提供了与德国工业伙伴以及与两国高水平研究机构合作研发项目的独特机会。该项目的一大研究重点就是研究低碳氢,旨在通过研究探寻降低低碳氢生产成本,优化生产过程以及将其融入工业价值链的方法。[①]

加拿大国家研究委员会(NRC)与德国联邦教育和研究部(BMBF)计划开展 4 个低碳氢合作研发(R&D)项目,项目于 2022 年秋季启动,持续 3 年,以下是各项目的详细信息(表 10-9)。

表 10-9　加拿大与德国合作开展的低碳氢项目

项目名称	项目内容	项目参与者
Al-H$_2$O-REAC	该项目的重点是开发一种反应器,通过循环利用铝与水进行可持续的热电联产,产出氢气、热能和氧化铝	加拿大方参与者: ● GH 电力公司 ● NRC 的安全和破坏性技术研究中心 ● 加拿大卡尔顿大学 德国方参与者: ● ParteQ 有限公司 ● 德国亚琛工业大学
H$_2$CliP	该项目旨在确定提高氢技术和途径成本效益的最佳条件,并帮助形成新的综合氢网络	加拿大方参与者: ● Artelys 加拿大公司 ● ESMIA 咨询公司 ● NRC 的能源、矿业和环境研究中心 ● GERAD 的决策分析研究小组 德国方参与者: ● 西门子能源有限公司 ● 德国斯图加特大学
HYER	本项目的重点是开发可再生电解装置的动态模型,为提高电解器效率提供最佳操作和设计条件	加拿大方参与者: ● Pulsensics 公司 ● NRC 的能源、矿业和环境研究中心 ● 加拿大魁北克大学三河分校(UQTR) ● 加拿大维多利亚大学 德国方参与者: ● 赛科技术有限公司 ● 德国拜罗伊特大学(UBT)

---

① https://nrc.canada.ca/en/stories/supporting-collaborative-research-projects-between-canada-germany-low-carbon-hydrogen-technologies(2023 年 7 月 8 日)。

续表

项目名称	项目内容	项目参与者
INTEGRATE	本项目的重点是设计和优化一种新型 AEM 电解槽，该电解槽专为千兆瓦市场设计。项目通过开发基于非贵金属催化剂的高性能、稳定电极器，最大限度地降低制氢成本	加拿大方参与者： ● Ionomr 创新公司 ● NRC 的能源、矿业和环境研究中心 ● 加拿大西蒙弗雷泽大学 ● 加拿大阿尔伯塔大学 德国方参与者： ● Sunfire 有限公司 ● 德国弗劳恩霍夫制造技术与先进材料研究所（Fraunhofer IFAM）

资料来源：National Research Council Canada，"Supporting collaborative research projects between Canada and Germany in low-carbon hydrogen technologies"，https://nrc.canada.ca/en/stories/supporting-collaborative-research-projects-between-canada-germany-low-carbon-hydrogen-technologies（2023 年 7 月 8 日）。

五、碳资产管理政策

（一）通过生命周期评估倡议的低碳资产

为了帮助加拿大实现《巴黎协定》中的 2030 年减排目标和实现该国 2050 年碳中和的承诺，由加拿大国家研究委员会（NRC）领导，并由该委员会旗下的能源、采矿和环境研究中心和建设研究中心协同管理的生命周期低碳资产评估（LCA^2）计划方案出炉。该方案将产出从采购到评估的一系列重要内容，旨在通过创建一套科学的方法在实现碳资产最低碳足迹的同时实现碳资产最低总成本投入（材料和设计）。该计划预计将产出包括基础设施特定生命周期评估（LCA）指南/工具、相关低碳采购规范、低碳标准、加拿大生命周期库存（LCI）数据库等四方面的内容。

其中，低碳采购的规范将由利益相关者组成联盟共同制定，而由联盟成员选组的指导委员会将提供低碳采购的战略方向，并确保与设计、工程和采购专业人员的需求保持一致；而其他的内容则由加拿大国家研究委员会负责制定，以上内容将受到联邦政府的直接支持并将影响各地区政府的减排承诺和优先关注事项。[1]

---

[1]　https://nrc.canada.ca/en/research-development/research-collaboration/programs/low-carbon-assets-through-life-cycle-assessment-initiative（2023 年 7 月 8 日）。

(二) 碳定价制度

为了推动碳中和,联邦政府出台的《温室气体污染定价法》要求各省和地区都应受碳定价机制的约束。部分司法管辖区制订了自己的计划,而其他司法管辖区则将适用一至两个联邦计划。加拿大的碳定价机制一般通过"碳税""基线和信用体系""限额与交易系统"等三种手段落实。[①]

1. 联邦碳定价机制

在联邦层级,联邦政府通过《温室气体污染定价法》规定了两种碳定价机制,即联邦"碳税"制度(实为监管费用,又被称为"联邦燃料费")和联邦工业设施的基准和信用体系(联邦 OBPS 系统)。

"碳税"制度(联邦燃料费)即对化石燃料征收污染价格;而 OBPS 系统则旨在通过对工业排放者的严格管理来促进工业减排。目前,联邦燃料费适用于艾伯塔省、马尼托巴省、安大略省、萨斯喀彻温省,部分适用于努纳武特地区和育空地区。[②]2019 年,即该系统生效的第一年,燃料收费率设定为每吨二氧化碳排放 20 加元,每年增加 10 加元,到 2022 年达到目前的每吨 50 加元。之后每年增加 15 加元,直到 2030 年达到 170 加元(各类型燃料费率详见附录10-3)。联邦基线和信用体系目前适用于马尼托巴省、努纳武特地区、爱德华王子岛、育空地区,部分适用于萨斯喀彻温省。该系统要求每年排放 50 000 吨或更多碳的设施为其排放支付费用。他们支付的金额取决于行业标准和生产类似产品的设施排放的碳量。[③]

2. 省、地区的碳定价机制现状

目前,艾伯塔省、不列颠哥伦比亚省、马尼托巴省、新不伦瑞克省、纽芬兰和拉布拉多省、西北地区、努纳武特、安大略省、爱德华王子岛、萨斯喀彻温省和育空地区都征收碳税;而艾伯塔省、曼尼托巴省、新不伦瑞克省、纽芬兰和拉布拉多省、努纳武特省、安大略省、爱德华王子岛、萨斯喀彻温省和育空地区有自己的工业排放基准和信用体系;魁北克省和新斯科舍省则是加拿大仅有的两个拥有限额和交易制度的司法管辖区。[④]下表是加拿大部分省、地区的碳定价新发展(表 10-10)。

[①] Rylan and Chloe McElhone, "Canadian Carbon Prices & Rebates", Energyhub.org(Jun.1, 2021), https://www.energyhub.org/carbon-pricing/.

[②] Greenhouse Gas Pollution Pricing Act S.C.2018, c.12, s.186.

[③] https://www.wealthsimple.com/en-ca/learn/canada-carbon-tax # is_there_a_carbon_tax_in_canada(2023 年 7 月 8 日)。

[④] Rylan and Chloe McElhone, "Canadian Carbon Prices & Rebates", Energyhub.org(Jun.1, 2021), https://www.energyhub.org/carbon-pricing/.

表 10-10　加拿大部分省、地区的碳定价新发展

司法管辖区	新　发　展
艾伯塔省	为了实现碳减排，艾伯塔省在《技术创新和减排法规》中将碳税税率从 2021 年的 40 加元/吨二氧化碳当量增加到 2022 年的 50 加元/吨二氧化碳当量
不列颠哥伦比亚省	从 2021 年 4 月 1 日起，该省的碳税税率从 40 加元/吨二氧化碳当量提高到 45 加元/吨二氧化碳当量。该税率计划在 2022 年 4 月 1 日提高到 50 加元/吨二氧化碳当量。该省最近还承诺将超过联邦担保税率，计划到 2030 年提高到 170 加元/吨二氧化碳当量
新不伦瑞克省	新不伦瑞克省的省级 OBPS 系统取代了此前适用于该省的联邦 OBPS 系统
纽芬兰和拉布拉多省	该省税率的调整于 2021 年 7 月 1 日生效
新斯科舍省	联邦政府对该省碳定价体系的许可批准将于 2022 年到期，新斯科舍省正在审查 2022 年后的碳定价方案 新斯科舍省于 2021 年举行了一次公众咨询，内容涉及碳定价以及更广泛的环境目标和气候变化政策
安大略省	2020 年 9 月 20 日，安大略 EPS 计划通过联邦政府的许可批准，将成为联邦基于产出的定价系统（OBPS）在该省的替代方案。目前受制于联邦定价体系的安大略省工业排放者将不得不自 2022 年 1 月 1 日开始过渡到省级 EPS 计划
魁北克省	第四个合规履约期从 2021 年 1 月开始，新的法规生效，以更符合加州的限额交易计划。在 2021 年初，魁北克省还宣布了对 2024—2030 年期间的免费配额分配规则的变化可能
萨斯喀彻温省	联邦审核标准的变化迫使萨斯喀彻温省重新设计该省的 OBPS 系统。该省计划于 2023 年 1 月 1 日实施最新的系统

资料来源：The World bank，"State and Trends of Carbon Pricing 2022"，May 2022，https://climatefocus.com/publications/state-and-trends-carbon-pricing-2022/（2023 年 7 月 8 日）。

参考文献

［1］Sheldon Fernandes，"History Lesson-Carbon Pricing in Canada"，Brightspot Climate Inc（Feb.7，2022），https://brightspot.co/library/history-lesson-carbon-pricing-in-canada/.

［2］Rocco Sebastiano，"Canadian Government Carbon and Greenhouse Gas Legislation"，Osler（Mar，2021），https://www.osler.com/en/resources/regulations/2021/carbon-ghg/canadian-government-carbon-and-greenhouse-gas-legi.

［3］Josh Gabbatiss，"The Carbon Brief Profile：Canada"，Carbon Brief（Oct.8，2019），https://www.carbonbrief.org/the-carbon-brief-profile-canada/.

［4］https://wci-inc.org/（2023 年 7 月 8 日）。

［5］Government of Canada，Canada's 2030 Emission Reduction Plan，March 2022.

［6］ https：//www. quebec. ca/gouvernement/ministere/environnement/organigramme（2023 年 7 月 8 日）。

［7］Greenhouse Gas Pollution Pricing Act S.C.2018，c.12，s.186.

［8］ https：//www. canada. ca/en/environment-climate-change/services/canadian-environmental-protection-act-registry/mid-term-evaluation-automobile-light-truck-emission. html ♯s1_1(2023 年 7 月 8 日）。

［9］Clean Fuel Regulations，2022.

［10］Rylan and Chloe McElhone，"Canadian Carbon Prices & Rebates"，Energyhub.org（Jun.1，2021），https：//www.energyhub.org/carbon-pricing/.

［11］https：//www. cpacanada. ca/en/business-and-accounting-resources/financial-and-non-financial-reporting/mdanda-and-other-financial-reporting/publications/tcfd-overview（2023 年 7 月 8 日）。

［12］https：//www. natureconservancy. ca/en/what-we-do/nature-and-climate/carbon-credits.html(2023 年 7 月 8 日）。

［13］https：icapcarbonaction. com/en/ets/usa-california-cap-and-trade-program（2023 年 7 月 8 日）。

［14］https：//www. environnement. gouv. qc. ca/changementsclimatiques/marche-carbone_en.asp♯haut(2023 年 7 月 8 日）。

［15］Department of Finance Canada，Fall Economic Statement 2022，November 2022.

［16］https：//scc-csc. ca/case-dossier/cb/2021/38663-38781-39116-eng. aspx（2023 年 7 月 8 日）。

［17］https：//nrc. canada. ca/en/stories/supporting-collaborative-research-projects-between-canada-germany-low-carbon-hydrogen-technologies(2023 年 7 月 8 日）。

［18］The World bank，State and Trends of Carbon Pricing 2022，May 2022.

执笔：姚魏、陈思彤(上海社会科学院法学研究所)

附录

附录 10-1　加拿大国家清单报告

内容涉及加拿大 7 种温室气体(二氧化碳、甲烷、一氧化二氮、六氟化硫、全氟化碳、氢氟碳化物和三氟化氮)的排放数据和排放指标，以及相关的计算方法。内容较多，了解详情请登录 https：//unfccc. int/documents/461923 查看。

附录 10-2　OBPS 系统内排放基准

数据复杂程度高,详情请登录 https://laws-lois.justice.gc.ca/eng/regulations/SOR-2019-266/page-11.html♯docCont 附表 1 查看,以下为部分数据。

Item	Column 1 Industrial Activity	Column 2 Units of Measurement	Column 3 Output-based standard (CO_2e tonnes/unit of measurement)	Column 4 Applicable Part of Schedule 3
	Oil and Gas Production			
1	Bitumen and other crude oil production-other than bitumen extracted from surface mining-by a covered facility other than a covered facility referred to in item 3			
	(a) extraction, processing and production of light crude oil (having a density of less than 940 kg/m³ at 15 ℃)	barrels of light crude oli	0.015 9	Part 1
	(b) extraction, processing and production of bitumen or other heavy crude oil (having a density greater than or equal to 940 kg/m³ at 15℃)	barrels of bitumen and heavy crude oil	0.054 4	Part 1
2	Upgrading of bitumen or heavy oil to produce synthetic crude oil	barrels of synthetic crude oli	0.040 8	Part 2
3	Processing of crude oil or secondary petroleum products at a covered facility that has a combined annual volume of gasoline, diesel fuel and lubricant basestock produced that is greater than 40% of its annual volume of liquid petroleum products produced			
	(a) refining of crude oil, including bitumen, heavy crude oil, light crude oil or synthetic crude oil	complexity-weighted barrels	0.004 20	Part 3
	(b) production of lubricant basestock	kilolitres of lubricant basestock	0.295	Part 3
	(c) production of isopropyl alcohol	tonnes of isopropyl alcohol	calculated in accordance with section 37 of these Regulations	Part 3

附录 10-3　加拿大燃料费收取费率

以下所列燃油费率适用于安大略省、马尼托巴省、萨斯喀彻温省和阿尔伯塔省。这些费率于 2023 年 4 月生效，未来的上调将从注明的当年 4 月起生效。

燃　料	Unit $ per	2023 ($65)	2024 ($80)	2025 ($95)	2026 ($110)	2027 ($125)	2028 ($140)	2029 ($155)	2030 ($170)
航空汽油	litre	0.159 2	0.195 9	0.232 6	0.269 4	0.306 1	0.342 8	0.379 5	0.416 3
航空涡轮燃料	litre	0.167 8	0.206 5	0.245 3	0.284	0.322 7	0.361 4	0.400 1	0.438 9
丁烷	litre	0.115 7	0.142 4	0.169 1	0.195 8	0.222 5	0.249 2	0.275 9	0.302 6
乙烷	litre	0.066 2	0.081 5	0.096 8	0.112 1	0.127 3	0.142 6	0.157 9	0.173 2
天然气凝析液	litre	0.108 1	0.133 1	0.158 1	0.183	0.208	0.232 9	0.257 9	0.282 8
汽油	litre	0.143 1	0.176 1	0.209 1	0.242 2	0.275 2	0.308 2	0.341 2	0.374 3
重质燃油	litre	0.207 2	0.255	0.302 8	0.350 6	0.398 4	0.446 2	0.494 1	0.541 9
煤油	litre	0.167 8	0.206 5	0.245 3	0.284	0.322 7	0.361 4	0.400 1	0.438 9
轻质燃油	litre	0.173 8	0.213 9	0.254	0.294 1	0.334 2	0.374 3	0.414 4	0.454 5
甲醇	litre	0.071 4	0.087 8	0.104 3	0.120 8	0.137 3	0.153 7	0.170 2	0.186 7
石脑油	litre	0.146 5	0.180 3	0.214 2	0.248	0.281 8	0.315 6	0.349 4	0.383 2
石油焦	litre	0.245 2	0.301 8	0.358 4	0.414 9	0.471 5	0.528 1	0.584 7	0.641 3
戊烷	litre	0.115 7	0.142 4	0.169 1	0.195 8	0.222 5	0.249 2	0.275 9	0.302 6
丙烷	litre	0.100 6	0.123 8	0.147	0.170 3	0.193 5	0.216 7	0.239 9	0.263 1
焦炉煤气	cubic metre	0.045 5	0.056	0.066 5	0.077	0.087 5	0.098	0.108 5	0.119
市场流通天然气	cubic metre	0.123 9	0.152 5	0.181 1	0.209 7	0.238 3	0.266 9	0.295 4	0.324
非市场流通天然气	cubic metre	0.165 4	0.203 5	0.241 7	0.279 9	0.318	0.356 2	0.394 4	0.432 5
静止气体	cubic metre	0.139 6	0.171 8	0.204	0.236 2	0.268 4	0.300 6	0.332 8	0.365
焦炭	tonne	206.68	254.38	302.07	349.77	397.46	445.16	492.86	540.55
高热值煤	tonne	145.02	178.48	211.95	245.41	278.88	312.35	345.81	379.28
低热值煤	tonne	115.21	141.8	168.38	194.97	221.56	248.14	274.73	301.31
可燃废物	tonne	129.82	159.78	189.74	219.7	249.66	279.62	309.58	339.54

以下所列燃油费率适用于育空地区和努纳武特地区。这些费率于 2023 年 4 月生效,未来的上调将从注明的当年 4 月起生效。为反映这些地区对航空运输的高度依赖,所列地区的航空汽油和航空涡轮燃料费率继续设置为 0 美元。这是基于加入联邦碳定价体系承诺,并作为清洁增长和气候变化泛加拿大框架的一部分,是与各地区合作解决其独有的情况。

燃 料	Unit per	2023 ($65)	2024 ($80)	2025 ($95)	2026 ($110)	2027 ($125)	2028 ($140)	2029 ($155)	2030 ($170)
航空汽油	litre	0	0	0	0	0	0	0	0
航空涡轮燃料	litre	0	0	0	0	0	0	0	0
丁烷	litre	0.115 7	0.142 4	0.169 1	0.195 8	0.222 5	0.249 2	0.275 9	0.302 6
乙烷	litre	0.066 2	0.081 5	0.096 8	0.112 1	0.127 3	0.142 6	0.157 9	0.173 2
天然气凝析液	litre	0.108 1	0.133 1	0.158 1	0.183	0.208	0.232 9	0.257 9	0.282 8
汽油	litre	0.143 1	0.176 1	0.209 1	0.242 2	0.275 2	0.308 2	0.341 2	0.374 3
重质燃油	litre	0.207 2	0.255	0.302 8	0.350 6	0.398 4	0.446 2	0.494 1	0.541 9
煤油	litre	0.167 8	0.206 5	0.245 3	0.284	0.322 7	0.361 4	0.400 1	0.438 9
轻质燃油	litre	0.173 8	0.213 9	0.254	0.294 1	0.334 2	0.374 3	0.414 4	0.454 5
甲醇	litre	0.071 4	0.087 8	0.104 3	0.120 8	0.137 3	0.153 7	0.170 2	0.186 7
石脑油	litre	0.146 5	0.180 3	0.214 2	0.248	0.281 8	0.315 6	0.349 4	0.383 2
石油焦	litre	0.245 2	0.301 8	0.358 4	0.414 9	0.471 5	0.528 1	0.584 7	0.641 3
戊烷	litre	0.115 7	0.142 4	0.169 1	0.195 8	0.222 5	0.249 2	0.275 9	0.302 6
丙烷	litre	0.100 6	0.123 8	0.147	0.170 3	0.193 5	0.216 7	0.239 9	0.263 1
焦炉煤气	cubic metre	0.045 5	0.056	0.066 5	0.077	0.087 5	0.098	0.108 5	0.119
市场流通天然气	cubic metre	0.123 9	0.152 5	0.181 1	0.209 7	0.238 3	0.266 9	0.295 4	0.324
非市场流通天然气	cubic metre	0.165 4	0.203 5	0.241 7	0.279 9	0.318	0.356 2	0.394 4	0.432 5
静止气体	cubic metre	0.139 6	0.171 8	0.204	0.236 2	0.268 4	0.300 6	0.332 8	0.365
焦炭	tonne	206.68	254.38	302.07	349.77	397.46	445.16	492.86	540.55
高热值煤	tonne	145.02	178.48	211.95	245.41	278.88	312.35	345.81	379.28
低热值煤	tonne	115.21	141.8	168.38	194.97	221.56	248.14	274.73	301.31
可燃废物	tonne	129.82	159.78	189.74	219.7	249.66	279.62	309.58	339.54

资料来源:https://www.canada.ca/en/department-finance/news/2021/12/fuel-charge-rates-for-listed-provinces-and-territories-for-2023-to-2030.html。

图书在版编目(CIP)数据

全球碳管理体系研究 / 王振等著 .— 上海 ：上海
社会科学院出版社，2023
　ISBN 978 - 7 - 5520 - 4265 - 8

　Ⅰ．①全… Ⅱ．①王… Ⅲ．①二氧化碳—节能减排—
研究 Ⅳ．①X511

中国国家版本馆 CIP 数据核字(2023)第 220566 号

全球碳管理体系研究

著　　者：王　振　彭　峰　等
责任编辑：袁钰超
封面设计：谢定莹
出版发行：上海社会科学院出版社
　　　　　上海顺昌路 622 号　邮编 200025
　　　　　电话总机 021 - 63315947　销售热线 021 - 53063735
　　　　　http：// www. sassp. cn　E-mail：sassp@ sassp. cn
照　　排：南京理工出版信息技术有限公司
印　　刷：常熟市大宏印刷有限公司
开　　本：710 毫米×1010 毫米　1/16
印　　张：21.25
字　　数：368 千
版　　次：2023 年 12 月第 1 版　2023 年 12 月第 1 次印刷

ISBN 978 - 7 - 5520 - 4265 - 8/X · 029　　　　　　　定价：108.00 元

版权所有　　翻印必究